KB265678

21세기

美國의 國防戰略

미국의 국방전략

21세기 미국의 국방전략

美國의 國防戰略

박기련/김재엽/김종하/김동원/양완식/김연철 共譯
韓南大學校 國防戰略研究所

KSI 한국학술정보[주]

서 문

인류는 최초로 범지구적인 영향력을 가진 유일 초강대국을 맞이하게 되었다. 소련의 붕괴로 미국의 영향력이 전 지구를 포괄하게 된 것이다. 소련의 붕괴는 미국의 적극적인 전략보다는 소련 자체의 내부 요인에 있었다. 소련의 붕괴가 외부 요소가 아니라 내부 요소에 의해 일어났다는 측면에서 보면 미국의 현재 범지구적인 영향력은 자의 반 타의 반인 측면이 강하다.

미국은 갑자기 세계 유일의 초국가적인 지위를 갖는 상황에 놓이자 10여 년간은 새로운 전략 방향을 모색하는 기간으로 소비하였다. 클린턴 행정부로 대변되는 냉전 이후 과도기에 미국은, 냉전의 연장선상에서 동구권 등 소련의 영향에서 풀려난 국가들의 자유민주국가로의 편입, 장기불황의 늪에 빠진 경제적인 재건 등 일종의 '전후처리'를 하면서 소련을 대체할 새로운 안보목표를 탐색하였다.

이러는 가운데 9.11사태는 미국에게 새로운 안보목표를 인식하게 하는 결정적인 계기가 되었다. 9.11사태는 미국으로 하여금 소련을 대신하여 나타난 불확실하고 알려지지 않은 테러(Terror), 기술(Technology: WMD), 독재(Tyrant) 삼위일체의 3T 위협을 새로운 안보목표로 인식하게 하였다. 이론 인식을 바탕으로 안보 패러다임의 일대 전환이 일어나게 되고, 21세기를 향한 새로운 안보전략을 구상하게 된 것이다.

본 책자는 이러한 미국의 21세기 국방전략을 미국의 공식 문서를 통해서 파악하고자 하는 것이다. 이를 위하여 21세기 미국의 안보전략과 장기적인 비전을 제시한 기본 문서인 2002년 국가안보전략(NSS), 미국의 안보문서 체계에서 처음으로 등장한 2005년 국가국방전략(NDS), 1997년 이후 근 10여 년 만에 수정된 2004년 국가군사전략(NMS), 2002년 발간된 국가 대량살상무기전전략(NS-CWMD), 2006년 최초로 발간된 국가군사 대량살상무기전전략(NMS-CWMD)의 요약 부분, 이들 전략에 대한 4년간의 평가서라고 할 수 있는 2006 4개년국방검토보고서(QDR)를 번역하여 수록하였다. 여기에 위의 공식적인 안보문서의 내용을 중심으로 미국의 21세기 국방 '전략(strategy) = 목표(mean) + 수단(mean) + 방법(way)'이라는 전형적인 전략의 형식으로 분석하는 글을 맨 앞에 실었다.

제1장 '21세기를 미국의 안보 및 군사 전략'은 국가안보전략, 국가국방전략, 국가군사전략, 대량살상무기전전략, 4개년국방검토보고서 등에서 언급된 국방전략을 목표, 수단, 방법이라는 전통적인 전략분석 틀로 기술한 것이다. 이것을 냉전시대와 비교하여 요약하면 다음과 같다.

$$S = E + M + W$$

Strategy	국가안보전략(NSS)		국가군사전략(NMS)	
	냉전 시대	**냉전 이후**	냉전 시대	**냉전 이후**
End	현상 유지 (Survival)	**현상 타파** **(Win)**	격퇴 (defeat)	**격멸** **(prevail)**
Mean	물리적 수단: 군사, 외교, 경제, 정치, 첩보 심리적 수단: 반공주의	**물리적 수단: 군사,** **외교, 경제, 정치, 첩보** **심리적 수단: 빈테러리즘**	반구통제 군사력 삼각 축	**범지구통제 군사력** **신 삼각축**
Way	봉쇄(냉전: 3차대전)	**개입(GWOT: 4차대전)**	전방방어	**전력투사**

제2장은 2002년 9월 백악관에서 발간된 *"The National Security Strategy of The United States of America"* 전문을 번역한 것이다. 이 문서는 9·11 이후 발간된 문서이다. 따라서 9·11 이후 코페르니쿠스적으로 변화된 국제정세를 반영하고 있다. 이 문서는 부시 행정부의 강경한 안보전략의 기조를 담고 있고, 21세기 미국 안보전략의 장기적인 비전을 제시하고 있다. 미국은 국가안보전략에서 안보목표를 "안전할 뿐만 아니라 보다 더 좋은 세계를 만드는 것(make the world not just safer but better)"으로 제시하고 있다. 이런 목적을 달성하기 위해 자유 민주주의와 인간의 존엄을 위협하는 테러를 제거하기 위해 제4차 대전이라고 할 수 있는 범지구테러전쟁(GWOT)를 선포하였다. "자유와 공포가 전쟁 중이다."라고 하면서 미국은 강한 힘을

가져야 하고, 우방 및 동맹국과 적극적인 협조를 하여야 한다고 주장하고 있다. 이를 위하여 안보 기구인 군사력, 외교기구, 정보기구를 변혁시켜야한다고 하고 있다. 또한 세계가 공통적으로 성장하기 위해 자유무역과 시장경제가 전 세계적으로 확산되어야 하며, 인간의 존엄과 자유가 보장되는 민주주의의 증진과 확산이 계속되어야 한다고 주장하고 있다.

제3장은 2005년 3월 국방부에서 발간한 *"The National Defense Strategy of The United States of America"* 전문을 번역한 것이다. 미국은 국가국방전략에서 미국과 동맹국 방어에 대한 적극적이며, 중층적인 접근을 개관하고 있다. 이 국가국방 전략은 상위 전략인 국가안보전략을 군사적인 측면에서 이행하는 방안을 제시한다. 이를 위한 국방의 전략목표를 네 가지로 제시하였다. "외부의 직접적인 공격으로부터 미국을 보호하고, 전 세계적인 전략적 접근을 보장하며, 지구적 행동의 자유를 유지하고, 동맹과 파트너십을 강화하며, 안보에 유리한 조건을 설정"한다는 것이 그것이다. 이런 국방 전략목표 달성방법으로 "동맹과 우방의 안보를 확신시키고, 잠재적인 적의 도전을 단념시키며, 침략을 억제하고 강압에 대응하며, 유사시에는 적을 격파"하는 것을 제시하고 전략기획과 의사결정의 지침으로 "적극적 및 중층 방어, 계속적인 변혁, 능력에 기반을 둔 접근, 위험 관리"를 제시하였다.

제4장은 2004년 합참에서 발간한 *"The National Military Strategy of The United States of America"* 전문을 번역한 것이다. 국가군사전략은 대통령의 '국가안보전략'에서 제시한 목표와 목적을 따르고, 국방부 장관의 '국가국방전략'을 수행하는 것이다. 국가군사전략은 국가국방전략을 지원하기 위해 3P의 군사목표를 설정하였다. "외부공격과 침략으로부터 미국방호(protect), 분쟁과 기습공격 예방(prevent), 적을 압도적으로 격멸(prevail)"이 그것이다. 전략적 준칙으로 "민첩성, 결정성, 통합성"을 제시하였고 합동군에 요구되는 특성을 "완전한 통합, 해외 작전 능력, 네트워크, 분권화, 적응성, 결심우세, 치명성"을 합동군의 능력과 기능으로 "부대적용, 군사능력 전개와 지속, 전장 경계, 결심 우세 달성"으로 제시하고 있다.

제5장은 2002년 백악관에서 발간한 *"The National Strategy to Combat Weapons of Mass Destruction"* 전문과 2006년 합참에서 발간한 *"The National Military*

Strategy to Combat Weapons of Mass Destruction" 의 요약 부분을 번역한 것이다. NS-CWMD에서는 대량살상무기전에 대항하는 미국 전략의 세 지주(pillars)를 제시하고 있다. 세 지주는 "대량살상무기의 사용에 대항하는 확산대응(counterproliferation)", "대량살상무기 확산에 대항하는 강화된 비확산(nonproliferation)", "대량살상무기 사용에 대응하기 위한 결과 관리(Consequence Management)"가 그것이다. NMS-CWMD에서는 상위 개념인 NS-CWMD를 군사적인 측면에서 수행하는 방법을 제시하고 있다. 핵심 내용은 다음과 같이 요약된다.

<table>
<tr><td align="center">전략적 목적
미국, 그의 군대, 동맹국, 파트너 그리고 이익이
대량살상무기를 사용하는 적에 의해
강압도 공격도 당하지 않도록 보장</td></tr>
<tr><td align="center">최종상태
전략적 목적에 대한 효과성을 측정할 수 있는 10가지 기준</td></tr>
<tr><td align="center">군사전략 목표
격파, 억제-방호, 대응, 회복-방어, 단념, 거부-감소, 파괴, 가역(可逆)</td></tr>
<tr><td align="center">전략적 권능자
정보-파트너십 능력-전략적 통신지원</td></tr>
<tr><td align="center">8개 임무분야
공세작전, 제거, 차단, 적극적 방어, 수동적 방어, 대량살상무기 사후결과 관리,
안보협력과 파트너 활동, 위협감소협조</td></tr>
</table>

제6장은 2006년 2월 6일 국방부에서 의회에 보고하는 *"Quadrennial Defense Report"* 전문을 번역한 것이다. 이 QDR은 국가국방전략을 기준으로 테러리즘 네트워크의 격파, 종심 깊은 본토 방어, 전략적 갈림길에 있는 국가들에 대한 대안 제시, 적 및 비국가 세력의 WMD 획득 및 사용 예방을 중점과제로 설정하였다. 또한 이 보고서는 테러전쟁을 효과적으로 수행하기 위해 특수전 전력을 15%가량 증강해야 하고, 해병대에도 특수전부대가 필요하다고 판단하고 있다.

이 책의 원고는 일전에 완성되었으나 편자의 늦은 일처리로 인해 발간이 늦어지게 되었다. 번역에 특히 많은 힘을 써 주신 박기련 박사와 김재엽 씨 그리고 김종하 교

수와 김동원 박사께 깊은 감사를 드린다. 원고정리가 늦어졌음에도 불구하고 발간을
허락해 주신 한국학술정보(주) 관계자 분들께도 감사를 드린다. 한국 정부의 관계자들
과 관련 학자들이 21세기 미국의 국방전략에 대한 기본 문서들을 이해함으로써 한국
의 안보전략 수립에 조금이나마 도움이 되길 바란다.

2008년 5월 20일

한남대학교 국방전략연구소장 **김연철**

약어(略語)

ABM, Antiballistic Missile : 탄도요격미사일

ACS, Air Common Sensor : 공중공동센서

ACTD, Advanced Concept Technology : 신개념기술시범

ADA, Africa Development Fund : 아프리카개발기금

AEF, Air Expeditionary Force(s) : 공군해외파견군

AFSB, Afloat Forward Staging Bases : 부양추진설치기지

AFMIC, Armed Forces Medical Intelligence Center : 군의료정보센터

AEA, Atomic Energy Act : 원자력에너지법

AECA, Arms Export Control Act : 무기수출통제법

ALBM, Air-launched Ballistic Missile : 공중발사탄도미사일

ANZUS, Australia, New Zealand and the United States : 태평양안전보장조약

ASPA, American Service Members Protection Act : 미국복무장병보호법

AU, Africa Union : 아프리카연합

BCT, Brigadier Combat Team : 여단전투단

BRAC, Base Closure and Realignment Commission : 기지조정위원회

BTA, Business Transformation Agency : 방위업무변혁국

BWC, Biological Weapons Convention : 생물학무기금지협약

CBDP, Chemical Biological Defense Program : 화학생물학방어계획

CBRN, Chemical, Biological, Radiological, Nuclear : 화생방핵

CERP, Commander's Emergency Response Program : 지휘관비상대응계획

CJTF-HOA, Combined Joint Task Forces-Horn of Africa : 아프리카통합합동군

CSI, Container Security Initiative : 컨테이너안전구상

CTBT, Comprehensive Test Ban Treaty : 포괄적 핵실험 금지조약

CVID, Complete Verifiable Irreversible Dismantlement : 완전하고 검증 가능하며 돌이킬 수 없는 해체

CWC, Chemical Weapons Convention : 화학무기금지협약

CWMD, Combat Weapons of Mass Destruction : 대량살상무기전

DBSMC, Defense Business System Management Committee : 방위업무체계관리위원회

EAA, Export Administration Act : 수출관리법

EAR, Export Administration Regulations : 수출관리규정

FDO, Flexible Deterrence Option : 융통성 있는 억제방안

FLP, Flrrt Response Plan : 함대대응계획

GIG, Global Information Grid : 범지구정보망

GCSS, Global Combat Service Support : 범지구군수지원

GWOT, Global War On Terror : 범지구테러전쟁

HIV / AIDS, Human Immuno-deficiency Virus / Acquired Immuno Deficiency Virus : 면역결핍바이러스 / 면역결핍바이러스감염

HEU, High Enriched Uranium : 고농축우라늄

HUMINT, Human Intelligence : 인간정보

IAEA, International Atomic Energy Agency : 국제원자력기구

ISR, Intelligence, Surveillance, Reconnaissance : 정보, 정찰, 수색

ICBM, Intercontinental Ballistic Missile : 대륙간탄도미사일

ICC, International Criminal Court : 국제사법재판소

IDA, International Development Association : 국제개발협회

IED, Improvised Explosive Device : 급조폭발무기

IMET, International Military Education and Training : 국제군사교육 및 훈련

ISAF, International Security Forces : 국제안보지원군

ITAR, International Traffics in Arms Regulation : 국제무기거래규정

J-UCAS, Joint-Unmanned Combat Air System : 합동공중무인전투체제

JDAM, Joint Direct Attack Munition : 합동직접공격탄

JIACG, Joint Intragency Coordination Group : 합동유관기관협조단

JOC, Joint Operation Concept : 합동작전개념

JRAC, Joint Rapid Acquisition : 합동긴급획득실

JTF, Joint Task Forces : 합동기동부대

JTRAC, Joint Tactical Attack Controllers : 합동전슬공격통제관

JTRS, Joint Tactical Radio System : 합동전술무선체제

LCS, Littoral Combat Ship : 연안전투함

MAD, Mutual Assured Destruction : 상호확증파괴

MARSOC, Marine Corps Special Operation Command : 해병대특수전사령부

MCO, Major Combat Operation : 주전투작전

MAS, Mobility Capability Study : 기동능력연구

MHS, Medical Health System : 의료보건체계

MNSTC-I, Multinational Security Transition Command-Iraq : 이라크다국적안보전환
사령부

MTCR, Missile Technology Control Regime : 미사일기술통제체제

NGO, Non-governmental Organization : 비정부기구

NDS, National Defense Strategy : 미국가국방전략

NMS, National Military Strategy : 미국가군사전략

NMS-CWMD, National Military Strategy-Combat Weapons of Mass Destruction :
미대량살상무기전국가군사전략

NNPA, Nuclear Non-Proliferation Act : 핵확산금지법

NAOC, National Airborne Operation Center : 국가공중작전센터

NPT, Nuclear Non-Proliferation Treaty : 핵확산금지조약

NPR, Nuclear Posture Review : 핵태세보고서

NSS, National Security Strategy : 미국가안보전략

NS-CWMD, National Strategy-Combat Weapons of Mass Destruction : 미대량살상
무기전국가전략

NSEP, National Security Education Program : 국가안보교육계획

NSO, National Security Officers : 국가안보간부

NSPS, National Security Personnel System : 국가안보인력계획

OA, Operational Availability : 작전가용성

OAS, Organization of American States : 미주기구

OEF, Operation Enduring Freedom : 자유지속작전

ONA, Operation Net Assesment : 작전전량분석

PSI, Proliferation Security Initiative : 확산방지구상

QDR, Quadrennial Defense Review : 4년주기국방검토보고서

RFID, Radio Frequency Identification : 무선주파수식별

SIGINT, Signal Intelligence : 신호정보

SJFHQ, Standing Joint Forces Hradquaters : 상비합동군사령부

SLBM, Submarine Launched Ballistic Missile : 잠수함발사탄도미사일

SOF, Special Operation Forces : 특수전부대

SOFA, Status of Forces Agreement : 주둔군지위협정

SSBN, Nuclear Ballistic Missile-Submarines : 핵탄도미사일잠수함

SSC, Small Scale Contingency : 소규모우발사태

SSTR, Stability, Security, Transition, and Reconstruction : 안정안보전환재건

START, Strategic Arms Reduction Treaty : 전략핵감축조약

TIC, Toxic Chemical Materials : 독성화학물질

TIM, Toxic Industrial Materials :독성산업물질

TRA, Taiwan Relation Acts : 대만관련법

TSAT, Transformational Satellite : 위성변혁

UA, Unit of Action : 행동부대

UAV, Unmanned Aerial : 무인항공기

UE, Unit of Employment : 운용부대

USARMRIID, U.S.Army Medical Research Institude for Infection Diaseases : 미육군
　　　전염병의료연구소

WMD, Weapons of Mass Destruction : 대량살상무기

WMD / E Weapons of Mass Destruction / Effective : 대량살상무기 / 효과

WOT, War On Terror : 테러와의 전쟁

WTO, World Trade Organization : 세계무역기구

목 차

제5장 미국의 대량살상무기전 전략(CWMD) / 189

양완식 · 박기련(역)

제6장 미 2006 4개년 국방 검토 보고서(QDR 2006) / 211

김재엽 · 김종하(역)

21세기를 향한 미국의 안보 및 군사전략

김연철

　21세기 미국은 자의 반 타의 반으로 세계를 통치하는 일을 떠맡게 되었다. 그 결과 미국은 불가피하게 이중적인 얼굴을 가진 국가가 되었다. 그 하나는 주권국가로서의 모습이고, 다른 하나는 세계국가로서의 모습이다. 주권국가로서 미국은 냉전 이후 차지한 유일초강국으로서의 지위를 계속적 유지하려 한다. 세계국가로서 미국은 20세기 제국주의(Imperialism)에서 21세기 제국(Empire)으로의 변모를 추구하고 있다. 이런 미국의 이중적인 모습은 오버랩 되어 나타난다.

　안보차원에서 미국은 이제 유일초강국, 새로운 제국으로서 현상유지 보다는 현상타파를 목표로 한다. 냉전 시 봉쇄전략은 공세적인 개입전략으로 바뀌었으며, 냉전(3차대전)에 이어 테러와의 전쟁(4차대전)을 수행하고 있다. 테러와의 전쟁은 냉전과 여러 면에서 비교된다. 냉전 시 국민을 동원하는 기제(機制)가 반공주의였다면 테러와의 전쟁에서 힘을 동원하는 기제는 반테러리즘이다.

　군사전략 차원에서 미국은 적의 수세적인 격퇴가 아니라 공세적인 격멸을 목표로 한다. 이것은 소련이라는 거대하고 지구적인 세력이 소멸하였기 때문에 가능하게 되었다. 냉전 시 봉쇄정책을 지원하기 위한 전방방어전략은 이제 범지구적인 군사력 투시전략으로 변화되었다. 이와 같은 군사전략 목표와 방법을 달성하기 위한 수단은 군사변혁을 통하여 범지구적인 통제능력을 가진 군으로 변모되고 있다.

$$S = E + M + W$$

Strategy	국가안보전략(NSS)		국가군사전략(NMS)	
	냉전 시대	냉전 이후	냉전 시대	냉전 이후
End	현상유지(Survival)	현상타파(Win)	격퇴(defeat)	격멸(prevail)
Mean	물리적 수단: 군사, 외교, 경제, 첩보 심리적 수단: 반공주의	물리적 수단: 군사, 외교, 경제, 첩보 심리적 수단: 반테러리즘	반구통제 군사력 삼각 축	범지구통제 군사력 신삼각 축
Way	봉쇄(냉전: 3차대전)	개입(GWOT: 4차대전)	전방방어	전력투사

Strategy	국가안보전략(NSS)	
	냉전 시대	냉전 이후
End	현상유지(Survival)	현상타파(Win)
Mean	물리적 수단: 군사, 외교, 경제, 첩보 (반구 통제) 심리적 수단: 반공주의	물리적 수단: 군사, 외교, 경제, 첩보(지구 통제) 심리적 수단: 반테러리즘
Way	봉쇄(냉전: 3차대전)	개입(GWOT: 4차대전)

21세기 미국의 안보전략은 2002 NSS에 제시되고 있다. 2002 NSS는 다음과 같이 구성되어 있다. 1항은 미국의 안보전략의 목표를 제시하고 있다. 2항에서 7항까지는 안보전략의 방법에 대하여 기술하고 있고, 8항은 이들 목표와 방법을 수행할 수단에 대하여 언급하고 있다.

미국 국가안보전략의 구성

1. 인간의 존엄성을 향상
2. 세계적 테러리즘을 패배시키기 위한 동맹 강화와 미국과 우방에 대한 공격 예방
3. 지역적 분쟁을 감소시키기 위해 다른 국가와 협력
4. 적의 대량살상무기에 대한 미국과, 미국의 동맹 및 우방 위협 예방
5. 자유시장과 자유무역을 통해 세계적인 경제성장의 새로운 시대 시작
6. 개방 사회와 민주주의 기반 구축으로 발전의 환경 확장
7. 주요 세계적 힘의 중심과 협력적인 행동을 하기 위한 대안 개발
8. 미국의 국가 안보기구를 21세기 도전과 기회에 맞추어 변혁

출처: The White House, *The National Security Strategy*(2002), pp.1 - 2.

1. 목 표

미국의 안보목표는 궁극적으로 그들의 건국이념을 실천하는 것으로 확대되었다. 미국의 건국이념은 "인간의 존엄과 자유"의 유지와 확산이다. 이것은 미국의 헌법에 명시된 헌법정신이고 "아메리카니즘"이다. 미국은 그들의 유리한 전략적 상황을 이용하여 이런 원칙을 전 세계로 확대할 것을 안보 목표로 정한 것이다. 이에 대하여 NSS 2002 1항에서 다음과 같이 기술하고 있다.

미국은 자유와 정의를 방어한다. 이 원칙들은 모든 곳의 모든 사람들에게 옳고 진실한 것으로 여겨지기 때문이다. 어떤 국민도 이 열망들을 독점하지 않고 어떤 국민도 그 열망들로부터 면제되지 않는다. 모든 사회의 아버지들과 어머니들은 그들의 아이들이 교육을 받고 가난과 폭력으로부터 자유롭게 살기를 원한다. 지구상의 어떤 민족도 억압받기를 동경하지 않고 예속을 갈망하지 않고, 또 한밤중에 비밀경찰이 문을 두드리는 소리를 듣고 싶어 하지 않는다.

미국은 인간의 존엄성의 요구들을 확고히 지지한다. 이 양보 불가한 요구들이란 법의 지배, 절대적 국가권력의 제한, 자유언론, 종교의 자유, 평등한 정의, 여성들의 존중, 종교적, 인종적 관용 그리고 사유재산권의 존중 등을 말한다.[1]

어려운 상황이지만 미국은 다민족국가로서 그들이 헌법을 통하여 이런 자유와 인간 존엄을 실천하였고, 확대해 왔다고 주장한다. 더 나아가 이것이 인류의 보편적인 가치이므로 이제 이를 전 세계에 적극적으로 전파하겠다는 것이다.

미국의 헌법은 우리에게 훌륭히 공헌해 왔다. 많은 다른 나라들은 역사와 문화가 다르고 상이한 상황들에 직면하고 있음에도 불구하고 이런 핵심적인 원칙들을 자신들의 통치체제 내에 성공적으로 통합하였…… 거대한 다인종 민주국으로서의 미국의 경험은 많은 전통과 신념을 지닌 사람들이 평화롭게 생활하고 번영할 수 있다는 우리의 확신을 확인해준다. 우리 자신의 역사는 우리의 이념들에 맞게 살아가기 위한 긴 투쟁 과정이다. 그러나 우리는 최악의 순간에도 독립선언서에 기록된 원칙들의 인도를 받았다. 그 결과 미국은 보다 더 강한 사회가 되었을 뿐만 아니라 보다 자유롭고 보다 정의로운 사회가 되었다…… 우리의 과거로부터의 교훈들을

---

1) The White House, The National Security of The United States of America(Sep. 2002), p.3.

구현하고 오늘날 우리가 가진 기회를 이용하면서, 미국의 국가안보전략은 이런 핵심적인 신념들을 출발점으로 하고 외부로 눈을 돌려 자유를 확장하기 위한 가능성들을 찾아야 한다.[2]

이런 목표를 위해 미국은 "인간 존엄성이라는 대의를 위해 싸울 것이고 그에 저항하는 사람들을 반대할 것"이라고 하면서 다음과 같은 조치를 취할 것이라고 하고 있다.

- 자유를 진전시키기 위한 국제기구들에서 우리의 목소리와 자유투표를 이용하여 인간의 존엄성의 양보 불가한 요구들에 대한 위반들에 관해 솔직하게 말한다.
- 자유를 증진하기 위해 그리고 그것을 위해 비폭력적으로 투쟁하는 사람들을 지원하기 위해 우리의 대외 원조를 이용하되 민주주의를 향해 전진하는 국가들은 그들이 취한 조치들에 대해 반드시 보상을 받게 한다.
- 자유와 민주제도의 발전을 우리와의 쌍방관계에서 주요한 주제로 삼고 다른 민주국가들과는 결속과 협력을 강구하되 인권을 부인하는 정부들을 압박하여 보다 나은 미래를 향해 나아가도록 만든다.
- 종교와 양심의 자유를 증진하기 위해 그리고 독재적인 정부들이 그것을 침범하지 못하도록 하기 위해 특별한 노력을 경주한다.[3]

2. 수 단

1) 군사 변혁

미국은 위에서 제시한 안보목표와 방법들을 수행하기 위한 수단으로 군사변혁을 제안하고 있다. 이를 위해 먼저 미군이 수행해야 할 제일의 임무는 본토방어라고 하면서 그 역할을 다음과 같이 제시하고 있다.

- 우리의 동맹국들과 우방국들을 보장한다.

---

2) NSS(2002), p.3
3) NSS(2002), p.4

- 미래의 군사적 경쟁을 단념케 한다.
- 미국의 이익과 동맹국과 우방국에 대한 위협들을 억제한다.
- 만일 억제가 실패하면 어떤 적이든지 결정적으로 패배시킨다.[4]

미군은 위의 임무에 기초하여 변화된 위협에 대응하여 군사변혁을 추진한다. 미군은 새로운 위협은 분산되고, 불확실하며, 작으나 극단적이고, 지극히 위험하다고 인식하고 있다.

새로운 적은 고정되고 보이는 적이 아니다. 새로운 적은 규모는 작으나 세계 곳곳에 산재되어 있다. 새로운 적은 그 의지가 극단적이고 비이성적이다. 미군은 이런 적에 대항하여 변혁되어야 한다.[5]

군사변혁은 이런 위협에 대응하여 기존의 지역적 전역 수행능력의 미군을 범지구적 전역능력을 보유한 군으로 발전시키는 것이다. 이를 위해 미군은 보다 경량화되고, 신속히 대응하며, 지구적인 타격능력을 가지는 기술 및 정보 군으로 변모시키려 하고 있다.

우리는 진보된 원거리 감지, 장거리 정밀타격능력, 변모된 기동 및 원정군과 같은 자산들을 개발함으로써 더 많은 그런 배치들에 대비하여야 한다. 군사적 능력의 이런 광범위한 포트폴리오에는 또, 조국을 방어하고, 정보작전을 수행하고, 먼 전장에 대한 미국의 접근을 확보하며, 우주공간에 있는 중요한 미국의 자산들을 보호하는 능력이 포함되어야 한다.[6]

미군의 군사변혁의 중심은 정보변혁이다. 미군은 근 실시간으로 범지구적으로 표적을 감시 및 획득할 수 있는 체제를 구축하고 정보우세를 통하여 공역을 지휘, 통제하는(Command of Commons) 미군을 만들어 내려 하고 있다.

대량의 고정된 목적물-소련권-에 관한 거대한 정보를 수집할 목적으로 고안된 첩보부서들이 훨씬 더 복잡하고 회피적인 목표들을 추적하는 어려움에 직면하고 있다.

---

4) NSS(2002), p.29
5) NSS(2002), p.29
6) NSS(2002), pp.29－30

이런 위협들의 성격에 부응하여 우리는 우리의 첩보능력을 새롭게 변화시켜야 한다. 첩보는 우리의 국방 및 법집행 체제들과 적절히 통합되고 우리의 동맹 및 우방들과 손발을 맞추어야 한다…… 우리는 국토와 국민의 안보를 위해 통합적으로 위협들을 평가하기 위해 정보의 예고와 분석을 강화해야 한다. 외국의 정부들과 집단들이 브추기는 위협들이 미국 안에서 수행될지도 모르기 때문에, 우리는 또 첩보와 법집행 사이에 정보가 적절히 융합되도록 해야 한다.[7]

미국은 정보영역의 변혁을 위해 주요 방안을 다음과 같이 제시하고 있다.

- 국가의 대외 첩보 능력의 개발과 활동을 주도하도록 중앙정보부장의 권한을 강화한다.
- 국가와 동맹들에 대한 모든 위협들에 관해 빈틈없이 통합된 경고를 제공하는 정보예고의 새로운 기틀을 확립한다.
- 우리의 첩보상의 이점을 유지하기 위해 정보를 수집하는 새로운 방법들을 계속하여 개발한다.
- 첩보능력의 약화를 방지하기 위해 보다 열성적으로 노력함으로써 미래의 능력들을 보호하기 위해 일하는 한편 그런 능력들을 위해 투자한다.
- 테러의 위험에 관해 전정부적으로 모든 원천들의 분석을 통해 정보를 수집한다.[8]

2) 외교 변혁

미국은 군사에서뿐만 아니라 외교에서도 변혁을 추진 중이다. 외교에서의 변혁은 미국의 사상 즉 "아메리카니즘 또는 미국신조"를 전 세계에 보다 효과적으로 홍보할 수 있도록 하는 것이다. 또한 테러와의 전쟁을 지원하기 위해 극단적인 이슬람주의자와 온건한 이슬람주의자들을 분리시키는 임무를 수행할 수 있도록 외교기구를 변혁시키려 한다.

우리의 외교기구들이 우리가 다른 국가들에게까지 미칠 수 있도록 적응성을 가져야 하는 것과 마찬가지로, 또 세계 도처의 사람들이 미국에 관해 배우고 미국을 이해하도록 도울 수 있는 보다 종합적인 대중 홍보 노력들도 필요하다. 테러와의 전쟁은 문명들의 충돌이 아니다. 그러나 그것은 진정 문명 내에서의 충돌, 즉 이슬람 세계의 미래를 위한 싸움을 드러낸다. 이것은 사상의 투쟁으로 미국의 우월성을 보일 수 있는 부분이다.[9]

---

7) NSS(2002), p.30.
8) NSS(2002), p.30.

3. 방 법

　21세기 미국은 압도적인 전략적 환경을 이용하여 전 지구적인 사안에 관여하는 개입전략을 구사한다. 미국은 21세기의 로마가 되었다. 로마의 영향력은 지중해를 벗어나지 못하였는데 21세기 로마인 미국은 전 지구를 5차원 공간에서 통제할 수 있는 능력을 보유하게 되었다. 미국은 적극적으로 범지구적인 개입을 하면서 안보증진과, 민주주의 확장, 시장경제의 전 세계적인 확대를 추구하고 있다.

1) 자유에 도전하는 테러와의 전쟁과 대량살상무기전

　테러와의 전쟁: 미국은 테러와의 전쟁을 인류의 자유와 존엄에 마지막 위협으로 인식하고 있다. 그래서 미국은 테러와의 전쟁을 "공포에 대한 자유" 전쟁으로 여기고 범지구적인 테러와의 기약 없는 장기전을 선포하였다. 범지구적인 테러와의 전쟁은 미국 및 국제적인 모든 역량을 동원하고, 선제공격 개념을 적용하며, 은신처를 거부하는 등 적극적이며 공격세적인 작전을 하겠다고 선언하고 있다. 이런 범지구적인 테러와의 전쟁 방법에 대하여 다음과 같이 제시하고 있다.

- 국가적으로 그리고 국제적으로 동원 가능한 모든 힘을 이용하는 직접적이고 계속적인 행동. 우리의 일차적인 초점은 전 세계에 미치는 테러 조직들과 대량살상무기(WMD)들을 얻으려고 하거나 사용하려고 하는 테러분자나 테러 지원국이 될 것이다.
- 테러의 위협이 우리의 국경에 미치기 전에 식별하여 파괴함으로써 미국과 미국인들과 국내외에서의 우리의 이익들을 방어함. 미국은 국제사회의 지원을 얻기 위해 계속 노력하는 한편, 테러리스트들에 대해 선제적인 행동을 함으로써 우리의 자위권을 행사하고 테러분자들이 우리 국민과 우리나라에 해를 끼치지 못하게 하기 위해, 필요하다면, 주저 없이 단독으로 행동할 것이다.
- 여러 국가들로 하여금 자기들의 주권적 책무들을 받아들이도록 납득시키거나 강요함으로써 테러분자들에게 더 이상의 지원이나 은신처를 제공하지 못하게 함.[10]

---

9) NSS(2002), p.31.
10) NSS(2002), p.6.

특히 미국은 테러와의 이념 전쟁에서 반테러리즘을 국제사회의 지지를 끌어내는 힘으로 이용하고, 이슬람 극단주의자들을 분리하여 대응하려는 전략을 구사하려 한다. 이것은 마치 냉전시대 미국이 중국공산당을 소련과 분리하여 대응한 전략을 연상하게 한다. 미국은 테러와의 전쟁에서 이념 투쟁방법을 다음과 같이 제시하고 있다.

- 미국이 가진 모든 영향력을 사용하고 동맹국들 및 우방국들과 긴밀히 협력하여, 모든 테러 행위들은 노예제나 해적질이나 인종학살처럼 부당한 것임을 명백히 한다. 테러는 책임 있는 정부로서는 찬성할 수 없고 모두가 반대하여야 할 행위이다.
- 특히 이슬람 세계의 온건하고 현대적인 정부를 지원하여, 테러 행위를 증진하는 조건들과 이념들이 어느 나라에서도 발붙일 곳을 찾지 못하게 만든다.
- 국제사회를 동원하여 그 노력들과 자원들을 가장 취약한 지역들에 집중하게 함으로써 테러 행위를 발생시키는 근본 조건들을 감쇄한다.
- 효과적인 대중외교를 사용하여 정보와 사상들이 자유로이 유통되게 함으로써 세계적인 테러행위의 지원자들에 의해 통치되는 사회의 사람들이 가진 자유에의 열망에 불을 지핀다.[11]

미국은 본토가 더 이상 성역이 아님을 깨달았다. 9·11테러가 이것을 실증적으로 입증시켜 주었다. 미국은 국토안보국을 신설하고 본토방호를 최우선적인 과업으로 격상시켰다. 또한 미국은 "지구화된 세계에서 테러 행위를 근절하기 위해서는 우리의 모든 동맹국들과 우방들의 지원이 필요하다는 것을" 알고 우방과 동맹국들이 노력을 동원할 수 있는 방안을 강조한다. 미국은 테러와의 전쟁이 단기간에 끝날 과업이 아님을 인식하고 있다. 미국은 냉전 이상으로 테러와의 전쟁은 많은 시간과 노력이 요구될 것이라고 판단하고 있다. 그들은 냉전시대에 거대한 공산세력과 끈질긴 투쟁을 한 것처럼 테러와의 전쟁도 미국인 특유의 인내심과 일관성으로 접근할 것을 강조한다.

지구적 테러와의 전쟁에서 우리는 우리가 궁극적으로는 우리의 민주적 가치들과 생활양식을 지키기 위해 싸우고 있음을 결코 잊지 않을 것이다. 자유와 공포가 서로 전쟁을 하고 있다. 이 싸움은 결코 신속히 그리고 쉽게 끝나지 않을 것이다. 테러와의 전쟁지도에 있어 우리는 생산적인 국제관계들을 창출하고 현존하는 국제관계들을 21세기의 도전들을 다룰 수 있도록 재정의하고 있다.[12]

---

11) NSS(2002), p.6.
12) NSS(2002), p.11.

대량살상무기전: 대량살상무기는 자유를 위협하는 또 다른 도전이다. 냉전시대는 상호확증파괴라는 보복적 억제 개념의 핵전략으로 일관하였다. 이런 상황에서 대량살상무기확산은 문제가 되지 않았다. 그러나 냉전 이후 대량살상무기 확산은 테러조직과 연계될 개연성이 증가되어 재앙적인 위협으로 인식되었다. 즉 "불량국가들(rogue states)과 테러리스트들로부터 새로운 치명적 도전들이 출현했다." 이런 위협들의 어느 것도 소련이 우리에게 제기했던 거대한 파괴력과 비교될 수는 없다. 그러나 "새로운 적들의 속성과 동기들, 지금까지는 가장 강한 국가들만이 가질 수 있었던 파괴력을 보유하고자 하는 그들의 결심 그리고 그들이 우리를 향해 대량살상무기를 사용할 보다 높은 가능성 등은 오늘날의 안보환경을 보다 복잡하고 위험하게 하였다." 미국은 이들 불량국가들이 공동의 특징을 가지고 있는데 특히 대량살상무기를 보유하고 이를 선택적 무기로 사용하려는 열망이 크다고 지적하고 있다.

- 국민들을 야만적으로 취급하고 통치자들의 개인적인 이득을 위해 국가의 자원을 낭비한다.
- 국제법을 전혀 존중하지 않고 이웃들을 위협하며, 그들이 당사자인 국제 조약들을 뻔뻔스럽게 위반한다.
- 위협으로 이용하거나 정권의 침략적인 계획들을 달성할 목적에서 공격적으로 사용하기 위해 대량살상무기들과 다른 선진 군사기술을 습득하려고 혈안이 되어 있다.
- 전 세계에 걸쳐 테러를 지원한다.
- 인간의 기본적 가치들을 부인하고 미국과 미국이 대변하는 모든 것을 증오한다.[13]

미국은 "이들 불량국가들이 미국과 우리의 우방들에 대해 위협을 가하거나 대량살상무기들을 사용할 수 있기 전에 대비를 해야 한다"면서 WMD와 싸우기 위한 포괄적인 전략을 다음과 같이 제시하고 있다.

- 확산방지를 위해 예측적으로 노력할 것. 우리는 위협이 확산되기 전에 억제하고 그에 대해 방비해야 한다. 우리는 주요한 능력들－탐지, 적극적 수동적인 방어, 반격능력－이 우리의 방어체제와 국토안보체제에 확실히 통합되게 해야 한다. WMD로 무장한 적들과의 어떤 싸움에서도 우리의 승리를 보장하기 위해 우리와 우리 동맹들의 군대의 원리와 훈련과 장비 등에 확산방지라는 원칙이 통합되어야 한다.
- 불량국가들과 테러리스트들이 대량살상무기를 위해 필요한 물질과 기술과 지식을 습득

---

13) NSS(2002), pp.13－14.

하지 못하게 하기 위해 비확산 노력을 강화할 것. 우리는 WMD를 추구하는 국가들과 테러리스트들을 방해하는 그리고 필요하다면 WMD 원료들과 제조기술수입을 금지하는 외교와 무기통제와 다자간 수출 통제와 위협 감소를 위한 원조활동을 강화할 것이다. 우리는 다른 국가들과 제휴하여 이런 노력들을 계속 지원하고 비확산과 위협 감소 프로그램들에 대한 정치적 재정적 지원이 증가되도록 할 것이다. 확산방지를 위한 지구적 협력에 200억 불까지 공여하기로 한 최근의 G-8 합의는 커다란 진전이다.

- 테러리스트들에 의해서건 적대적인 국가들에 의해서견 WMD 사용의 영향들에 대응하기 위해 효과적인 결과관리를 할 것. 우리 국민에 대한 WMD 사용의 효과들을 최소화하며 그런 무기들을 소유한 자들을 억제하고 소기의 목적을 달성할 수 없음을 납득시킴으로써 그런 무기들을 가지려고 애쓰는 자들을 단념시키는 데 도움이 될 것이다. 미국은 또 해외주둔 미군들에 대한 WMD 사용의 효과들에 대응하고 우방들이 공즛을 받으면 도울 준비를 하여야 한다.

- 불량국가나 테러조직이 대량살상무기를 사용할 때는 그 피해가 가히 재앙적이다. 만약 테러리스트가 20킬로톤 급 가방형 핵무기를 뉴욕의 UN 본부건물에서 터뜨린다고 가정하면 100만 명 이상의 뉴욕시민이 즉사할 것이다. 감히 상상하기가 어려운 사태이다. 미국은 이런 결과를 당한 후에는 어떤 조치도 사후 약방문이 되므로 대량살상무기 공격 징후가 포착되면 사전에 선제공격을 해야 한다는 전략을 제시하고 있다.

- 냉전시는, 특히 쿠바 미사일 위기에 뒤 이은 기간 동안 우리는 전반적으로 현상유지적이고 위험회피적인 적을 대면했다. 억제는 효과적인 방어였다. 그러나 보복의 위협에만 기초한 억제는 위험추구적이고 국민들의 생명과 국가의 부를 가지고 도박을 하는 불량국가들의 지도자들에게는 먹히지 않을 것이다.

- 냉전시는 대량살상무기들은 그것들을 사용하는 국가들의 파멸을 자초할 위험이 있기 때문에 최후의 선택으로써 고려되었다. 오늘날 우리의 적들은 대량살상무기들을 최상의 무기들로 간주한다. 불량국가들에게 이 무기들은 이웃 국가들에 대한 위협과 침략의 도구들이다. 이 무기들은 이런 국가들이 미국과 그 동맹국들에게 공갈을 쳐서 자기들의 침략행위를 억제하거나 격퇴하지 못하게 만드는 수단이 될지도 모른다. 그런 국가들은 또 이런 무기들이 미국의 재래식 군사력의 우월성을 극복하는 최상의 수단이라고 간주한다.

- 억제의 전통적 개념들은 테러리스트들에게는 통하지 않을 것이다. 그들의 전술들은 대량파괴와 무고한 사람들을 겨냥하는 것이기 때문이다. 또 소위 그들의 전사들은 순교를 추구하고 그들은 무국적 상태가 가장 안전하다고 여기기 때문이다. 테러를 지원하는 국가들과 WMD를 추구하는 국가들 사이의 중첩은 우리로 하여금 행동을 하지 않을 수 없게 한다.[14)]

---

14) NSS(2002), pp.14-15.

미국은 선제공격의 정당성을 국제법이 임박한 공격에 대하여 자위하는 행위로 합법화한 논리를 원용하였다. 미국은 만약에 적이 대량살상무기로 공격하려는 징후가 발견되면 그것은 바로 임박한 위협으로 선제공격이 정당하다는 것이다. 국제법학자들과 국제 재판관들은 전통적으로 '공격을 준비하는 육군과 해군과 공군의 가시적 동원'을 임박한 위협으로 인정하고 자위권을 인정하였다.

2) 자유시장과 자유무역을 통해 지구적 경제성장 도모

미국은 자유를 수호하고 전파하기 위한 방법으로 자본주의의 세계화를 경제 전략으로 추진한다. 미국은 자본주의를 미국신조의 일환으로 신봉한다. 1990년대 미국은 장기 불황을 극복하고, 21세기 들어서서는 이를 유지하면서 지속적인 성장을 도모하고 있다. 미국은 전 "세계적인 시장의 개방"을 인류의 부를 전체적으로 증진시키고 자유 확대에 기여하는 것으로 생각한다. 이에 따라 미국은 미개척 시장을 적극적으로 개척하고 확대하려는 정책을 구사한다.

미국은 "자유 무역"을 자유확산 차원에서 접근한다. 이를 위해서 정부의 개입을 최소화하고 시장의 자율에 맡겨야 한다고 주장한다. 자유무역을 증진하기 위해 미국의 종합적인 전략은 다음과 같다.

- 세계적인 주도권을 잡는다.
- 지역적 주도권을 잡는다.
- 쌍방 간 자유무역협정들을 밀고 나간다.
- 행정부와 의회 간의 협력을 강화한다.
- 무역과 개발 사이의 연결을 촉진한다.
- 불공정한 관행들에 대해서 무역협정들과 무역법들을 집행한다.
- 국내의 산업들과 근로자들이 적응을 하도록 돕는다.
- 환경과 근로자를 보호한다.
- 에너지 안보를 강화한다.[15]

---

15) NSS(2002), pp.18－20.

3) 민주주의 확장

빈곤국가의 부를 증진: 미국은 빈곤국가의 빈곤퇴치가 민주주의 확장의 지름길이라고 믿는다. 미국은 이를 위하여 "모든 국가에서 개인들의 생산 잠재력이 발휘되도록 돕고…… 지속적 성장과 가난의 감소를 위해 올바른 정책을 수행하는 국가들에게 높은 수준의 새로운 원조를 제공하고…… 십 년 안에 최빈국 경제들의 크기를 배가"를 목표로 한다. 미국정부는 이 목표를 달성하기 위해 다음과 같은 주요 전략들을 추구한다.

- 국가적 개혁의 도전에 부응해 온 나라들을 원조하기 위해 자원들을 제공한다. 우리는 미국이 제공하는 핵심적 개발원조의 50퍼센트 증가를 제안한다.
- 세계은행과 다른 개발은행들이 보다 효과적으로 생활수준을 높일 수 있게 한다. 미국은 세계 빈국들의 삶을 향상시킴에 있어 세계은행과 다른 다자적 개발은행들을 보다 효과적으로 만들기 위한 종합적 개혁안을 지지한다…… 전 세계의 생활수준을 높이고 가난을 감소시키려면 무엇보다도 특히 최빈국들에서의 생산성을 향상시켜야 한다.
- 개발원조가 가난한 사람들의 삶을 실제로 변모시키고 있음을 확인하는 측정 결과들을 고집한다…… 우리의 개발원조의 성공도를 결과에 입각하여 측정할 도덕적 책임이 있다.
- 대부 대신 보조금 형식으로 제공되는 개발원조의 양을 늘린다. 결과에 기초한 보조금들의 증액은 빈국들이 특히 사회부문들에서, 점점 증가하는 부채의 부담을 안지 않고서 생산적인 투자를 하도록 돕는 최선의 방법이다.
- 상업과 투자에 대해 사회들을 개방한다. 무역과 투자는 경제발전의 진정한 원동력이다. 비록 정부원조가 증가할지라도 대부분의 발전기금은 무역과 국내자본과 대외투자에서 나온다. 효과적인 전략은 이런 흐름들도 확대해야 한다. 자유시장들과 자유무역은 우리의 국가안보전략에서 우선순위를 가진다.
- 공중건강을 확보한다. 빈국들에서의 공중건강은 절박한 위기에 처해 있다…… 미국은 두 번째로 많은 기부를 한 기증자보다 두 배 이상의 기부를 한다. 만일 그 기금이 효과를 보이면, 우리는 그보다 더 많이 기여할 생각이다.
- 교육을 강조한다. 문자해독과 학습은 민주주의와 발전의 기초이다. 세계은행 자원의 단지 7퍼센트가 교육에 쓰이고 있다…… 우리의 교육원조 기부를 최소한 20퍼센트까지 증액할 것이다.
- 농업의 발전을 계속하여 지원 한다……건전한 과학을 이용하여 미국은 기아와 영양부족으로 고통 받는, 3억의 아이들을 포함한 8억의 사람들에게 이 혜택들이 주어지도록 도울 것이다.[16)]

주요 세력권과 협력: 미국은 자유 확산을 위해 제휴가 필요한 국가들과 적극적인 협조 전략을 추구한다. 이를 위하여 NATO를 확대 및 강화하고, 태평양 권 국가들과 협력을 강화하려 한다. 또한 중국이나 러시아가 또 다시 냉전시대의 패권 국가로 부상하는 것을 방지하고 미국에 협력하는 민주국가로 변모시키려 하고 있다. 미국은 "NATO는, 우리의 이해가 위협을 받았을 때 임무에 기초한 연합군을 원조함은 물론 그 자신의 권한으로 연합군을 창설하는 것과 같은 행동을 취할 수 있어야 한다."고 하면서 NATO가 다음과 같이 발전되어야 한다고 하고 있다.

- NATO 회원국 자격을 우리의 공통 이익들을 방어하고 진작할 의사와 능력이 있는 민주 국가들로 확대해야 한다.
- NATO 국가들의 군대가 연합군에 의한 전쟁에서 적절한 전투기여를 하도록 해야 한다.
- 그런 기여들이 효과적인 다자적 전투력이 될 수 있도록 기획하여야 한다.
- NATO의 군사력을 변화시켜 잠재적 공격자들을 압도하고 우리의 취약성을 감소시키기 위해 국방비 지출에 있어 기술적 기회들과 경제규모를 이용하여야 한다.
- 새로운 작전 요구들에 부응하고 새로운 형태의 군대에 대한 훈련과 통합과 시험과 관련된 필요에 부응하도록 명령계통의 유연성을 증가시킨다.
- 우리의 군대를 변화시키고 현대화하기 위해 필요한 조치를 할 때에도 동맹국으로 함께 일하고 싸우는 능력을 유지한다.[17]

미국은 "테러와의 전쟁은 아시아에 있는 미국의 동맹들이 지역의 평화와 안정을 위한 주춧돌이 됨은 물론 새로운 도전들을 유연하고 신속하게 다룰 수 있음을 증명했다."고 하면서 아시아와의 동맹과 우호를 강화하기 위해 다음과 같은 정책을 펼칠 것이라고 말하고 있다.

- 공통의 이해와 공통의 가치관과 밀접한 국방 외교 협력을 토대로 하여, 지역적이고 세계적인 문제들에 대해 계속 주도적인 역할을 함에 있어 일본에게 기대를 건다.
- 한국과 협력하여 북한에 대한 경계를 소홀히 하지 않는 한편 우리의 동맹이 그 지역의 보다 광범한 안정을 위해 보다 장기적으로 기여할 수 있도록 준비시킨다.
- 50년 역사의 미-호주 동맹협력을 토대로, 산호해(Coral Sea)전투에서 토라 보라(Tora Bora)에 이르기까지 여러 차례 그랬던 것처럼, 지역적이고 세계적인 문제들을 해결하기

---

16) NSS(2002), pp.21-23.
17) NSS(2002), pp.25-26.

위해 계속 함께 일한다.
- 동맹국들에 대한 우리의 의지와 우리의 필요와 우리의 기술적 진보와 전략적 환경을 반영하는 지역에 군대를 유지한다.
- 동맹들은 물론 ASEAN과 APEC 같은 기구들에 의허 제공된 안정을 바탕으로 이 역동적인 지역에서 변화를 관리하기 위해 지역적 전략들과 쌍방적 전략들을 혼합하는 전략들을 개발한다.[18]

미국은 냉전 이후 가지게 된 유일 패권국가로서의 압도적인 전략적 이점을 지속시켜서 다시는 미국과 패권을 겨룰 국가의 출현을 견제하려는 전략을 취하고 있다. 그 중 가장 큰 경계의 대상은 중국이다. 다음 인도는 증국에 대한 견제 국가로서 이용가치를 고려하고 있고, 러시아는 좀 더 발전된 민주주의 국가로서 정착이 되도록 유도하는 정책을 구사하고 있다.

미국은 중국이 궁극적으로 공산당 1당 지배체제에서 다당제 대의 민주주의 체제로 전환되기를 희망한다. 군사력의 급격한 증강을 경계하면서 그것이 지역적 패권으로 이웃에게 위협이 되지 않도록 권고한다. 또한 미국은 중국이 세계 시장의 정당한 구성원으로 WTO에 가입하기를 권하고 있다.

최악의 공산주의의 유산들을 벗어버리는 과정을 시작한 지 25년이 지난 지금까지도 중국의 지도자들은 그들 국가의 성격에 관해 추가적인 일련의 근본적 결단들을 내리지 못하고 있다. 아시아 태평양 지역의 이웃들을 위협할 수 있는 선진 군사능력을 추구함에 있어, 중국은 종국에는 자기 자신들이 추구하는 위대한 국가 추구에 방해하게 될 낡아 빠진 행로를 쫓고 있다. 중국은 사회 정치적인 자유가 그런 위대성의 유일한 원천임을 조만간 발견하게 될 것이다.

중국은 정보에 있어 보다 공개적이고 시민 사회를 발전시키며 개인의 인권을 강화하라는 요구를 받게 될 것이다. 중국은 많은 개인적 자유들을 허용하고 마을 단위의 선거들을 시행하는 등 정치적 개방을 향한 길을 가기 시작했다. 그러면서도 이 나라는 공산당에 의한 일당통치를 강력히 신봉하고 있다. 이 나라가 진정으로 시민들의 요구와 열망에 부응하게 하기 위해서는 아직 많은 일이 행해져야 한다. 중국인들이 자유로이 생각하고 집회하고 예배할 수 있게 허용함으로써만이 중국은 자신의 완전한 잠재력을 발휘할 수 있다.

시장원리들의 힘과 투명성과 책임성을 위한 WTO의 요건들은 중국에서 개방과 법의 지

---

18) NSS(2002). p.26

배가 진전되어 상업과 시민들에 대한 기본적인 보호들을 확립하는 데 도움을 줄 것이다.[19]

미국은 중국 견제 세력으로 인도와 협력을 강화하는 정책을 구사한다. 미국은 인도의 핵 보유를 묵인하면서, 건전한 경제적인 성장을 지원할 것이다. 미국은 인도를 통하여 중국의 인도양으로의 진출을 견제하고, 중앙 아시아에 대한 러시아의 개입을 약화시키려고 한다. 미국은 "인도를 미국과 공통의 이해를 가진 부상하는 세계강국으로 간주하고," 인도와의 강력한 협력관계를 도모한다.

미국은 러시아와 전략적 협력관계로 발전시키려 하고 있다. 러시아에 자유시장 민주주의가 완전히 정착되도록 지원하고 있고, 테러와의 전쟁에서 협력을 꾀하고 있다. 미국과 러시아는 상호합의하에 단계적으로 전략무기를 감축하고 있다. 미국은 "상호 이익이 되는 쌍무적 무역과 투자의 관계들을 증진하기 위해, 가입의 기준들을 낮추지 않고서도 세계무역기구(WTO)에 대한 러시아의 가입"을 용이하게 하고 있다. 미국은 러시아와 유럽의 동맹들과 우리 자신 사이에서 안보협력 심화를 목적으로 NATO − 러시아 협의회(NATO − Russia Council)를 창설했다.

지역적 갈등들을 해소하기 위해 협력: 미국은 지구화 시대에 상호의존성의 강화로 지역적인 분쟁이 결국 전 세계적인 분쟁으로 확대될 개연성이 크다는 인식을 하고 있다. 이에 따라 자의 반 타의 반으로 차지하게 된 제국적 위치를 인정하고 지역분쟁에 적극적인 중재자로 나서려는 정책을 구사한다. 미국은 지역분쟁에 다음과 같은 2가지 원칙을 가지고 접근하려 한다.

- 미국은 지역적 위기들이 출현할 때 그것들을 관리하는 데 도움이 될 수 있는 국제관계들과 국제제도들을 건설하는 데 시간과 자원을 투자해야 한다.
- 미국은 자신 스스로를 도울 의지나 각오가 없는 사람들을 도울 수 있는 능력에 한계가 있다는 점을 인식하여야 한다. 사람들이 자기들의 몫을 다할 각오가 되어 있는 장소와 시간에 우리는 기꺼이 단호한 도움을 줄 것이다.[20]

지역분쟁 중 미국이 가장 중시하는 것은 이스라엘과 팔레스타인 분쟁이다. 미국은

---

19) NSS(2002), pp.27 − 28.
20) NSS(2002), p.9.

양쪽 편이 서로를 인정하고 평화적으로 공존하기를 원한다. 미국은 "독립적이고 민주적인 팔레스타인이 이스라엘과 나란히 평화와 안전 속에서 살아갈 것을," 지지한다. 미국은 "팔레스타인인들이 민주주의와 법의 지배를 받아들이고, 테러를 단호히 거부한다면," 팔레스타인 국가의 건설을 지원할 것이라고 공언하고 있다. 미국은 이스라엘에 대하여 "이스라엘군은 2000년 9월 28일 이전에 차지했던 지점들로 완전히 철수할 필요가 있다. 그리고 미첼 위원회(Mitchell Committee)의 권고들에 따라, 점령지역에 대한 이스라엘인들의 정착 활동이 중지되어야 한다."고 하고 있다. 궁극적으로 이스라엘과 팔레스타인인인들이 현안들을 해결하고 상호 간의 갈등을 종식할 것을 권고한다.

남아시아에서 미국은 또 인도와 파키스탄이 그들의 분쟁들을 해결할 필요가 있음을 강조해 왔다. 파키스탄과 미국의 쌍방 관계는 테러를 계기로 강화되었다. 인도는 미국의 새로운 전략적 파트너로 부상 중이다. 미국은 이제 인도와 파키스탄이 군사적 대결을 종식시키기를 기대한다. 또한 미국은 인도네시아는 실질적인 민주주의와 법의 지배에 진전이 있기를 기대한다.

서반구에서 미국은 멕시코, 브라질, 캐나다, 칠레, 콜롬비아와 융통성 있는 관계들을 형성해 놓았다. 미국은 미주정상회담, 미주국가조직(OAS) 그리고 미주국방장관회담 등의 지역적 기구들과 협력하여 미주 전체의 이익을 도모할 것이다.

미국은 라틴아메리카에서 불법 마약거래와 이들의 공범들의 폭력행위의 종식에 주의를 기울인다. 마약거래는 미국의 건강과 안전을 위해하는 것으로 보고 안데스 지역의 국가들이 경제를 조정하고 법을 시행하고 테러 조직들을 격퇴시키며 마약공급을 차단하도록 돕기 위해 역동적인 전략을 개발하고 있다. 한편 미국 내에서의 마약 수요를 줄이기 위해 노력하고 있다.

콜롬비아에서 미국은 국가안보를 위협하는 테러리스트들과 극단주의자들의 집단들과 그런 집단들의 활동 자금을 원조하는 마약거래 활동들 사이의 연계를 파악하고 있다. 미국은 콜롬비아가 국토의 전 영역에 주권을 확장함으로써 자신의 민주제도를 방어하고 좌익과 우익의 불법 무장집단들을 격퇴시키는 일을 돕고 콜롬비아 국민에게 기본적인 안보를 제공하는 것을 도우려고 노력 중이다.

아프리카에서는 약속과 기회가 질병, 전쟁, 절망적인 빈곤과 나란히 자리하고 있다. 이런 상황으로 인해 미국의 핵심가치-인간 존엄성의 보전-와 전략적 우선 고려사항-지구적 테러와의 싸움-이 위협을 받는다. 이에 대응하여 미국은 자유와 평화와 번영 속에 사는 아프리카 대륙의 건설을 위해 다른 국가들과 협력하려 한다. 미국의 유럽 동맹국들과 함께, 우리는 아프리카의 약한 정부들을 강화하고, 국경을 튼튼하게 할 토착적인 능력이 갖춰지고 테러리스트에게 은신처를 거부할 법집행과 첩보의 기본이 확립되도록 지원 한다.

국가적인 내란들이 국경을 넘어 확산되어 지역적 전쟁구역들을 만들어낼 때 아프리카에는 더욱더 치명적인 환경이 존재하게 된다. 이런 위험들에 대처하기 위해서 미국은 뜻을 같이하는 국가들이 연합하여 협력적 안보체제를 형성하는 것을 중시한다.

미국은 아프리카의 크기와 다양성으로 인해 쌍방 개입에 초점을 두고, 같은 뜻을 가진 국가들의 연합들을 구축하는 안보전략이 필요하다고 본다. 미행정부는 그 지역을 위해 다음과 같이 상호 연계된 세 가지 전략들에 집중할 것이다.

- 남아공, 나이지리아, 케냐, 에티오피아같이 이웃나라에 강력한 영향을 행사하는 국가들지역개입의 닻 역할을 하고 집중적인 주의를 요한다.
- 유럽의 동맹들 및 국제기구들과의 행동일치가 건설적인 갈등 중재와 성공적인 평화활동을 위해 필수적이다.
- 아프리카의 능력 있는 개혁국가들과 지역기구들이 국제적 위협들을 다루기 위한 일차적 수단으로서 지속성 있게 강화되어야 한다.[21]

궁극적으로는 정치적, 경제적 자유의 확보가 사하라 이남의 아프리카가 발전을 달성하는 가장 확실한 방법이다. 이 지역에서는 대부분의 전쟁들이 물질적 자원들과 정치적 자원들을 놓고 종종 인종적 종교적 차이점을 기초로 하여 비극적으로 자행된다. 아프리카대륙에서 민주주의가 강화될 가능성은, 좋은 통치에의 확고한 의지를 가지고 민주적 정치체제를 실현하는 데 공통의 책임을 지닌 아프리카 연합(African Union)으로의 전환에 있다.

---

21) NSS(2002), p.11.

Strategy	국가군사전략(NMS)	
	냉전 시대	21세기
End	격퇴(defeat)	격멸(prevail)
Mean	전구 통제 군사력 삼각 축(triad)	범지구 통제 군사력 신삼각 축(new triad)
Way	전방방어(forward defence)	전력투사(force projection)

1. 목 표

1) 국방전략 목표

　미국은 국방전략의 목표를 현상타파와 승리를 목표로 하는 국가안보전략 목표를 달성하기 위해 본토방어를 최우선적으로 설정하였다. 이것은 역사의 아이러니이다. 냉전 시대에 미국은 본토를 신성불가침의 장소로 여겼다. 비록 소련의 전략핵탄두가 미 본토에 1시간 이내에 도달할 거리에 있었지만 핵무기는 정치적인 무기였다. 일반국민은 핵의 위협을 피부로 느끼지 못하였다. 미국인들은 태평양과 대서양이 주는 지리적인 환경과 세계제일주의 환상에 빠져 설마 미국의 본토가 어떻게 되랴 하는 생각에 젖어 있었다. 이런 미망에서 미국인들을 깨어나게 한 것은 지구적인 세력이었던 소련 아니라 알 카에다라는 실체도 불분명한 국제적인 테러조직이었다. 9·11테러공격은 미 본토가 안전하지 않구나 하는 생각을 미국인들에게 분명하게 각인시켜 주었다. 그 이후 미 본토는 국방 및 군사 차원의 제일의 안보목표가 되었다. 미국의 국방전략은 미국의 안보전략의 중심이 된 미 본토 방어를 중심으로 전 세계의 안보를 책임지는 방향으로 구성되어 있다.22)

미국에 대한 직접적 공격으로부터 안보	미국에 대하여 직접적으로 해를 가하려는 자들, 특히 대량살상무기를 가진 극단적인 적을 단념시키고, 억제하며, 격퇴하는 데 최우선 순위를 부여.
전략적 접근로를 확보하고, 범지구적인 행동의 자유 유지	핵심지역, 통상 교통로 그리고 지구적인 공통요소(미국의 안보와 재산 증진, 행동의 자유 보장, 우리의 파트너 안보 지원, 국제 경제체제의 통합성 보호 지원)안보를 통하여 미국과 그의 파트너의 안보, 재산, 행동의 자유 증진.
동맹과 파트너십 강화	미국과 원칙과 이익을 공유하는 국가공동체를 확대할 것이며, 파트너가 그들 자신을 방어하고, 우리의 공통적인 이익에 집단적으로 대응하기 위해 그들의 능력 증가를 지원.
유리한 안보상황 조성	미국의 안보 공약 준수를 통해 그리고 위협에 대한 공통적인 평가 즉 위협에 대한 방호에 요구되는 단계 그리고 광범위하고 안전하며 지속적인 평화 향상에 대한 타국과 동참을 통해 유리한 국제체제를 유도하는 상황 창출.

2) 군사전략 목표

9·11 이후 미국의 군사전략 목표는 공세적으로 확대되었다. 냉전 시대와 냉전 이후 10여 년간의 과도기에 미국의 군사전략 목표는 적의 도발을 억제하거나 격퇴하는 것이었다. 그러나 9·11 이후 미국의 군사전략 목표는 적의 도발을 억제하고 결정적으로 격멸(prevail)하는 것으로 확대되었다. 이것은 규모는 작아졌지만, 유동적이고, 범지구적으로 분산되며, 그 실체가 불명확한 미래의 적에 대항하기 위한 것이다. 이런 미래의 적은 3T로 요약된다. 즉 미래의 미국과 인류전체에 대한 적은 테러, 기술(특히 대량살상무기), 독재이다. 군사전략목표는 3P로 표현된다.23)

---

22) The Department of Defense, The National Defense Strategy of The United States of America(March, 2005), pp.6－7
23) Joint Chief Staff, The National Military Strategy of the United States of America(2004), pp.9－14

- 미국(본토) 방호(Protect)
- 분쟁과 기습공격 예방(Prevent)
- 적을 압도적으로 격파(Prevail)

● Protect: 미국(본토)방호

근원에 근접하여 위협에 대항	주방어선을 전방으로 추진. 4개 핵심 지역에서 미군 배치 및 운용. 범지구적인 전력투사를 보장하기 위해 GPR 실시. 전개된 군부대가 국제적인 파트너와 다른 미국정부기관이 적과 전투, 즉 터러 부대, 테러 동역자, 테러를 비호하는 국가와 교전에 밀접하게 협조.
전략적 접근로 방호	"본토 안보"를 위해 미국으로의 공중, 해상, 지상 및 우주로의 접근로를 방어하고 직접적인 공격으로부터 미국을 방호. 이를 위해 다국적 파트너와 타 미정부기관의 노력을 통합하고 계속적으로 잠재적인 위협을 식별하고, 추적 및 차단할 수 있게 하는 지속적인 정찰 실시. 통합 방어는 전략적 접근로를 보호하고 미국의 행동의 자유 유지에 필수적인 요소.
국내에서 방어	전방방어를 돌파한 공격으로부터 미국을 방어할 능력을 유지. 국내에서 군은 공중 및 미사일 공격, 테러와 기타 직접적인 공격으로부터 미국을 방어. 필요시, 군은 군사력 투사능력을 지원하는 핵심적인 기반시설을 방호. 영리한 적에 맞서서 효과적인 방어를 하려면 또한 대량살상무기 / 효과와 장차 위협을 신속하게 탐색, 평가, 차단하는 능력을 개선하기 위한 미래 기술의 이용이 필요. 비상시 지시에 의거하여 민방위지원
범지구 대테러 환경 조성	테러리즘을 일으키는 환경을 감소. 테러리스트를 격파하기 위해서 테러 조직에 국가 지지, 지원 성역을 거부하기. 타국의 군과 타 국가가관과 함께 군은 유리한 안보환경 조성과 파트너의 능력 증강지원. 다른 국가들과의 정보협조는 외국전문가 활용과 중점지역 대비를 용이하게 하고, 거부된 지역에 접근을 가능하므로. 이들 관계들은 미국방호에 긴요한 필수임무 요소이고, 기습공격 예방은 물론이고, 억제와 분쟁예방에 기여.

• Prevent: 분쟁과 기습공격 예방

전방추진 대비태세 및 배치	전방 추진주둔군, 특정 임무에 맞춘 순환 및 임시 전개능력을 혼합 운용하여, 국경 안과 밖의 능력을 개선하고, 파트너의 역할을 강화하며, 합동 및 다국적 능력을 확대. 미국안보에 결정적인 핵심지역과 중요 통상 교통로에 전략적인 접근을 보장하고, 전장 공간 전체에서 작전을 지속
안보증진	다국적 파트너 사이에 믿음과 신뢰를 구축하는 중요한 상호 군사교류를 보장하기 위한 안보협력. 안보협력은 상대적으로 적은 투자로 투자비용 이상의 결과를 산출. 안보협력활동은 분쟁을 예방하고, 상호안보이익을 증진하기 위한 기타 국가 차원의 노력을 보충. 안보협력은 군사적 대응 파트너 간에 운용교리 차이를 해결하고, 중요한 정보 및 통신 연결을 강화하고, 신속 위기대응을 용이하게 함. 능동적인 안보협력으로 동맹국과 군사적전의 통합을 용이하게 하고, 극단주의를 형성하는 여건을 감소시키며, 미래의 승리를 위한 상황조성.
침략억제	군은 위기를 안정시키거나, 적으로 하여금 그의 행동방안을 재평가하도록 강요할 수 있는 융통성 있는 억제방안(FDO)을 행사할 능력 보유. 전쟁전구사령관은 필요시 적의 신속한 격퇴를 지원하기 위한 조기투입 FDO 능력을 구축. 효과적인 억제에는 미국의 국가이익 방어를 위한 의지를 강조하는 전략적 통신 계획이 필요.. 핵 능력은 대량살상무기 / 효과(WMD / E)와 대규모 재래식무기사용을 포함하여, 위협의 종류에 따라 억제할 군사적 대안을 제공함으로써 억제에서 여전히 중요한 역할을 계속. 광범위한 적으로부터의 침략을 억제하기 위해서는 기존의 핵전력을 다양한 종류의 능력으로 구성되는 신삼각 축으로 변혁할 필요.. 신삼각 축은 비핵, 능동 및 수동적인 방어 그리고 이런 전력 뒷받침할 인프라도 포함. 비핵 타격 능력, 정보작전, 지휘 및 통제, 정보 및 우주전력이 좀 더 강력하고 효과적인 억제능력에 기여.
기습 공격예방	군은 이제 적 침략에 사후에 대응만을 할 수 없게 되었음. 예방적인 임무를 위해서는 지휘관이 적시에 결심 할 수 있도록 하는 실제적인 정보의 공유와 교전규칙이 필요. 이런 의사결정 과정에서는 동시적성과 신속성이 강조. 이때의 핵심은 이동성 있는 순간적인 표적에 대해 민감하게 그 기회를 포착해 내는 것. 이들 임무를 위해서는 인간 및 기술정보 수집수단을 포함하여, 각종 능력을 통합하여 수집된 정보의 정확한 분석과 종합이 필요. 안정화 작전과 전략적 억제를 위한 합동작전개념(JOC)은 전쟁전구사령관이 분쟁이 일어나기 이전, 동안, 사후 전력운용에 핵심적인 방법. 분쟁을 예방하는 데는 질서유지 또는 회복, 평화와 안보 증진 또는 기존 상하의 개선을 위한 안정화 작전 능력요구. 이러한 방안들은 테러를 배양시키고, 테러를 지원하는 극단적인 이데올로기를 조성하는 풍토를 완화.

• Prevail: 적을 압도적으로 격파

적 신속 격파	적 신속격파 계획에는 어떤 국가의 수용 불가능한 행동과 정책의 좌절, 신속한 주도권 탈취 및 분쟁의 확대 예방, 적 성역거부 및 공격 능력 또는 목표 거부 그리고 사후 안정화 작전지원 등을 포함. 합동군은 결정적인 효과를 발휘하는 신속, 기민, 우세한 전투능력을 통합. 다방면으로 이동해야 하는 부대에게는 여러 개의 동시적인 작전 실시와 지속에 충분한 전술 및 전략적인 공수능력은 물론이고, 확실한 전략적 접근 보장 필요. 중첩된 작전지역에서 적의 신속한 격퇴를 위해서는 다음 전역을 수행하기 위해 신속한 재구성, 재편성, 재전개 능력 필요(제한적인 군사목표 추구)
결정적인 승리	결정적인 승리 계획에는 어떤 전역을 신속하게 결정적인 승리로 이끌고, 그 결과를 유지하는 방안포함. 주전투작전(MCO)능력은 전통 그리그 / 또는 비대칭적인 능력을 운용하는 국가로부터 비국가에 이르는 전방위 위협에 적용. 결정적인 승리를 추구하기 위한 전역에는 공중, 지상, 해상, 우주 그리고 정보능력의 통합된 적용으로 적의 군사력을 격파하고, 지시에 의거 적 체제를 제거하는 방안 포함. 이런 전역에는 정규전, 비정규전, 본토안보, 안정화 및 분쟁 이후 작전, 대테러 및 안보협력 활동 등이 필요(무제한적인 군사 목표 추구).
안정화 작전	결정적인 승리를 위해서는 주전투작전, 안전화작전 그리고 미국에 유리한 안정 및 안보상황 조성을 위한 중요한 유관기관 간의 전후작전에 더한 동시화 및 통합필요. 합동군은 주 전투작전에서 안정작전으로 전환하거나, 이들을 동시실시. 작전적 차원에서, 전후 군사작전은 외교, 경제, 재정, 치안 및 정보 노력과 종전 목표를 통합. 합동군은 그들의 작전과 활동을 국제적 협력자와 비정부조직과 적절한 수준에서 동시화 협조.

2. 수   단

방호, 예방, 격멸의 목표는 군사능력에 대한 정의와 불확실성을 효과적으로 극복할 수 있는 합동군 건설에 바탕을 제공한다. 그들은 특정한 적 보다는 장차 적의 싸우는 방법에 초점을 맞춘 능력에 기반을 둔 접근방법을 지원한다. 군은 미국의 군사적 이점을 극복하기 위해 대량살상무기 / 효과(WMD / E)를 가지고, 고저기술 능력을 통합하며, 재래식 및 비대칭 능력을 병합한 능력을 가진 적을 격파할 능력을 가져야 한다. 영리한 적을 격파하는 데는 융통성 있고, 모듈화 및 전개성이 강한, 각 군의 능력, 전쟁전구사령관, 기타 다국적 파트너의 정부기관을 통합할 능력이 있는 합동군이 필요하다. 합동군은 새로운 차원의 "태생적인," 예를 들면 합동구조와 획득 전략에 의해 개념화되고, 설계된 상호작전능력과 체제가 필요하게 될 것이다. 이런 차원의 상호운용성은 기술,

교리, 문화적인 장벽도 합동군 사령관이 목표를 달성하는 능력을 제한하지 못하게 한다. 그의 궁극적인 목표는 대통령 및 국방부에 가용한 대안-물리적 및 비물리적-의 범주를 극대화시키는 합동군을 설계하는 것이다.

1) 요망되는 합동군의 특성[24]

- 완전한 통합-통일된 목적에 초점을 맞춘 기능과 능력
- 해외작전능력-범지구적인 전장에 신속하게 전개, 운용, 지속
- 네트워크화-시간과 목적에서 연결 및 동시화
- 분권화-하급 부대로 통합된 합동군 능력
- 적응성-적절한 능력을 혼합하여 신속하게 대응할 태세
- 의사결정 우세-적 대응보다 한발 빠른 우세한 정보에 기반을 둔 결심
- 치명성-모든 조건에서 적 그리고 / 또는 그의 체제 격파

2) 기능과 능력[25]

군사력 적용	군사력적용은 임무를 위한 효과를 창출해 내는 기동과 교전의 통합적인 사용. 군사력 적용에는 신속하게 주도권을 탈취하고, 적의 방어계획을 무력화시키기 위해 위치상 및 임시적인 유리점을 얻기 위한 부대이동 포함. 군사력 적용에는 신속한 능력 이동을 위한 장비 전력투사, 그들의 정밀한 적용, 적이 대접근전략을 운용하고 전력투사 전략에 대한 대항 속에서도 유지 필요. 이런 전력투사는 작전 전구에 대한 확증된 접근과 전략적 거리로부터 작전적 기동을 지원하는 강화된 해외작전능력을 요구. 군사력 적용에서는 압도적인 수의 부대를 만드는 것보다 목표달성에 꼭 필요한 정확한 효과를 달성하는 데 중점. 초국가적인 테러조직을 포함한, 광범위하게 분산된 적에 대한 군사력 적용에서는 개선된 첩보수집과 분석체계가 필요.
군사능력 전개 및 지속	중첩되는 주전투작전은 전략적 기동성이 가장 중요. 이러한 작전에서 목표달성을 위해서는 적극적인 해상수송, 공중수송, 공중재급유 그리고 사전장비배치 필요. 이들 작전을 지원하기 위한 전략적 기동성을 위해서는 또한 물자를 저장, 이동, 분배하기 위한 장비와 전 군수지원 연결망에 실시간 가시성을 제공할 수 있는 정보기반 구축 필요. 지속에는 전력의 장기 활용을 보장하는 전력생산과 관리활동 포함. 전력생산에는 모병, 훈련, 교육 그리고 국방부 안에 민간인과 용역부대는 물론이고 현역 및 예비역에 양질의 인력을 유지하는 것 포함. 전력관리는 고강도 작전 동안 일지라도 준비태세 수준 향상에 기여해야 하며 부대 가용성, 준비태세 그리고 통합성에 관한 현대화와 변혁 효과를 고려. 전력관리 정책은 합동군의 긴장을 감소시키기 위한 부대교대 정책을 포함하여, 계속적인 작전요구 평가로부터 발전.

24) NSS(2004), p.15.
25) NSS(2004), pp.16-20.

전장 공간보안	공중, 지상, 해상, 우주와 사이버 전장공간에서 안전하게 작전할 능력을 가져야 함. 최근의 안보환경의 비선형적 특성은 수많은 다양한 재래식 및 비대칭적인 위협에 대응하는 다층의 능동 및 수동적인 방법을 요구. 군은 자산과 전체적인 전략적 접근 방법에 근접하는 광범위한 위협을 탐색 및 차단하는 새로운 능력을 요구. 또한 정보체계와 그들의 산물 접근을 보장하고, 적에게는 접근을 거부하는 능력이 필요. 전장공간 보안에는 정밀한 부대적용과 전방위작전의 지속적인 보장을 위한 지속활동을 지원하기 위해 정보와 지휘 및 통제 체제 보안 포함. 전장공간 보안은 군이 결심우세를 지원하는 모든 출처의 정보와 기타 관련첩보를 수집, 처리, 분석, 전파하는 능력을 보장.
결심우세 달성	결심우세―적보다 더 빨리 더 정확한 결심을 하는 절차―는 속도와 융통성에 기반을 둔 전략을 수행에 핵심요소. 지속적인 정찰, ISR 관리, 동시적인 분석과 즉각적인 분배는 전장 판단을 촉진. 전장 공간 판단을 위해서는 다른 정부기관 및 동맹과 관련 첩보를 공유할 능력요구. 합동군은 정보우세를 가능하게 하는 전자전, 컴퓨터 네트워크 작전, 군사기만, 심리전과 군사보안을 포함한 정보작전을 실시할 능력 필요. 결심우세 합동군은 지휘관으로 하여금 시간―민감 및 시간―결정적 표적을 공격할 수 있도록 하는 의사결정 절차를 운용.

3) 전력구상과 규모 지침: 1-4-2-1 개념과 고려요소

국가국방전략에서는 본토를 방어하고, 4개 전방 지역에서 억제를 하며, 2개의 중첩된 신속하게 격퇴하는 전략을 수행할 수 있는 "1-4-2-1" 개념의 전력규모를 지시하고 있다. 미국은 여러 개의 소규모 우발사태에 투입된 상황에서도 2개의 중첩된 전역에서 1개의 전역은 "결경적인 승리"를 할 수 있어야 한다. 이 구조는 가장 시급하게 요구되는 시나리오를 위한 임무의 기준을 설정해 주고, 전방위군사작전 능력을 포함한다. 그것은 특정 임무 시나리오를 염두에 두고 있는 것이 아니고, 일시적인 상황을 나타내는 것도 아니다. 전력 기획자들과 계획자들은 아래 제시한 요소를 고려해야 한다.[26]

기본적 안보준비 태세수준	전쟁전구사령관은 테러와의 전쟁, 진행 중인 작전 그리고 미군이 개입되어 있거나 완전히 이탈이 쉽지 않은 일상적인 활동을 포함하는 기본 안보태세 수준을 고려하여 그들 범위 안에서 임무를 수행. 테러와의 전쟁작전은 장기작전이 될 것이며, 그 강도는 다양할 것이기 때문에 기획가들은 이들 전역목표 달성에 요구되는 능력을 판단. 사령관들은 주어진 기본안보태세 수준 달성에 성공하기 위한 방안을 발전시키고, 감수할 수 있는 위험을 위해 양보할 수 있는 능력을 식별.

---

26) NSS(2004). pp.21-22

충분성과 해외주둔	부대규모를 결정함에 있어서는 현재와 미래의 도전에 대응하기 위한 전력규모의 타당성 그리고 현재 목표 전력과 부대 / 능력 조합의 최적성 평가 필요. 전력규모 결정 시에는 해외 부대 배치, 위치, 분산, 지원 고려. 또한 규모 결정 시 전진배치부대 영구주둔, 교대 및 임시주둔을 판단해야 하고, 해외 인프라, 전략적 공수와 안전 그리고 유지를 포함한 자산 등도 고려.
교전이탈	이 전력기획수립 구조는 미국이 제2의 중첩되는 전역에 직면하여 어떤 사태에서는 교전이탈을 할 것을 가정하는 것이기 때문에, 거기에서는 미국이 의도하지 않거나 또는 신속하게 종결을 할 수 없는 소규모 우발사태가 있을 수 있음. 또한 미국이 교전이탈을 할 수 없을 정도로 장기간 계속되는 전후 안보상황을 호전시키려는 안정화 작전이 있을 수도 있음. 이런 상황하에서 몇 가지 중요한 능력이 후속분쟁에 사용할 수 없게 되는 사태가 올 수도 있음. 전쟁전구 사령관은 작전을 할 때, 전역에 결정적인 대부분의 능력이 소규모 우발사태 작전시도 필요하다는 것을 알고 이런 사태의 가능성을 고려.
확 산	부대규모를 결정하기 위한 방안에서는 소규모 우발사태가 더 큰 노력이 요구되는 전역으로 확산될 가능성 있다는 것을 고려. 위기 발생 동안 광범위한 군사적 대안을 제공하기 위해서는 이런 소규모 우발사태에 대한 계속적인 투입에도 불구하고 미국의 주전투전역 수행능력을 보장하면서도, 포괄적으로 전방위 군사작전에 투입이 가능한 수준의 전력 규모 필요.
전력생산 과 변혁	전력의 건전성은 장기적으로 생산, 지속 그리고 변혁하는 능력에 의존. 전력규모 결정 시는 진행 중인 훈련활동을 지원하는 데 소요되는 전력평가, "연속적으로 진행" 되는 변혁, 전쟁전구 사령관에 제공되는 부대가용성과 능력을 제한하는 기타 계획들을 포함. 수용 가능한 수준의 위험 평가는 군이 가장 큰 요구에 대응할 수 있는 능력의 형태와 종류에 따라 결정.

4) 현존전력

재래식전력: 미국은 냉전 이후 10년간 재래식 전력구조에 대하여 4번의 검토가 있었다. 첫 번째는 부시행정부에서 검토한 기반전력(base force)이고, 두 번째는 클린턴 행정부 1기에 검토한 BUR 전력 검토이며, 세 번째는 클린턴 행정부 2기의 1997년 QDR 전력검토이고, 네 번째는 2001 QDR 검토이며, 이제 다섯 번째 검토가 진행 중에 있다.[27)]

---

27) U. S. DoD, *Quadrennial Defense Review*(2001), pp.17−23.

재래식 전력구조

군 별	종 류	수
육 군	사 단	현역 10 / 주 방위군 8
	중 기갑연대 / 경 기갑연대	1 / 1
	강화된 독립 여단(주 방위군)	15
해 군	항공모함	12
	항모 항공단(현역 / 예비역)	10 / 1
	상륙 준비단	12
	공격 잠수함	55
	수상 전투함(현역 / 예비역)	108 / 8
	전투수송선	33
	해양정찰 및 수색항공단(현역 및 예비역)	4 / 1
	대잠경 헬기단	2
공 군	현역 전투 대대	46
	예비역 전투 대대	38
	예비역 방공 대대	4
	폭격기	112
해병대	사단(현역 / 예비역)	3 / 1
	비행단(현역 / 예비역)	3 / 1
	군수지원단(현역 / 예비역)	3 / 1

출처: *Quadrennial Defense Review Report*(2001), p.22.

위의 표는 2001년 현재의 전력구조이다. 2006년 말 미군의 재래식 전력구조도 2001년 전력구조와 대동소이하다. 육군과 해병대, 공군은 동일하나 해군은 잠수함이 55척에서 54척으로 1척이 감소되었고, 수상전투함이 현역108척 / 예비8척에서 98척 / 예비9척으로 감축되었다.[28] 현재전력은 대략 140만 내외를 유지하고 있다. 냉전 이후 각국이 경쟁적으로 군비를 축소한 상황에서 현재 미국의 전력은 양적, 질적인 측면에서 잠재적국 또는 경쟁국과 압도적인 격차를 유지하고 있다. 그럼에도 불구하고 미국은 미래에 경쟁국의 도전을 거부하고 현재의 압도적 우위를 계속 유지하기 위해 군사력 변혁을 국가전략의 차원에서 진행 중이다.

핵전력: 냉전 이후 전략핵감축1단계(START Ⅰ)에서 핵 감축목표는 미·소 보유 전

---

28) U. S, DoD, *Annual Report*(2003), p.3.

략핵탄두 21,000발 중 9,000발이었다. START Ⅱ에서는 12,000발 중 5,000발을 추가로 감축하기로 하였고, START Ⅲ를 통해 2012년까지는 현재 미·소가 각각 보유한 3500발 가량의 핵탄두를 감축하여 양국 공히 1700~2200발의 전략핵탄두만 운용하기로 하고 협상 중에 있다. 새로운 시대에 전략핵의 억제효과는 감소되었다. 공격에 의한 대량보복, 상호확실파괴 개념에 의한 공세위주의 핵전략은 테러 집단과 불량국가들에게는 먹혀들지 않게 되었다. 따라서 미국은 전략핵의 숫자를 감축하고 전통적인 보복적 억제개념에 추가하여, 거부적 억제 개념의 전략인 미사일 방어를 추가하였고, 억제의 효과를 높이기 위해 비핵장거리 정밀 유도무기를 추가하였다. 그러나 억제력의 중추는 여전히 전략핵이 될 것이다.

START Ⅱ 기준의 미국 전략핵

종　류	발사대	미사일 종류	핵탄두
ICBM	미니트맨: 500	Single	500
SLBM	트라이던트: 18	MIRV: C-5 또는 D-5 24발	1750 이하
BOMBERS	B-52H: 48	ALCM-B와 ACM 12발(최대)	576(+)
	B-2: 20	B-61 또는 B-83 중력탄 16발 (최대)	320
계	586	－	3500 이하

출처: The International Institute for Strategic Studies, The Military Balance (1994-1995), p.15.

94년에 완성된 1차 핵 태세보고서(NPR Ⅰ)에서는 위 표와 같은 START Ⅱ 전력을 적정전력으로 보았다. 그것은 미·소 각각 3,500발의 전략핵 탄두를 보유하는 것이었다. 현재 미국의 핵전력은 START Ⅱ기준에 맞추어져 있다. STATR Ⅲ에서 미국은 최종적으로 ICBM은 폐기하고, SLBM, 전략폭격기만 보유하려 하고 있다.

5) 미래전력(변혁군)

미국은 21세기를 대비한 대대적인 군사력 변혁을 추진 중이다. 핵심개념은 군을 좀 더 경량화, 기동화, 정보화하고, 전 지구적인 리치(reach)를 가진 군을 만들어 전 지구의 분쟁에 보다 빠르게 대응할 능력을 보유하자는 것이다. 여단은 96시간 이내, 사단은 120시간 이내 그리고 5개 사단을 30일 이내 전 세계 분쟁지역 어느 곳이든지(미 본토에서 2만㎞) 전개할 수 있는 전략적 전력투사 능력 보유를 목표로 하고 있다.

　지금의 군사력 변혁은 2가지 특징이 있다. 첫째, 미국의 국가안보전략의 주요과업으로 선정하여 국가 전략적 사업으로 진행 중이다. 위에서 이미 제시한 대로 국가안보전략 주요과업 8항이 바로 미국 군대의 변혁에 관한 것이다. 둘째, 계획과 예산이 뒷받침되고 있다. 부시행정부는 9·11을 계기로 국방비의 대폭적인 증강과 실제적인 군 혁신을 시작할 수 있는 여건을 갖추었다. 2006년 현재 미국의 국방비는 클린턴 행정부보다 50% 이상 증강된 5,000억 달러 수준을 사용하고 있다. 이 금액은 미국방비 규모 하위 10개국보다 큰 금액이고, 2위국가인 중국보다는 7~8배 되는 것이며, 순수하게 군사력 변혁에 사용하는 금액만도 1,000억 달러에 육박한다. 이는 나토 회원국 전체의 국방비와 맞먹는 비용이다. 셋째, 미군은 소위 "혁신의 문화"(culture of innovation), 럼스펠드 독트린 등으로 군의 의식개혁을 강력히 추진 중이다. 이를 통해 유기적인 합동성 달성, 네트워크전력의 체질화, 군 변혁의 당위성 체질화를 달성하고자 한다.

　육군은 2032년까지 현재의 군 구조를 21세기 군이라고 할 수 있는 극초(Ultra)기술군인 목표군(Objective Force)으로 전환할 것을 목표로 추진 중이다. 이를 위하여 중간단계로 중간 여단인 스트라이커 여단을 편성하여 2003년 현재 2개 여단을 배치 중이다. 이들 중간여단은 목표 연도까지의 시간격차를 메우면서 목표 군으로 가는 여단의 가교 역항을 한다. 미국은 이런 중간급 여단을 6~8개 보유할 예정이다.[29] 목표군은 지금과는 매우 다른 편성과 운용개념을 가지게 될 것이다. 미래군의 주축은 지금의 여단에 해당되는 UA(Unit of Action)와 사단에 해당되는 UE(Unit of Employment)가 될 것이다. 미군은 최종적으로 미 육군을 49여 개 UA로 개편하려 하고 있다. UE는 육군의 최고단위 부대가 되어 상설합동군사령부 역할을 하면서 지금의 사단, 군단, 군의 역할을 통합할 것이다. 이러한 미래군의 특징은 극초 기술(Ultra-Tech.)을 가진 네트워크와 전 지구적인 기동성이다. 이들 부대의 핵심 기동부대인 재병협동대대는 탑승전투, 하차전투, 공중돌격 등 제반임무를 수행하고, 소대 급까지 각종 유인 무인 장비로 장비되어 근본적으로는 원격전투를 전제로 지상전투임무를 수행한다. 정보는 체계의 체계로 병사까지 전 지구적인 네트워크를 통해 지원받고, 가시, 초가시, 비가시의 네트워크 화력은 어떠한 표적도 요망하는 시간 및 장소에서 격파할 수 있게 할 것이다. 5대양을 완전히 장악한

---

29) 2002 미 육군 현대화 계획, 2003 미 육군 변혁 로드 맵(육군 교육사령부 번역자료)

미 해군은 이제 해상작전보다 전 지구적인 전투력 투사 지원에 중점을 두고 군사력 변혁을 추진 중이며, 공군 또한 전 지구적 리치 개발을 목표로 군사력 변혁을 추진 중이다. 이런 군사력 변혁은 크게 3가지 방향으로 추진된다. 첫 번째는 재래식 전력변환이고, 두 번째는 전략군의 재구성이며 세 번째는 우주, 정보 및 첩보전의 강화다.

첫째, 재래식전력 변혁: 미국은 97년 4년 주기 국방검토보고서에서 이미 미래에 대비한 전력의 변화 계획을 제시하였다. RMA군 개념이 그것이다. 그러나 위협의 감소에 따라 RMA군에 대한 투자는 지연되었고, 기존의 무기체계의 성능개량이나 수명 연장이 강조되었다. 그러던 차에 9·11 사태로 미국은 미래 전 위협의 실체를 파악하게 되었고, RMA에 대한 적극적 추진을 다짐하며, RMA보다 더 포괄적이고, 광범위한 군사력 변혁을 추진하게 된 것이다.

미국은 과거 10년간의 경험에서 2가지를 지적하고 있다. 하나는 예산상의 제한사항이고 다른 하나는 미래보다는 현재를 중시하는 관료주의이다. 부시 행정부는 이 2가지 장애를 제거하겠다고 하였다. 필요한 예산을 투자하겠다는 것이고, 국방관료들에게는 미래의 위협에 대한 절박한 인식과 혁신적이고 개혁적 사고로의 전환을 요구하고 있는 것이다. 이에 따라. 전력변혁은 97년에 시작된 RMA를 새롭게 정의하는 것에서부터 시작하고 있다.[30] 이에 따른 로드 맵을 작성하고, 예산을 배정하여 20년 후에 완성될 미래군을 건설하려 하고 있다. 미국 국방부는 변혁노력을 집중시키기 위해 미래군이 수행해야 할 핵심작전 목표를 아래 표와 같이 설정하고 있다.[31]

미래군이 수행할 작전목표

- 중요한 작전기지 보호 및 핵·화생무기의 무력화
- 접근을 거부하는 환경에 대한 전투력 투사 및 유지
- 적의 피난처 거부
- 정보기술의 수단화
- 정보체계의 보호와 정보작전의 수행
- 우주능력의 신장

출처: *Quadrennial Defense Review Report*(2001), pp.42−45.

---

30) 이것을 제도적으로 보장하기 위해 미국은 2001년 QDR에서부터 위험관리체제를 도입하였다. 이것은 현재의 테러전쟁에서의 승리를 보장하고, 중기적으로 5년 후를 대비하며, 장기적으로 2010년 이후를 대비하기 위해 전력과 관리상의 위험, 작전상의 위험, 제도적 위험, 미래 도전의 위험에 균형 잡히게 체계적인 대응하려는 것이다. *Annual Report*(2003), p.10 참조.

31) QDR 2001, pp.42−46.

군사력변혁에서 작전수행 측면에서 핵심은 합동작전능력 향상이다. 왜냐하면 미래전은 유기적 합동작전으로 이루어질 수밖에 없기 때문이다. 2002 연례국방보고서에서는 합동작전 군 변혁의 3가지 주점을 제시하고 있다.[32] 그것은 첫째, 합동작전 및 조직을 강화하는 것이고, 둘째, 합동 및 다국적 지휘통제를 융통성 있고, 안정적이며, 효율적으로 각 군의 작전수행 차원까지 통합하여 구축하며, 셋째, 상비합동대응군 본부와 상비합동 대응군을 각 지역 전쟁 전구사령부에 설치하는 방안이다. 시안(試案)에 대한 실험이 2002년 7월, 합동 전력사령부에 의해 실시되었다. 상비합동대응군 본부는 적보다 빠르게 대응하기 위한 합동군 지휘조직이다.

둘째, 전략군의 재편성: 냉전이 종식 후 10년이 경과된 현재, 기습과 불확실성이 새로운 안보환경의 본질이 되었다. 안보환경의 변화에 따른 핵전략에 대한 근본적인 검토는 부시 행정부에서 실시되었다. 9·11 사태 이후 주요 위협이 주 전투보다는 3T(Terrorism, Tyrant, Technology)의 소규모 지역분쟁으로 예측됨에 따라 2차 핵 태세 검토보고서는 기습과 불확실성에 기반을 둔 테러 등 소규모우발 사태에 대한 억제에 주안을 두었다.[33] 이러한 위협을 억제하기 위해서는 보복의 위협에만 의존해서도 안 되고, 핵무기에만 의존해서도 안 되었다. 테러 및 불량국가들에게 보복의 위협은 먹혀들어 가지 않기 때문이다. 따라서 사용 가능성이 큰 재래식 장거리 유도 미사일도 억제에 필요하게 되었다.[34] 또한 개념적인 융통성을 위해 거부적 억제가 가능한 방어개념이 필요하게 되었는데 바로 미사일 방어였다. 즉 재래식 전력과 핵전력 공격과 방어의 혼합이 요구된 것이다. 이러한 방침에 따라 미국의 핵 태세는 1) 전통적인 ICBM, SLBM, 전략핵폭격기로 구성되는 삼각 축에 재래식전력을 추가하여 1개축, 미사일 방어 전력이 1개축, 이를 뒷받침하는 하부구조를 또 다른 1개축을 추가하여 새로운 삼각 축을 형성하고 2) 안보환경변화와 기술력의 발전이라는 변화에 대응, 유연성 있는 전략핵 감축방법을 채택한다는 것이다.[35]

새로운 삼각 축의 3개 구성부분은 다음과 같다.[36] 첫째, 핵 및 비핵전력으로 구성

---

32) QDR(2001), pp.48－49.

33) Guthe(2002), p.7.

34) Guthe(2002), p.7. 새로운 삼각 축에서는 확산 통제나 미국에 유리하게 분쟁을 종결하는 것보다는 사용에 중점을 둔다. 이것을 첨단 비핵 재래식전력이 담당하게 될 것이다.

35) Annual Report(2002), pp.56－57.

된 타격능력 및 관련된 지휘 및 통제, 둘째, 공중방어 및 MD를 위한 지휘통제를 포함하는 적극적 방어와 소극적 방어 셋째, 공세전력과 방어체계의 발전, 구성 및 유지를 위한 연구개발 및 하부구조다.

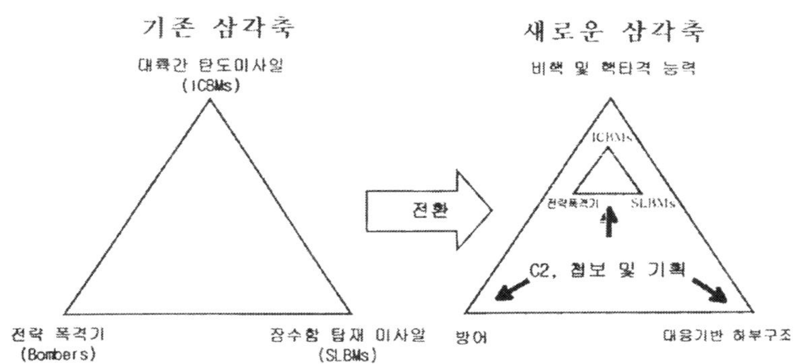

출처: *Annual Report*(2001), p.56.

신삼각 축

새로운 삼각 축은 2012년을 목표로 기존의 능력을 보강하고 새로운 능력은 개발 및 획득하여 형성하려 하고 있다. 새로운 삼각 축에 필요한 전력개발 분야는 ① 첨단비핵 타격능력, ② MD, ③ 지휘 및 통제, ④ 첩보분야라고 판단하고 있다. 미국은 2012년을 목표연도로 볼 때 핵전력은 충분하나 성능개량이 필요하고, 첨단 비핵타격능력은 최신형이나 작전효율성 개량이 필요하며, MD는 계발단계로 전략적 효과를 발휘하려면 시간이 소요될 것이고, 하부구조에도 개선과 보강의 여지가 있다.[37]고 보고 있다.

새로운 삼각 축 체제 완성은 향후 10년간 점진적인 방법으로 1개축을 구성하는 전통적인 전략핵 감축과 새로운 2개축 개발을 통하여 현재의 위협에 대처하고, 미래소요에 대응하려는 균형 있는 접근방법을 택하고 있다. 이를 위해 단계별로 다음과 같은 요소를 고려하여 전략핵 감축을 결정하려고 하고 있다.[38] 1) 감축 일정상의 진전사항을 검토하고 2) 향후 1~3년 사이 국가이익이 당면할 위험과 이에 대처할 핵전력의 역할을 평가하며 3) 새로운 삼각 축 발전과정과 비핵전력, 방어, 첩보, 지휘 및 통

---

36) Annual Report(2002), pp.57-58.
37) Annual Report(2002), p.58.
38) Annual Report(2002), pp.59-60.

제 그리고 새롭게 대두되는 방어하부구조를 검토한다는 것이다.

셋째, 우주와 정보 및 첩보 영역에 대한 투자: 우주공간은 전쟁을 5차원으로 확대시켰다. 미국은 새로운 전장공간에서 주도권을 유지하여 경쟁국을 단념시킨다는 전략목표를 설정하였다. 이에 따라 우주·정보·첩보(SSI: Space Information and Intelligence) 능력을 군사력 변혁의 6대 작전목표의 하나로 하여 미래위협에 대비하려 하고 있다. 미국은 아프가니스탄 전쟁과 이라크 전쟁을 통해 SSI 능력의 기여도를 확인한 바 있다. SSI는 작전속도의 가속화시켜 주고, 작전주기를 크게 감소시켜 주었다.

국방부는 SSI 영역에 대하여 다음 사항에 중점을 두고 능력을 향상시키려 하고 있다.[39] 1) 우주체계의 능력, 접근성 및 생존성을 강화하고 2) 안전하면서도, 고성능의 신뢰할 만한 전 지구차원의 네트워크를 제공하며 3) 전 지구 상황을 인지하고, 네트워크 중심의 전쟁수행을 지원하기 위한 정보·정찰 내역을 고도의 성능을 지닌 네트워크에 제공하며 4) 적대세력의 유사 능력을 거부하면서 우주·정보·첩보 체계를 한층 더 강력하고 안전한 체계가 되게끔 보장한다.

3. 방 법

1) 전방위 우세 작전 구상

21세기 미국의 군사작전 개념은 전방위군사작전에서 어떤 상황도 통제할 수 있고, 어떤 적도 격파할 수 있는 전방위 우세(FSD)개념이다. 이런 개념하에 미군은 범지구적인 군사 통제능력을 바탕으로 본토에 주력을 집결 보유하고, 해외에 20만 내외의 군사력을 전진 배치하여, 이를 발판으로 전 지구적인 전력투사를 실시한다. 전방위 우세 합동군은 범지구적으로 분산된 상태에서, 동시적으로 신속하게 작전하는 능력 보

---

39) Annual Report(2002), pp.61 − 62.

유를 보장하고, 적의 방안을 강제적으로 폐쇄시키며, 필요시, 적을 결정적으로 격파하는 데 필요한 요망되는 효과를 만들어 내게 한다. 미군은 본토방호와 테러와의 전쟁 승리를 위한 상황을 계속적으로 유지하기 위해 유관기관과 국제적 노력에 개입하면서 한편으로는 다른 나라에 우세를 유지해야 한다. 아래에 제시한 전방위우세 달성계획은 현재 진행 중인 합동전투능력을 강화하고, 변혁을 지원하는 활동을 대표하는 것이다.40)

편성적응성. 적응력 있는 편성을 위해서는 편성이 좀 더 모듈화되어야 하고, 특정 임무에 신속하게 합동능력을 재구성을 할 수 있어야 한다. 모듈화 전력은 합동작전 능력을 강화시키는 각 군의 핵심 구성 능력이다. 편성 적응성을 위해서는 적절한 능력의 혼합을 지속하기 위해 현역과 예비역의 균형을 꾀하는 방안을 필요로 하게 될 것이다. 추가적으로, 상비합동군사령부(SJFHQ) 창설은 각 전쟁전구 사령부 안에 있는 합동군사령부(JTF)에 핵심적인 능력을 제공하게 될 것이다. 상비합동군사령부는 전 세계적으로 일어나는 우발사태와 위기에 대응하여 신속한 각 군 능력의 포괄적 운용을 용이하게 할 것이다. 선택적으로, 보충, 훈련, 장비된 이들 상비합동군사령부는 어떤 우발사태에서도 효과적으로 작전할 수 있는 수단을 가지게 될 것이다. 동시에, 합동국가 훈련능력은 합동군으로 하여금 전술 및 작전적 차원에서 전쟁 경험을 훈련 및 습득하게 할 것이다. 그것은 합동군에게 실제적인 훈련을 제공하고, 전장판단 기능을 지원하게 될 것이다. 이들 새로운 훈련능력은 합동군으로 하여금 비대칭적인 도전과 다양한 위협에 더 준비하게 할 것이다.

유관기관 통합과 정보공유. 5개 지역과 2개 범지구 전쟁사령관에서 대테러 합동유관기관협조단(JIACG)운용은 유관기관의 통합을 용이하게 한다. JIACG는 유관기관들 간에 정보공유를 획기적으로 증대시켜 왔다. 계속적인 실험절차를 통하여 전쟁전구사령관이 직면하는 수많은 초국가적 이슈들에 대비하는 다국적 전문가들 돕는 "전방위" JIACG를 개발 및 배치하려는 군의 목표를 지원한다. 단기적으로 군은 화상으로 동시 작업을 가능하게 하는 국방부 표준 동시작업 도구 세트와 JIACG 사이에 정보공유와 상황판단을 용이하게 할 것이다. 유관기관 통합은 공공업무와 공공외교 요소를 가진 전략적 통신을 가능하게 할 것이다. 군사 첩보작전에 추가하여, 이 전략적 통신 계획은 주제와 전문의 통일성을 보장하고, 성공을 강조하며, 정확하게 미국작전에 대한 내

---

40) NMS(2004), PP.24 - 25.

부 보고를 확인하거나 거부한다.

범지구정보망(GIG). 국방부는 더욱더 완전하게 상호운용이 가능하고, 유관기관 지원범위를 가지는 범지구구정보망을 개발 중이다. 범지구정보망은 정보와 결심우세에 가장 중요한 단일 능력이 될 가능성을 가진다. 범지구정보망은 정보공유, 효과적인 상승적인 계획수립 그리고 동시적이고 중첩되는 작전수행을 용이하게 하는 정보환경 조성을 지원한다. 그것은 일종의 범지구적으로 상호 연결된, 끝에서 끝까지의 정보능력 집합으로, 연합된 절차이고, 국방정책 담당자, 전투원 그리고 지원 인원에게 소요되는 정보를 수집, 처리, 저장, 전파 그리고 관리하는 인력이다.

정보전역 계획수립. 역동적인 환경에서 결심우세 달성을 위해서는 국방부, 비국방부 기관, 준법단속과 다국적 파트너 등을 포함하는 모든 출처의 정보와 첩보의 동시화와 통합이 요구된다. 정보 지원은 또한 모든 범주의 분쟁을 포괄하고 그리고 매일 이루어지는 안보협력과 테러와의 전쟁 요구로부터 나오는 모든 군사작전에 걸쳐 지속적이어야 하고, 적대이전, 위기 그리고 주 전투작전, 전후 안정화 작전을 지원해야 한다. 분쟁예방을 지원하고, 기습공격을 완화시키며, 정보를 전투요구에 즉각 응하도록 준비하는 정보작전 전략은 이 지원의 핵심요소다. 정보 전역계획은 모든 출처에 대한 정보 분석과 생산, 다방면－수집, 처리훈련 그리고 지원 첩보구조를 포함하는 모든 단계의 작전과 전역에 요구되는 종합적인 정보를 정하여 이들 전략을 이행한다. 이런 계획은 또한 국가적 및 국제적인 안보의 약화 없이 관련 정보를 광범위하게 전파 및 공유하게 한다. 모든 정보작전 측면에 대한 대비로 이 계획은 국방부와 기타 광범위한 정보 집단의 정보능력을 결심우세로 이끄는 결정적인 첩보를 제공하는 데 중점을 둔다.

해외주둔 태세 강화. 통합된 범지구 배치와 기지설치 전략은 미국의 파트너십 네트워크를 강화하고, 확대하는 한편 전투능력을 강화시키는 방안에 틀을 제공한다. 이런 전략은 영구 및 교대주둔, 사전 물자배치, 이런 목표를 지원하는 범지구 자원지원과 능력집중 제공, 조정에 대한 근거를 제공한다. 배치조정은 영구적인 평화를 보장하는 상황을 조성하는 한편, 테러와의 전쟁승리를 지원한다. 미국 해외주둔과 범지구적인 군수지원망 강화를 위해서는 지역부대가 지역 및 범지구적인 우발사태에 동시에 대응하도록 하는 해외작전 접근방법을 운용하는 능력을 개선한다. 그들은 위기 발생 시 요구되는 시간과 장소에 전력을 집중하는 "계측적인(scaleable)" 지원 계획을 유지해야 한다. 미군 해외주둔과 태세 변경은 군의 불확실성을 다루는 능력을 강화하고, 신속한 작전을 가능하게 하며, 과거보다 더 빠르게 대응할 수 있게 하는 것이다. 미군 해외주둔은 또한 핵심지역의 상황을 개선하고, 분쟁예방을 지원하는 것이다. 통합된 범지구 해외주둔과 기지설치는 새로운 파트너십을 돕는 한편, 기존의 동맹을 강화하는 역할을 한다. 지역 동맹과 연합강화는 적대적 또는 비우호적인 체제에 압력을 가할 수 있는 지역적으로 유리한 세력균형의 조성을 돕는다. 다국적 파트너십은 합동훈련, 실험과 변혁을 통해서 연합을 형성하는 기회를 확장한다. 통합된 범지구적 배치와 기지설치 전략은 지속적인 평화 유지 상황을 부여하면서 침략을 억제하고, 분쟁확산을 통제하는 등의 분쟁이전의 방안들의 선택범위를 확장한다.

합동 지휘자 개발. 미군은 전사들, 즉 고급 및 초급 장교 그리고 준사관들을 위해 좀 더 양호한 합동경험, 교육, 훈련을 제공하는 합동전문 군사교육을 계속적으로 개선하려 한다. 고급장교들 차원에서는 수정된 기본교육과정에서는 고급장교들이 합동군과 기타 합동작전을 이끄는 데에 대비한 합동성에 대한 강조가 증가될 것이다. 초급장교와 준사관들에게는 합동교육과 훈련을 경력 초기에 통합하여 미래 지휘자들이 더욱 효과적으로 전술작전과 유관기관 및 다국적 구성요소와 통합한다.

2) 합동작전개념(JOC) 적용의 전략적 원칙

미국 군사전략 원칙은 복합 전에 적극적으로 대응할 수 있는 체계와 능력을 구비하는 한편, 상황을 주도하는 입장에서 접근하겠다는 의지를 반영하고 있으며, 국가안보 차원에서 총체적 대응을 위해 기존 군사영역을 넘어선 분야까지로 군의 역할을 확대하였다. 국가군사전략에서는 전략적 원칙에 대하여 "전략적 민첩성, 통합성과 결정성은 미군으로 하여금 떨어진 상태의 중복되는 분쟁에서 신속하게 전투작전을 할 수 있도록 최대한의 속도로 이동할 수 있게 한다. 그들은 군이 전방위작전을 운용하는 방법을 규정하는 편조, 합동작전 개념의 발전을 이끈다."고 하였다.[41)

민첩성: 이것은 군이 불확실성이라는 주 안보환경 성격에 대처하기 위한 준칙이다. 민첩성은 지리적으로 분리되고, 환경적으로 다양한 지역에 신속하게 역량을 전개, 운용, 지속, 재배치하는 능력이다. 사령관이 작전을 지도할 때, 기습의 효과와 전력을 한 형태 또는 한 단계 작전으로부터 다른 것으로 신속히 전환하거나, 위치를 고려하지 않고, 동시적으로 여러 단계를 수행해야 될 가능성을 고려해야 한다. 민첩성은 기획 원칙으로써, 지휘관에게 닥쳐올 위기에 대응하는 능력을 보유하면서 동시적으로 임무를 수행할 수 있게 한다. 민첩성은 전방위작전에서 주도권을 확보하고, 군이 미국의 이익을 방호하기 위해 신속하고 결정적인 행동을 하도록 보장하는 핵심 요소다.

결정성: 결정성은 전쟁전구사령관으로 하여금 적을 압도하게 하고, 상황을 통제하며, 소정의 성과를 얻게 한다. 결정성은 구체적인 효과를 달성하고 목표를 완수하도록 합동능력을 편조하여 묶는 것을 필요로 한다. 결정성 달성을 위해서는 대규모 전력의 전개보다는 혁신적인 방법으로 능력을 운용을 필요로 한다. 필요하다면, 부대를 집중하는 능력을 유지하면서 효과를 집중하도록 군의 역량을 변혁하는 것이 결정성 달성의 핵심이다. 결정적 성과에 집중함으로써, 전쟁전구 사령관은 필요로 하는 능력을 생산 및 결정해야 하는 효과를 정확하게 정의할 수 있다.

통합성: 사령관은 군사 활동의 노력에 중심과 통일을 제공하기 위해 타 국가 및 국제적 힘의 적용과 효과적으로 통합되도록 보장해야 한다. 통합은 각 군, 타 국가기관들, 상업적인 부분, 비정부기구 그리고 해외 파트너와 융합 및 동시화에 집중된다. 통합은 힘의 일률적인 사용이 아니라 노력의 통일 보장과 파트너의 참여를 최대화를 추구한다. 안보협력과 기타 개입활동을 통한 다국적 파트너 능력 향상은 분쟁을 예방하고 침략을 억제할 뿐만 아니라 전쟁전구 사령관의 계획이 멀리 이격되고, 중복된 상황에서도 신속하게 작전을 수행하도록 지원하는 군의 능력을 지원한다.

민첩성, 결정성 그리고 통합성은 동시적인 작전, 압도적인 힘의 적용과 다른 국력요소와 미군사력의 융합을 지원한다. 이 원칙들은, 미국 사령관들로 하여금 적의 약점을 전과확대할 수 있도록 속도를 강조하고, 신속한 주도권 확보와 최종상태 달성을 강조한다. 그들은 목표달성을 위해 광범위하게 분산된 위치로부터 적의 중심에 효과를 집

---

41) NMS(2004), PP.7-8.

중하도록 능력을 모으는 개념을 지원한다. 미군의 전략원칙은 장기 국가 목적과 목표에 기여하도록 방호, 예방, 압도하는 군사력 적용을 지원한다.

Ⅳ. 21세기 미 전략의 특성

첫째, 공세적·예방적 전략으로의 전환이다. 미국은 당면하고 있는 도전을 '전통적 도전 (traditional challenge)', '비정규 도전(irregular challenge)', '재앙적 도전(catastrophic challenge)' '방해적 도전(disruptive challenge)'으로 분류[42]하고 현시점에서 미국이 가장 관심을 가지고 적극 대응하고 있는 대상은 테러와 대량살상무기가 결합된 '재앙적 도전'이며, 중장기적 관점에서 대응을 모색하고 있는 것은 중국, 이란, 북한 등과 같이 기술력 축적과 활용을 통해 미국이 특정지역이나 소지역 수준에서 보유하고 있는 군사력의 우월함을 상쇄시키는 '방해적 도전'으로 설정하고 있다. 따라서 군사전략의 핵심, 나아가 국가 안보전략의 핵심에는 '재앙적 도전'이 자리 잡고 있고 2차적으로 '방해적 도전'이 놓여 있으며, 이러한 인식과 평가는 상당한 수준의 지속성과 연속성을 가지고 유지될 것으로 전망된다.

둘째, 전 지구를 총체적인 전역으로 하는 전략으로 확장된다. 4대 국방정책 목표에서 "안전한 거리에서 위협에 대응"하겠다는 것은 본토에 대한 위협이 있을 경우에는 이러한 위협이 미 본토에 도달하기 전에 사전에 대응하여 제거하겠다는 의지를 반영한 것이다. 이것은 필요시에는 해당국과의 협의 없이도 일방적으로 무력을 사용할 수 있다는 점을 의미한다. "미국에 유리한 국제질서 유지에 부합하는 안보상황을 만들고 유지하기 위한 연대를 형성"해 나가겠다는 것은 장기적 관점에서 미국을 정점으로 하는 국제질서를 유지·강화해 나가기 위해 동맹관계 재편을 포함한 안보구도의 재편을 추구하겠다는 미국의 강한 의지를 반영하는 것이다. 이를 위하여 "유리한 국제질서에 부응하는 안보 상황을 구축"하고, "동맹 및 협력관계 강화"를 도모한다.

---

42) NDS(2005), pp.2−3.

셋째, 적극적인 적 격파를 도모하는 군사전략으로의 변화이다. 미군은 군사전략 목표는 전술한 바와 같이 3P(protect, prevent and prevail)이다.[43] 이것은 미군의 압도적인 능력을 반영한 것이다. 미군은 범지구적인 전장에서의 기민한 대응을 위하여 단기전과 결정적 승리를 추구하는 것이다.

넷째, 미국은 미군의 범지구적인 통제력을 이용하여 공역지휘(Command of the Commons)로 제국(Empire)을 유지하려 한다. 미군은 범지구적인 통제력을 가진 군사력을 이용하여 공해, 공역, 우주공간, 사이버 공간을 장악하였다. 이런 군사적인 힘이 바로 제국 경영의 물리력이다.

---

43) NMS(2004), pp.9－12.

제 2 장

미국의 국가안보전략(NSS)(백악관, 2002년)

김동원 역

미국의 국가안보전략(백악관, 2002년)

자유주의와 전체주의 사이에 벌어진 20세기의 대투쟁은 자유주의 세력의 결정적인 승리로 끝났다. 이것은 국가적인 성공을 가져올 지속 가능한 모델이 자유와 민주주의와 자유 기업경영 체제뿐임을 입증한다. 21세기에는 기본권의 보호와 정치적 그리고 경제적 자유의 보장을 약속하는 국가들만이 국민의 잠재력을 힘껏 발휘하고 미래의 번영을 확보할 수 있는 것이다. 어느 곳에서나 사람들은 자유롭게 말하고, 통치자를 스스로 선택하고, 자기들이 바라는 대로 예배하고, 자신들의 아이들을 교육시키고, 재산을 소유하고 그리고 그들의 노동의 혜택들을 향유하기를 원한다. 이러한 자유의 가치들은 모든 사회의 모든 개인이 누려 마땅하다. 그리고 적들로부터 이러한 가치들을 수호하는 것은 시공을 초월하여 자유를 사랑하는 사람들의 공통된 임무이다.

오늘날 미국은 비길 데 없는 군사력과 거대한 경제적, 정치적 영향력을 보유하고 있다. 우리의 전통과 원칙을 고수함에 있어, 우리는 일방적인 이익을 무턱대고 추구하기 위해 우리의 힘을 사용하지 않는다. 대신 우리는 인간의 자유를 보장하는 세력균형을 창조하려고 모색한다. 모든 국가와 모든 사회가 정치적 경제적 자유의 도전과 보상을 스스로 선택할 수 있는 조건들을 마련한다는 말이다. 안전한 세계에서는 사람들이 보다 나은 삶을 영위할 수 있다. 우리는 테러리스트들과 독재자들과 싸움으로써 평화를 수호할 것이다. 우리는 모든 대륙에 걸쳐 자유롭고 개방된 사회들을 고무함으로써 평화를 확대할 것이다.

우리의 국가를 적으로부터 방어하는 것은 연방정부가 해야 할 제일의 근본 책무이다. 오늘날 그 임무는 엄청나게 변화되었다. 과거의 적들은 미국을 위태롭게 하기 위해 막대한 병력과 산업 능력을 필요로 했다. 지금은 감춰진 개인들의 조직들이 단 한

대의 전차를 구입하는 가격보다도 더 적은 비용으로 우리나라에 커다란 혼란과 손상을 야기할 수 있다. 테러리스트들이 개방된 사회에 침투하여 현대적인 기술들의 힘을 빌려 우리에게 해를 끼칠 수 있도록 조직되어 있다.

이러한 위협을 격퇴시키기 위해 우리는 이용 가능한 모든 수단들을 동원해야 한다. 여기에는 군사력, 보다 나은 국토방위방안, 엄격한 법집행, 첩보 그리고 테러리스트들의 자금줄을 잘라버리기 위한 단호한 노력들이 포함된다. 세계적인 규모의 테러와의 전쟁은 언제 끝날지 모르는 국제적인 업무이다. 미국은 테러리스트들을 보호하는 국가들을 포함하여 테러와 타협하는 모든 국가들에게 책임을 물을 것이다. 테러의 동맹들은 문명의 적들이기 때문이다. 미국과 미국에 협력하는 나라들은 테러리스트들이 새로운 기지들을 건설할 수 있도록 허용해서는 안 된다. 우리는 그들이 가는 곳 어디에서도 은신처를 발견할 수 없게 만들 것이다.

우리나라는 극단주의와 기술이 서로 만나는 교차점에서 가장 심각한 위험에 직면한다. 우리의 적은 자신들이 대량살상무기를 추구하고 있다고 공공연히 선언했다. 그리고 그들이 확고한 의지를 가지고 이 일을 추진하고 있다는 증거가 있다. 미국은 이런 노력들이 성공하도록 내버려두지 않을 것이다. 우리는 탄도 미사일과 다른 운반수단들에 대한 방어벽을 구축할 것이다. 우리는 다른 국가들과 협력하여 우리의 적이 위험한 기술을 확보하지 못하도록 차단할 것이다. 위협이 완전한 모습을 갖추기 전인 초기 단계에서 미국이 그것들에 대처하는 것은 물론이다. 우리는 최선을 기다리다가는 미국과 우방들을 방어할 수가 없다. 그래서 우리는 최선의 첩보를 이용하고 신중하게 대응함으로써 적들의 계획들을 좌절시켜야 한다. 역사는 다가오는 위험을 보면서도 행동하기에 실패한 사람들을 엄중하게 심판할 것이다. 우리 앞에 놓여 있는 새로운 세계에서는 행동만이 평화와 안보를 확보할 수 있게 한다.

우리가 평화를 방어할 때, 우리는 또 평화를 보존하는 역사적인 기회도 이용할 것이다. 오늘날 국제사회는 17세기에 민족국가들이 생성된 이래로 강대국들이 끊임없이 전쟁을 준비하는 대신 평화롭게 경쟁하는 세계를 건설할 가장 좋은 기회를 맞이하고 있다. 오늘날 세계의 강대국들은 모두 한편이다. 그들은 테러로 인한 폭력과 혼란이라는 공동의 위험들 때문에 한 마음이 되었다. 미국은 이 공동의 이해를 바탕으로 세계

안보를 증진할 것이다. 우리는 또 공통의 가치관에 의해 점점 통합되어 가고 있다. 러시아는 희망에 찬 전환의 와중에 있다. 그 국가는 민주주의의 미래와 테러와의 전쟁에 참여하기 위해 노력하고 있다. 중국의 지도자들은 경제적 자유가 국부의 유일한 원천임을 발견하고 있다. 조만간 그들은 사회적, 정치적 자유가 국가의 위대성의 유일한 원천임을 깨닫게 될 것이다. 미국은 민주주의와 경제적 개방이 진전되도록 양국을 격려 할 것이다. 이것이 국내적 안정과 국제적 질서를 위한 가장 좋은 기초들이기 때문이다. 우리는 다른 강대국들이 번영과 무역과 문화적 발전을 평화적으로 추구하는 것을 환영한다. 그러나 우리는 그들의 침략 행위는 강력히 거부할 것이다.

마지막으로 미국은 이런 기회의 모멘텀을 이용하여 자유의 혜택들이 전 세계로 확장되게 할 것이다. 우리는 민주주의와 발전과 자유시장과 자유무역의 희망이 세계의 모든 구석으로 전해지도록 적극적인 노력을 기울일 것이다. 2001년 9월 11일의 사건들은 아프가니스탄과 같이 약한 나라들이 강한 국가들 만큼이나 우리의 국익에 심대한 위험을 제기할 수 있음을 가르쳐주었다. 가난 때문에 가난한 사람들이 테러리스트, 살인자로 전락되지는 않는다. 그러나 약한 국가들은 가난과 나약한 제도와 부패 때문에 테러리스트들과 마약 조직들에게 쉽게 이용당할 수 있다.

미국은 자신의 국민을 자유롭게 함으로써 보다 나은 미래를 건설하기로 결의한 어떤 국가라도 후원 할 것이다. 자유무역과 자유시장 체제가 사회 전체를 가난에서 벗어나게 할 수 있음이 증명되었다. 그래서 미국은 개별 국가들, 지역 전체 그리고 전 세계의 무역공동체와 함께 자유롭게 거래하고, 번영 속에서 성장하는 세계를 건설하기 위해 일할 것이다. 미국은 새천년 도전 계획(New Millennium Challenge Account)를 통해서, 정의롭게 통치하고 자기들의 국민에게 투자하고 경제적 자유를 고무하는 국가들에게 개발을 위한 보다 많은 원조를 제공할 것이다. 우리는 또 세계를 주도하여 HIV / AIDS와 기타 전염성 질병들로 인한 무시무시한 희생들을 감소시키는 노력을 계속할 것이다.

자유를 증진하는 세력균형을 형성함에 있어, 미국은 모든 국가들이 중요한 책임들을 진다는 확신을 가지고 나아갈 것이다. 자유를 꿈꾸는 국가들은 테러와 적극적으로 싸워야 한다. 국제 안정에 의존하는 국가들은 대량살상무기들의 확산을 방지하는 데 일조해야 한다. 국제적 원조를 구하는 국가들은 자신들을 현명하게 다스려서 원조가 잘 쓰이도록 해야 한다. 자유가 번영하기 위해서는 책임감이 요구된다.

우리는 또 어떤 국가도 혼자서는 보다 안전하고 보다 나은 세계를 건설할 수 없다는 신념을 가진다. 동맹들과 다자기구들은 자유를 사랑하는 국가들의 힘을 몇 배로 배가해 줄 수 있다. 미국은 국제연합, 세계무역기구, 미주국가기구, 북대서양조약기구 등과 같은 지속적 기구들은 물론 오랫동안 존속되어 온 다른 동맹들도 강력하게 지지한다. 국가들은 진정한 결속을 통해 이런 영구적인 기구들을 증가시킬 수 있다. 모든 경우에, 국제적 의무들이 진지하게 받아들여져야 한다. 그것들이 이상 달성을 추구하기보다는 이상에 대한 지지를 동원하기 위해 상징적으로 이용되어서는 안 된다.

자유는 인간의 존엄성이 요구하는 양보불가의 가치이다. 이것은 사람이면 누구나, 문명을 막론하고 타고난 권리이다. 역사를 통해 볼 때 자유는 줄 곳 전쟁과 테러에 의해 위협을 받아왔다. 그것은 강대국들의 충돌하는 의지와 폭군들의 사악한 흉계들에 의해 도전을 받아 왔다. 그리고 그것은 널리 만연한 가난과 질병에 의해 시험을 받아 왔다. 오늘날 인류는 이 모든 적들에 대하여 자유의 승리를 확산 할 기회를 두 손에 움켜잡고 있다. 미국은 이 위대한 임무를 수행함에 있어 다른 나라들을 주도할 책임을 기꺼이 받아들인다.

조지 부시

백악관,   2002년 9월 17일

Ⅰ. 미국의 국제전략 개관

"우리 국가의 대의는 언제나 우리 국가의 방위보다 더 큰 것이었다. 언제나 그랬듯이 우리는 정의로운 평화－자유를 옹호하는 평화－를 위해 싸운다. 우리는 테러리스트들과 독재자들로부터의 위협에 대항하여 평화를 방어할 것이다. 우리는 강대국들 간에 선린관계를 형성함으로써 그 평화를 보전할 것이다. 그리고 우리는 모든 대륙에서 자유롭고 개방된 사회들을 격려함으로써 그 자유를 확장 할 것이다."

대통령 부시 － 육군사관학교, 뉴욕 － 2002년 6월 1일

미국은 세계에서 전례 없는－그리고 그 어떤 국가보다도 강한－힘과 영향력을 소유하고 있다. 자유의 원칙에 대한 신념과 자유로운 사회의 가치에 의해 지탱되는 이런 위치는 엄청난 책임과 의무와 기회를 동반한다. 이 국가의 위대한 힘은 자유를 이롭게 하는 세력균형을 증진하기 위해 사용되어야 한다.

20세기 동안 대부분, 세계는 이념 투쟁으로 갈라져 있었다. 그것은 파괴적인 전체주의를 한편으로 하고 자유와 평등을 다른 한편으로 한 투쟁이었다.

이 투쟁은 이제 끝이 났다. 사람들에게 유토피아를 약속했으나 참담한 궁핍을 초래한 계급과 민족과 인족의 전투적인 비전들은 패배하여 신뢰를 상실했다. 미국은 이제 정복적인 국가들 보다는 실패한 국가들에 의해 더 많은 위협을 받는다. 우리는 함대들과 군대 보다는 원한에 사무친 소수인들의 수중에 있는 파괴적인 기술들에 의해 더

많은 위협을 받는다. 우리는 우리 국가와 동맹국과 우방국에 대한 이런 위협들을 격퇴시켜야 한다.

지금은 미국에게 기회의 시간이기도 하다. 우리는 이 순간을 평화와 번영과 자유의 시대로 바꾸기 위해 노력 할 것이다. 미국의 국가안보전략은 우리의 가치관과 우리의 국익을 공히 반영하는 명확한 미국적인 국제주의에 기초할 것이다. 이 전략의 목표는 세계를 보다 안전할 뿐만 아니라 보다 좋게 만드는 것을 돕는 것이다. 전진을 향한 노정에 우리는 명백한 목표들을 설정해 놓았다. 정치적, 경제적 자유와 다른 국가들과의 평화적인 관계와 인간의 존엄성에 대한 존중이 바로 그것들이다.

그리고 이 노정은 미국만의 것이 아니다. 그것은 모두에게 열려 있다.

이 목적들을 달성하기 위해, 미국은 다음과 같이 할 것이다:

- 인간의 존엄성에 대한 열망들을 위하여 싸운다.
- 국제 테러를 패배시키기 위해 동맹관계들을 강화하고 우리와 우리의 우방에 대한 공격들을 예방하기 위해 노력한다.
- 지역적 갈등들을 해소하기 위해 다른 국가들과 협력한다.
- 우리의 적들이 우리와 우리의 동맹국들과 우리의 우방들을 대량살상무기로 위협하지 못하게 막는다.
- 자유시장과 자유무역을 통해 세계적 경제 성장의 신시대를 연다.
- 사회들을 개방하고 민주주의의 토대를 구축함으로써 발전의 반경을 확장한다.
- 다른 주요한 세계적 권역들과의 협력적 행위를 위한 의제들을 개발한다.
- 21세기의 도전들과 기회들에 부응하기 위해 미국의 국가안보 기구들을 변경한다.

II. 인간의 존엄성에 대한 열망들을 위해 싸운다

"옳고 그름을 말하는 것은 비외교적이거나 예의바르지 못하다고 유감을 표명하는 사람들이 더러 있다. 나는 그렇게 생각지 않는다. 상이한 상황들은 상이한 방법들을 요구하나 상이한 도덕성을 요구하지는 않는다."

대통령 부시 - 육군사관학교, 뉴욕 - 2002년 6월 1일

우리의 목표들을 추구함에 있어 첫 번째로 요구되는 것은 우리가 옹호하는 것이 무엇인지 명확히 하는 것이다. 미국은 자유와 정의를 방어한다. 이 원칙은 모든 곳의 모든 사람들에게 옳고 진실한 것으로 여겨지기 때문이다. 어떤 국민도 이 열망들을 독점하지 않고 어떤 국민도 그 열망들로부터 면제되지 않는다. 모든 사회의 아버지들과 어머니들은 그들의 아이들이 교육을 받고 가난과 폭력으로부터 자유롭게 살기를 원한다. 지구상의 어떤 민족도 억압받기를 동경하지 않고 예속을 갈망하지 않고, 또 한밤중에 비밀경찰이 문을 두드리는 소리를 듣고 싶어 하지 않는다.

미국은 인간 존엄성의 요구를 확고하게 지지한다. 이 양보 불가한 요구는 법의 지배, 절대적 국가권력의 제한, 자유언론, 종교의 자유, 평등한 정의, 여성들의 존중, 종교적 인종적 관용 그리고 사유재산권의 존중 등을 말한다.

이 요구들은 여러 가지 방법으로 충족될 수 있다. 미국의 헌법은 우리에게 훌륭히 공헌해 왔다. 많은 다른 나라들은 역사와 문화가 다르고 상이한 상황들에 직면하고

있음에도 불구하고 이런 핵심적인 원칙들을 자신들의 통치체제 내에 성공적으로 통합하였다. 자기들의 국민들의 권리와 열망을 무시하거나 조롱한 국가에게 역사는 호의를 베풀지 않았다.

거대한 다인종 민주국가인 미국의 경험은 많은 전통과 신념을 지닌 사람들이 더불어 평화롭게 생활하고 번영할 수 있다는 확신을 확인시켜 주었다. 우리 자신의 역사는 우리의 이념에 맞게 살아가기 위한 긴 투쟁 과정이다. 그러나 우리는 최악의 순간에도 독립 선언서에 기록된 원칙들의 인도를 받았다. 그 결과 미국은 보다 더 강한 사회가 되었을 뿐만 아니라 보다 자유롭고 보다 정의로운 사회가 되었다.

오늘날 이 이념들은 고독한 자유의 투사들에게 생명선이 된다. 그리고 문호가 개방되면 우리는 변화를 고무 할 수 있다. 우리가 1989년과 1991년 사이에 중부 유럽과 동유럽에서 그리고 2000년 벨그라드에서 그랬던 것처럼 말이다. 민주화가 대만이나 한국에 있는 우리의 친구들 사이에 자리 잡는 것을 볼 때 그리고 라틴 아메리카와 아프리카에서 선거로 뽑힌 지도자들이 장군들을 대치하는 것을 보면서, 우리는 그런 사례들이 권위주의 체제들이 지역의 역사와 전통들을 우리 모두가 소중히 여기는 원칙들과 결합시키면서 발전해 나가는 본보기가 된다고 생각한다.

우리의 과거로부터 교훈들을 구현하고 오늘날 우리가 가진 기회를 이용하면서, 미국의 국가안보전략은 이런 핵심적인 신념들을 출발점으로 하고 외부로 눈을 돌려 자유를 확장하기 위한 가능성들을 찾아야 한다.

우리의 원칙들은 국제협력, 대외 원조의 성격 그리고 자원들의 배분에 관한 결정들에서 우리 정부가 고려할 지침들이 될 것이다. 그것들은 국제기구들에서 우리의 행동과 말의 지침이 될 것이다.

우리는 다음과 같이 할 것이다:

- 자유를 전진시키기 위해 국제기구들에서 우리의 의견을 적극 개진하고 투표를 이용하여 양보 불가능한 인간의 존엄성 요구에 대한 위반을 솔직하게 말한다.

- 자유를 증진하기 위해 그리고 그것을 위해 비폭력적으로 투쟁하는 사람들을 지원하기 위해 우리의 대외 원조를 이용하되 민주주의를 향해 전진하는 국가들은 그들이 취한 조치들에 대해 반드시 보상을 받게 한다.
- 자유와 민주제도의 발전을 우리와의 쌍방 관계에서 주요한 주제로 삼고 다른 민주국가들과는 결속과 협력을 강구하되 인권을 부인하는 정부들을 압박하여 보다 나은 미래를 향해 나아가도록 만든다.
- 종교와 양심의 자유를 증진하기 위해 그리고 전제적인 정부들이 그것을 침범하지 못하도록 하기 위해 특별한 노력을 경주한다.

우리는 인간 존엄성이라는 대의를 위해 싸울 것이고 그에 저항하는 사람들을 반대할 것이다.

III. 국제테러를 패배시키기 위해 동맹들을 강화하고 우리와 우리의 우방들에 대한 공격들을 예방하기 위해 노력한다

"이 사건들이 발생한 지 단지 3일밖에 되지 않아서 미국인들은 그에 대해 아직 역사적 시각을 가지지 못했다. 그러나 역사에 대한 우리의 책임은 벌써 명백해졌다. 이 공격들을 응징하고 세계에서 악을 제거하는 것이다. 우리를 겨냥해서 비밀과 위선과 살인의 전쟁이 자행되었다. 우리 국민은 평화를 애호한다. 그러나 누가 화를 돋우면 사나워진다. 싸움은 다른 사람들의 시간계획과 조건들에 맞춰 시작되었다. 그러나 그것은 우리가 선택한 시간에 우리가 선택한 방식으로 끝이 날 것이다."

대통령 부시 - 워싱턴 D. C. (국민 성당) - 2001년 9월 14일

미국은 세계 도처에 미치는 테러리스트들을 상대로 전쟁을 하고 있다. 적은 하나의 정치적인 권력이나 인간이나 종교나 이념이 아니다. 적은 테러다. 잘 계획된 그리고 정치적 동기를 가진 폭력이 무고한 사람들에게 자행되고 있다.

세계의 많은 지역에서 정당한 불만들이 지속적 평화의 출현을 가로막는다. 그런 불만들은 정치과정 안에서 다루어져야 하는 것들이다. 테러를 정당화할 명분이란 존재하지 않는다. 미국은 테러리스트들의 요구에 어떤 양보도 하지 않을 것이고 그들과 어떤 거래도 하지 않을 것이다. 우리는 테러리스트들과 그들을 알면서 은신처를 제공하거나 도움을 제공하는 사람들을 구별하지 않는다.

세계적인 테러 행위에 대한 투쟁은 우리 역사의 어떤 다른 전쟁과도 다르다. 이 전쟁은 광범위한 기간 동안 좀처럼 모습을 드러내지 않는 적을 상대로 여러 전선에서 싸우게 될 것이다. 가시적, 비가시적 성공들을 지속적으로 축적해 가면서 우리는 전진할 것이다.

오늘날 우리의 적은 정치적인 목적들을 달성하기 위해 테러를 비호하고, 지원하고, 이용하는 정권들에 대해서 문명 국가들이 무엇을 할 수 있고 할 것인지를 똑똑히 목격했다. 아프가니스탄은 해방되었다. 연합군들(coalition forces)이 탈레반과 알카에다를 계속하여 사냥하고 있다. 그러나 우리가 테러리스트들을 상대하는 전장은 이곳만이 아니다. 아직 잡히지 않은 수천의 훈련받은 테러리스트들이 북미와 남미와 유럽과 아프리카와 중동과 아시아에 걸쳐 세포 조직들을 가지고 있다.

우리의 우선 순위는 전 세계에 미치는 테러 조직들을 파괴하고 그들의 수뇌부를 공격하는 것이다. 그들의 명령과 통제와 통신들을, 그들에 대한 물질적인 지원 그리고 그들의 재정을 분쇄하는 것이다. 이렇게 하면 테러리스트들의 계획과 활동 능력은 그 기능을 상실하게 될 것이다.

우리는 우리의 지역적 협력국들을 계속 격려하여 테러리스트들을 고립시키는 노력들을 경주하게 할 것이다. 지역적 전투를 통해 어떤 특정한 국가에 대한 위협이 국지화되면, 우리는 당해 국가가 그 임무를 완수하기 위해 필요로 하는 군사적, 법적, 재정적 도구들을 보유하도록 지원 할 것이다.

미국은 동맹들과 계속적으로 협력하여 테러 조직의 재정적 토대를 와해시킬 것이다. 우리는 테러조직의 자금줄을 찾아내서 원천 봉쇄하고, 테러리스트들과 그들을 지원하는 사람들의 자산들을 동결하고, 테러리스트들이 국제 금융체제에 접근하지 못하게 하고, 정당한 자선금품들이 테러리스트들에 의해 남용되지 않도록 보호할 것이며, 테러리스트들의 자산들이 대안적 금융 조직들을 통해 이동하는 것을 막을 것이다.

그러나 효과를 거두기 위해서 이런 싸움들이 서로 연속적일 필요는 없다. 모든 지역에 걸쳐 누적된 효과들을 통해서 우리가 원하는 결과들이 달성될 것이다.

우리는 다음과 같이 테러리스트들의 조직들을 격파할 것이다.

- 국가적으로 그리고 국제적으로 동원 가능한 모든 힘을 이용하는 직접적이고 계속적인 행동. 우리의 일차적인 초점은 전 세계에 미치는 테러조직들과 대량살상무기(WMD)를 획득하려 하거나 사용하려고 하는 테러분자나 테러 지원국이 될 것이다.
- 테러의 위협이 우리의 국경에 미치기 전에 식별하여 파괴함으로써 미국과 미국인들과 국내외에서의 우리의 이익들을 방어함. 미국은 국제공동체의 지원을 얻기 위해 계속 노력하는 한편, 테러리스트들에 대해 선제적인 행동을 함으로써 우리의 자위권을 행사하고 테러리스트들이 우리 국민과 우리나라에 해를 끼치지 못하게 하기 위해, 필요하다면, 주저 없이 단독으로 행동할 것이다.
- 국가들로 하여금 자기들의 주권적 책무들을 받아들이도록 납득시키거나 강요함으로써 테러리스트들에게 더 이상의 지원이나 은신처를 제공하지 못하게 함.

우리는 또 국제 테러에 대한 전투에서 승리하기 위해 이념 투쟁도 수행할 것이다. 여기에는 다음과 같은 것들이 포함된다.

- 미국이 가진 모든 영향력을 사용하고 동맹국들 및 우방국들과 긴밀히 협력하여, 모든 테러행위들은 노예제나 해적질이나 인종학살처럼 부당한 것임을 명백히 한다. 테러는 책임 있는 정부로서는 찬성 할 수 없고 모두가 반대하여야 할 행위이다.
- 특히 이슬람 세계의 온건 하고 현대적인 정부를 지원하여, 테러행위를 조장하는 상황과 이념이 어느 나라에서도 발붙일 곳을 찾지 못하게 만든다.
- 국제공동체를 동원하여 그 노력들과 자원들을 가장 취약한 지역들에 집중하게 함으로써 테러행위를 발생시키는 근본 조건들을 감쇄한다.
- 효과적인 대중외교를 사용하여 정보와 사상들이 자유로이 유통되게 함으로써 세계적인 테러행위의 지원자들에 의해 통치되는 사회의 사람들이 가진 자유에의 열망들에 불을 지핀다.

최선의 방어는 공격임을 인정하고 공격으로부터 보호하고 공격을 억제하기 위해 미국의 국토안보를 강화한다.

현 행정부는 트루먼 행정부가 국가안전보장회의(National Security Council)와 국방부(Department of Defense)를 설립한 이래로 가장 큰 규모의 정부 개편을 제안했다. 조국을 안전하게 하기 위한 우리의 종합계획은 신설된 국토안보부(Department of

Homeland Security)에 중심을 두고 신설 통합군 사령부와 FBI의 재편을 포함함은 물론 모든 수준의 정부와 대중과 사적부분의 협력을 포괄한다.

이 전략은 역경을 기회를 전환시킬 것이다. 예를 들어, 비상관리체제는 테러행위뿐만 아니라 모든 다른 위험들도 잘 다룰 수 있는 능력을 갖추게 될 것이다. 의료체제가 강화되어 생물무기에 의한 테러뿐 아니라 모든 전염병들과 대량 살상을 초래할 위험들을 관리할 수 있게 될 것이다. 우리의 국경 감시는 테러리스트들을 차단시킬 뿐만 아니라 합법적인 교통이 보다 효율적으로 이루어지도록 할 것이다.

우리의 초점은 미국을 보호하는 데 있지만, 오늘날의 지구화된 세계에서 테러행위를 근절하기 위해서는 우리의 모든 동맹국들과 우방들의 지원이 필요하다는 것을 알고 있다. 가능한 한 미국은 테러와 싸우기 위해 지역 조직들과 국가 권력들에 의존할 것이다. 다른 국가들이 테러와의 전쟁에서 능력에 부족하면, 우리는 그들의 의지력과 그들의 자원들에 맞춰서 우리와 우리의 동맹들이 동원할 수 있는 도움을 무엇이든 제공할 것이다.

아프가니스탄에서 테러리스트들을 추적하는 한편 우리는 아프가니스탄을 재건하는 데 필요한 인도적 정치적 경제적 안보적 지원을 제공하기 위해 비정구기구들은 물론 국제연합과 같은 국제기구들 그리고 다른 국가들과 계속 협력 할 것이다. 그렇게 함으로써 우리는 그 국가가 다시는 그 국민을 박해하지 않고 그 이웃들을 위협하지 않으며 테러리스트들에게 은신처를 제공하지 않게 만들 것이다.

범지구적 테러와의 전쟁에서 우리는 우리가 궁극적으로는 우리의 민주적 가치들과 생활양식을 지키기 위해 싸우고 있음을 결코 잊지 않을 것이다. 자유와 공포가 서로 전쟁을 하고 있다. 이 싸움은 결코 신속히 그리고 쉽게 끝나지 않을 것이다. 테러와의 전쟁을 수행함에 있어 우리는 생산적인 국제관계들을 창출하고, 현존하는 국제관계들을 21세기의 도전들을 다룰 수 있도록 재정립하고 있다.

Ⅳ. 지역적 갈등을 해소하기 위해 타국과 협력한다

"우리는 정의로운 세계를 건설합니다. 그렇지 않으면 우리는 강압의 세계에서 살게 될 것입니다. 우리가 공유하는 책임들이 너무도 커서 우리는 우리들 사이의 견해 차이들을 아주 사소한 것이라 여깁니다."

대통령 부시 - 베를린, 독일 - 2002년 5월 23일

분쟁의 폭발적 확대를 피하고 인적 희생을 최소화하기 위해 관계국들은 위험한 지역분쟁들에 적극적으로 개입해야 한다. 점점 서로 연결되어 가는 세계에서는 지역적 위기가 우리의 동맹들을 압박하고, 강대국들 사이의 적대감에 다시 불을 지피며, 인간의 존엄성을 모욕하는 무시무시한 결과들을 초래할 수 있다. 폭력이 발발하고 국가들이 망설일 때, 미국은 우방들과 협력하여 희생을 경감시키고 안정을 회복시킬 것이다.

직접적이든 간접적이든 미국이 행동해야 할 모든 상황을 다 예견할 수 있는 원리란 없다. 우리는 범지구적 임무에 대하여 유한한 정치적 경제적 군사적 자원들을 가지고 있다. 미국은 다음과 같은 원칙들을 유념하면서 모든 시태에 접근 할 것이다.

- 미국은 지역적 위기들이 출현 할 때 그것들을 관리하는 데 도움이 될 수 있는 국제관계들과 국제제도들을 건설하는 데 시간과 자원을 투자해야 한다.
- 미국은 자신 스스로를 도울 의지나 각오가 없는 사람들을 도울 수 있는 능력에 한계가 있다는 점을 인식하여야 한다. 사람들이 자기들의 몫을 다할 각오가 되어 있는 장소와

시간에 우리는 적극적인 도움을 줄 것이다.

이스라엘과 팔레스타인 분쟁은 심각한 사안이다. 왜냐하면 그 분쟁이 많은 인적인 고통을 수반하고 있고, 미국은 이스라엘과 주요 아랍국들과 동시에 밀접한 관계를 가지고 있으며, 그 지역이 미국의 다른 범지구적 임무들에 중요하기 때문이다. 양측에 자유가 보장되지 않고서는 어느 쪽에도 평화가 있을 수 없다. 미국은 독립적이고 민주적인 팔레스타인이 이스라엘과 나란히 평화와 안전 속에서 살아가는 것을 강력히 지지한다. 모든 다른 사람들처럼 팔레스타인인들도 그들의 이해관계에 봉사하고 그들의 목소리를 듣는 정부를 가져야 마땅하다. 그 갈등의 공정하고 포괄적인 해결을 모색 할 때, 미국은 모든 당사국들이 그들의 책무들을 다하도록 격려할 것이다.

미국과 국제기증 공동체와 세계은행은 경제발전과 인도적 원조와 진정으로 독립적인 사법체제를 확립하여 감시하는 프로그램에 관해 개혁된 팔레스타인 정부와 협력할 준비가 되어 있다. 만일 팔레스타인인들이 민주주의와 법의 지배를 받아들이고, 부패와 싸우며, 테러를 단호히 거부한다면, 그들은 미국이 팔레스타인 국가의 건설을 지원할 것이라는 것을 믿어도 좋을 것이다.

이스라엘 역시 민주적인 팔레스타인의 설립에 큰 이해관계를 가지고 있다. 영구점령은 이스라엘의 정체성과 민주주의를 위협한다. 미국은 이스라엘의 지도자들로 하여금 생존 가능하고 신뢰할 만한 팔레스타인 국가의 출현을 위해 단계적 조치들을 구체적으로 취하게 하려고 계속적으로 노력하고 있다. 안보에 대한 진전에 따라 이스라엘군은 2000년 9월 28일 이전점령지로 부터 완전한 철수가 필요하다. 미첼 위원회(Mitchell Committee)의 권고들에 부응하여, 점령지역에 대한 이스라엘인들의 정착 활동이 중지되어야 한다. 폭력이 가라앉음에 따라, 이동의 자유가 회복되고 무고한 팔레스타인인들이 근로와 정상적인 삶을 재개하도록 허용되어야 한다. 미국이 중대한 역할을 수행할 수 있지만, 지속적 평화는 궁극적으로 이스라엘인들과 팔레스타인인들이 현안들을 해결하고 상호 간의 갈등을 종식할 때야만 가능하다.

남아시아에서 미국은 인도와 파키스탄이 그들의 분쟁들을 해결할 필요가 있음을 강조해 왔다. 미행정부는 시간과 자원을 투자하여 인도 및 파키스탄과 강력한 쌍방 관계들을 형성했다. 이 강력한 관계들로 인해 우리는 그 지역의 긴장이 고조될 때 건설적인 역할을 할 수 있는 협상력을 갖추게 되었다. 파키스탄과 우리의 쌍방 관계는 파키스탄이 테러와의 전쟁에 합류하고 보다 개방되고 관용적인 사회로 변모하기로 선택함으로써 강해졌다. 미행정부는 인도가 21세기에는 민주 강대국들 중의 하나가 될 잠재력을 가지고 있음을 알고 이에 따라 우리와의 관계를 향상하려고 열심히 노력해 왔다. 쌍방 관계의 초기 단계에서 행해진 투자를 바탕으로 이루어진, 이 지역 분쟁에 대한 우리의 개입으로 인해, 우리는 이제 인도와 파키스탄이 군사적 대결을 완화시키는 데 도움이 될 수 있는 구체적인 조치들을 취하기를 기대 할 수 있게 되었다.

인도네시아는 실질적인 민주주의와 법의 지배를 이루기 위해 용기 있는 조치들을 취했다. 소수 인종들을 관용하고, 법의 지배를 존중하고 시장을 개방함으로써, 인도네시아는 가난과 좌절에서 벗어난 몇몇 이웃 국가들처럼 기회를 얻은 것이다. 미국이 인도네시아의 변화를 위해 지원할 수 있게 하는 것은 바로 이 나라의 이런 선택이다.

서반구에서 우리는 우리와 같은 생각을 하는 국가들, 특히 멕시코, 브라질, 캐나다, 칠레, 콜롬비아와 유연한 결속 관계들을 형성해 놓았다. 이들과 함께 하는 통합이 대륙에 안보와 번영과 기회와 희망을 진전시키는 진정한 길이 것이다. 우리는 미주 정상회담, 미주 국가조직(OAS) 그리고 미주국방장관 회담 등의 지역적 기구들과 협력하여 미주 전체의 이익을 도모 할 것이다.

라틴아메리카의 몇몇 지역들은 특별히 마약 카르텔과 그들의 공범들의 폭력에서 발생하는 지역적 갈등을 경험하고 있다. 이 갈등과 마약거래는 미국의 건강과 안전을 해칠 수 있을 것이다. 그러므로 우리는 안데스 지역의 국가들이 경제를 조정하고 법을 시행하고 테러 조직들을 격퇴시키며 마약 공급 차단을 돕기 위해 역동적인 전략을 개발해 놓았다. 한편 우리는 또 우리나라에서의 마약 수요를 줄이기 위해 노력하고 있다.

콜롬비아에서 우리는 국가안보를 위협하는 테러리스트들과 극단주의자들의 집단들과 그런 집단들의 활동 자금을 원조하는 마약거래 활동 사이의 연계를 파악하고 있다. 우리는 콜롬비아가 국토의 전 영역에 주권을 확장함으로써 자신의 민주제도를 방어하고 좌익과 우익의 불법 무장집단들을 패배시키는 일을 돕고 콜롬비아 국민에게 기본적인 안보를 제공하는 것을 지원하려고 노력 하고 있다.

아프리카에서는 약속과 기회가 질병, 전쟁, 절망적인 빈곤과 나란히 자리하고 있다. 이런 상황으로 인해 미국의 핵심가치－인간 존엄성의 보전－와 전략적 우선고려사항－지구적 테러와의 싸움－이 위협을 받는다. 따라서 아프리카에서는 미국의 이해들과 미국의 원칙들이 동일한 방향을 향한다. 즉 우리는 자유와 평화와 번영 속에 사는 아프리카 대륙의 건설을 위해 다른 국가들과 협력할 것이다. 유럽 동맹국들과 함께, 우리는 아프리카의 약한 정부들을 강화하고, 국경을 튼튼하게 할 토착적인 능력이 갖춰지고 테러리스트들에게 은신처를 거부할 법집행과 첩보의 기본이 확립되도록 도와야 한다.

국부적인 내란들이 국경을 넘어 확산되어 지역적 전쟁지역들을 만들어낼 때 아프리카에는 더욱더 치명적인 안보환경에 처하게 된다. 이런 위험들에 대처하기 위해서는 의지 있는 국가들이 연합하여 협력적 안보체제를 형성하는 것이 중요하다.

아프리카의 크기와 다양성으로 인해 쌍방 개입에 초점을 두고 의지 있는 국가들의 연합들을 구축하는 안보전략이 필요하다. 미행정부는 그 지역을 위해 다음과 같이 상호 연계된 세 가지 전략들에 집중 할 것이다.

- 남아공, 나이지리아, 케냐, 에티오피아 같이 이웃나라에 강력한 영향을 행사하는 국가들은 지역개입의 닻 역할을 하고 집중적인 주의를 요구한다.
- 유럽의 동맹들 및 국제기구들과의 행동일치가 건설적인 갈등 중재와 성공적인 평화활동을 위해 필수적이다.
- 아프리카의 능력 있는 개혁국가들과 지역기구들이 국제적 위협들을 다루기 위한 일차적 수단으로서 지속성 있게 강화되어야 한다.

궁극적으로는 정치적 경제적 자유의 확보가 사하라 이남의 아프리카가 진보를 달성하는 가장 확실한 방법이다. 이 지역에서는 대부분의 전쟁들은 물질적 자원들과 정치적 자원들을 놓고 인종적, 종교적 차이점을 기초로 하여 비극적으로 발생된다. 아프리카대륙에서 민주주의가 강화될 가능성은, 좋은 통치에의 확고한 의지를 가지고 민주적 정치체제를 실현하는 데 공통의 책임을 가진 아프리카연합(African Union)으로의 이전에 있다.

V. 우리의 적들이 우리와 우리의 동맹국들과 우방들을 대량살상무기로 위협하는 것을 예방한다

"자유에 대한 가장 심각한 위험은 극단주의와 기술이 만나는 교차지점에 있다. 화학무기들과 생물학 무기들과 핵무기들의 확산이 탄도 미사일 기술과 합해질 때, 약소 국가들과 작은 집단들조차도 강대국들을 강타할 수 있는 파국적인 힘을 소유하게 될 것이다. 우리의 적들은 바로 이런 의도를 공언했다. 그리고 이런 무서운 무기들을 추구하다가 발각되었다. 그들은 우리에게 공갈을 치거나 우리를 해치거나 우리의 친구들을 해칠 수 있는 능력을 가지기를 원한다. 그러나 우리는 전력을 다해 그들을 막아낼 것이다."

대통령 부시 - 육군사관학교, 뉴욕 - 2002년 6월 1일

냉전시는 그 위협의 속성 때문에 미국은 동맹 및 우방들과 함께 적의 무력사용을 억제하는 일을 강조하여 상호확증파괴 전략을 구사해야 했다. 소련이 붕괴되고 냉전이 끝남에 따라 우리의 안보환경은 심각한 변화를 겪었다.

러시아와 우리의 관계의 특징인 대립에서 협력으로의 전환이 주는 이득들은 명백하다. 양측을 갈라놓았던 공포의 균형이 끝났고, 양측의 핵무기가 주목할 만한 정도로 감소되었고, 최근까지만 해도 생각조차 할 수 없었던 대테러전 및 미사일 방어와 같은 영역들에서의 협력이 가능하게 된 것이다.

그러나 불량국가들(rogue states)과 테러리스트들로부터 새로운 치명적 도전들이 출현했다. 현시대의 이런 위협들이 어느 것도 소련이 우리에게 제기했던 거대한 파괴력과 비교될 수는 없다. 그러나 이 새로운 적들의 속성과 동기들, 지금까지는 가장 강한 국가들만이 가질 수 있었던 파괴력을 보유하고자 하는 그들의 결심, 그리고 그들이 우리를 향해 대량살상무기를 사용할 보다 높은 가능성 등은 오늘날의 안보환경을 보다 복잡하고 위험하게 만든다.

1990년대에 우리는 중요한 면에서 상이할지라도 다수의 특성들을 공유하는 소수의 불량국가들의 출현을 목격했다. 이 국가들은 다음과 같은 속성들을 가진다.

- 국민들을 야만적으로 취급하고 통치자들의 개인적인 이득을 위해 국가의 자원을 낭비한다.
- 국제법을 전혀 존중하지 않고 이웃들을 위협하며, 그들이 당사자인 국제조약들을 뻔뻔스럽게 위반한다.
- 위협으로 이용하거나 정권의 침략적인 계획들을 달성할 목적에서 공격적으로 사용하기 위해 대량살상무기들과 다른 선진 군사기술을 습득하려고 혈안이 되어 있다.
- 전 세계에 걸쳐 테러를 지원한다.
- 인간의 기본적 가치들을 부인하고 미국과 미국이 대변하는 모든 것을 증오한다.

걸프전 때 우리는 이라크의 계획들은 그 나라가 이란과 자신의 국민에 대해 사용했던 화학무기들에 국한한 것이 아니라 핵무기와 생물학무기의 습득까지로 확장된다는 반박이 불가능한 증거를 입수했다. 과거에는 북한이 세계에서 탄도미사일의 주된 공급자였고 자신의 WMD를 개발하는 한편 점점 성능이 좋아지는 미사일들을 시험했다. 불량 정권들은 핵무기와 생물학무기와 화학무기를 추구한다. 이 국가들이 그런 무기들을 추구하고 그런 무기들을 세계적으로 거래함으로 인해 모든 국가들은 점점 커지는 위협에 직면하게 되었다.

우리는 불량국가들이 미국과 우리의 우방들에 대해 위협을 가하거나 대량살상무기들을 사용할 수 있기 전에 그들과 그들의 테러 고객들을 중지시키기 위한 대비를 해야 한다. 효과적인 대응을 위해 우리는 동맹관계 강화, 과거의 경쟁국들과 새로운 유대의 확립, 군사력 사용법의 혁신, 효과적인 미사일 방어 체계의 개발을 포함한 현대적 기술들, 점점 강조되는 정보의 수집과 분석 등을 빠짐없이 이용해야 한다.

WMD와 싸우기 위한 우리의 포괄적인 전략은 다음과 같다.

- 확산방지를 위해 예측적으로 노력할 것. 우리는 위협이 펼쳐지기 전에 그것을 억제하고 그에 대해 대비해야 한다. 우리는 주요한 능력들－탐지, 적극적 수동적인 방어, 반격능력－이 우리의 방어체제와 국토안보체제에 확실히 통합되게 해야 한다. WMD로 무장한 적들과의 어떤 싸움에서도 우리가 승리할 수 있음을 보장하기 위해 우리와 우리 동맹들의 군대의 원리와 훈련과 장비 등에 확산방지라는 원칙이 통합되어야 한다.
- 불량국가들과 테러분자들이 대량살상무기를 위해 필요한 물질과 기술과 지식을 습득하지 못하게 하기 위해 비확산 노력을 강화할 것. 우리는 WMD를 추구하는 국가들과 테러리스트들을 방해하는 그리고 필요하다면 WMD 원료들과 제조기술들을 금지하는 외교와 무기통제와 다자간 수출 통제와 위협감소를 위한 원조활동을 강화할 것이다. 우리는 다른 국가들과 제휴하여 이런 노력들을 계속 지원하고 비확산과 위협감소 프로그램들에 대한 정치적, 재정적 지원이 증가되도록 할 것이다. 확산방지를 위한 지구적 협력에 200억 불까지 공여하기로 한 최근의 G－8 합의는 커다란 진전을 나타낸다.
- 테러리스트들에 의해서건 적대적인 국가들에 의해서건 WMD 사용의 영향들에 대응하기 위해 효과적인 결과관리를 할 것. 우리 국민에 대한 WMD 사용의 효과들을 최소화하면 그런 무기들을 소유한 자들을 억제하고 소기의 목적을 달성할 수 없음을 납득시킴으로써 그런 무기들을 가지려고 애쓰는 자들을 단념시키는 데 도움이 될 것이다. 미국은 또 해외주둔 미군들에 대한 WMD 사용의 효과들에 대응하고 우방들이 공격을 받으면 도울 준비를 하여야 한다.

이 새로운 위협의 진정한 성격을 이해하는 데 우리는 거의 십 년이 걸렸다. 불량국가들과 테러리스트들의 목적들을 고려하면, 미국은 과거에 그랬던 것처럼 반응적인 자세에 의존해서만은 안 된다. 잠재적 공격자를 억제할 능력의 결여, 오늘날의 위협의 즉각성 그리고 적들의 무기선택에 의해 야기될 수 있는 잠재적 피해의 크기 때문에 그런 대안은 허용되지 않는다. 우리는 우리의 적이 먼저 공격을 가하도록 내버려 둘 수가 없다.

- 냉전시에는 특히 쿠바 미사일 위기에 뒤 이은 시기에 우리는 전반적으로 현상유지적이고 위험회피적인 적을 대면했다. 억제는 효과적인 방어였다. 그러나 보복의 위협에만 기초한 억제는 위험추구적이고 국민들의 생명과 국가의 부를 가지고 도박을 하는 불량국가들의 지도자들에게는 먹히지 않을 것이다.
- 냉전기간에는 대량살상무기들은 그것들을 사용하는 국가들의 파멸을 자초할 위험이 있기 때문에 최후의 선택으로서 고려되었다. 오늘날 우리의 적들은 대량살상무기들을 최

상의 무기들로 간주한다. 불량국가들에게 이 무기들은 이웃 국가들에 대한 위협과 침략의 도구들이다. 이 무기들은 이런 국가들이 미국과 그 동맹국들에게 공갈을 쳐서 자기들의 침략행위를 억제하거나 격퇴하지 못하게 만드는 수단이 될지도 모른다. 그런 국가들은 또 이런 무기들이 미국의 재래식 군사력의 우월성을 극복하는 최상의 수단이라고 간주한다.

- 억제의 전통적 개념들은 테러리스트들에게는 통하지 않을 것이다. 그들의 전술들은 대량파괴와 무고한 사람들을 겨냥하는 것이기 때문이다. 또 소위 그들의 전사들은 순교를 추구하고 그들은 무국적 상태가 가장 안전하다고 여기기 때문이다. 테러를 지원하는 국가들과 WMD를 추구하는 국가들 사이의 중첩은 우리로 하여금 행동을 하지 않을 수 없게 한다.

여러 세기 동안 국제법은 국가들이 임박한 공격의 위험을 제기하는 세력들에 대항하여 자신을 방어하는 행위를 합법적으로 여겼다. 이에 따라 법학자들과 국제재판관들은 선제공격이 임박한 위협－공격을 준비하는 육군과 해군과 공군의 가시적 동원－이 존재할 때는 정당화된다고 생각했다.

우리는 오늘날의 적들의 능력과 목표들에 대해 임박한 위협의 개념을 적용해야 한다. 불량국가들과 테러리스트들은 재래식 수단을 이용하여 우리를 공격하려고 하지 않는다. 오히려 그들은 테러에 의존하고 대량살상무기－쉽게 은닉할 수 있고 비밀리에 운반되고 예고 없이 사용될 수 있는 무기－의 잠재적 사용에 의존한다.

이런 공격들의 목표들은 우리의 군대요, 우리의 민간인들이다. 이는 전쟁법의 주요 규범들에 대한 직접적인 위반이다. 2001년 9월 11일의 피해가 입증하듯이, 민간인 사상자들을 대량으로 내는 것이 테러리스트들의 특수한 목적이고 이런 손실들은 테러리스트들이 대량파괴무기를 획득하여 사용한다면 기하급수적으로 증가할 것이다.

미국은 국가의 안보에 대한 충분한 위협에 대처하여 오랫동안 선제행동의 대안을 채택해 왔다. 그런 위협이 클수록 비행동의 위험도 더 크다. 그리고 또 적의 공격의 시간과 장소가 확실하지 않을지라도 우리 자신을 보호하기 위한 예방적 행동을 취할 이유도 더욱 분명해진다. 우리의 적들에 의한 그런 적대행위들을 사전에 저지하기 위해 미국은 필요하다면 선제적으로 행동 할 것이다.

미국은 출현하는 위협들을 예방하기 위해 모든 경우에 언제나 무력을 선제적으로 사용하지는 않을 것이다. 국가들 역시 침략의 핑계로서 선제공격을 이용해서는 안 된다. 그러나 문명의 적들이 공개적으로 그리고 적극적으로 세계에서 가장 파괴적인 기술들을 추구하는 시대에서는 미국은 위험이 다가올 때까지 한가히 기다릴 여유가 없다.

우리는 우리 행동의 결과들을 가늠하면서 언제나 신중하게 행동할 것이다. 선제행동들을 지원하기 위해, 우리는 다음과 같이 할 것이다.

- 어디에서 위협이 출현하든 그에 대한 시의성 있고 정확한 정보를 제공할 수 있는 보다 훌륭하고 보다 통합적인 첩보능력들을 구축한다.
- 가장 위험한 위협들에 관한 공동의 평가를 내리기 위해 동맹국들과 긴밀히 협조한다.
- 결정적 결과들을 달성하기 위해 신속하고 정밀한 작전들을 수행할 능력을 확보하도록 우리의 군사력을 계속 개편한다.

우리 행동의 목적은 언제나 미국과 우방들에 대한 개개의 위협을 재거하는 것이 될 것이다. 우리 행동의 이유들은 명백 할 것이고, 무력은 절제 있게 사용될 것이며, 명분은 정의로울 것이다.

VI. 자유시장과 자유무역을 통해 지구적 경제성장의 새 시대를 연다

"국가들이 시장을 폐쇄하고 특권을 가진 소수가 기회를 착복 할 때는 아무리 많은 개발원조도 결코 충분할 수 없다. 국가들이 자신의 국민을 존중하고 시장을 개방하고 보다 나은 건강과 교육을 위해 투자할 때, 모든 원조 기금과 모든 무역 수입과 국내자본은 그 마지막 한 푼까지 보다 효과적으로 사용된다."

대통령 부시 - 몬터레이, 멕시코 - 2002년 3월 22일

강력한 세계정부는 번영과 자유를 세계적으로 발전시킴으로써 우리의 국가안보를 강화해 준다. 자유무역과 자유시장을 바탕으로 하는 경제성장은 새로운 일자리와 보다 높은 수입들을 창출한다. 그것은 사람들이 빈곤에서 벗어나도록 해주고, 경제적 법적 개혁과 부패에 대한 투쟁을 일으키며, 자유 습관들을 강화한다.

우리는 경제성장과 경제자유가 미국의 영토를 넘어 확산되게 할 것이다. 모든 정부들은 자신의 경제정책들을 입안하고 자신에 대한 경제적 도전들에 대응할 책임이 있다. 우리는 보다 높은 생산성과 지속적인 경제성장을 가능하게 하는 정책들의 혜택을 강화하기 위해 다른 나라들과 맺고 있는 경제적인 유대를 이용할 것이다. 여기에는 다음과 같은 정책들이 포함된다.

- 사업투자와 혁신과 기업 활동을 고무하는 성장지향적인 법적 규제적 정책.
- 근로와 투자 유인들을 향상시키는 세금정책들-특히 한계세율의 저하.
- 사람들이 자신의 경제활동의 결실들을 향유 할 수 있다고 확신하도록 하기 위한 법의 지배와 부패방지.
- 자본이 가장 효율적으로 사용될 수 있는 강력한 금융체제.
- 사업 활동을 지원하는 건전한 회계 정책.
- 전체적인 노동인구의 복지와 기술들을 향상시키는 건강과 교육에 대한 투자.
- 성장의 새로운 통로를 제공하고 생산성과 기회를 증가시키는 기술과 사상의 확산을 고무하는 자유무역.

역사의 교훈은 명백하다. 정부가 과도하게 개입하는 명령 통제 경제가 아니라 시장 경제가 번영을 증진하고 가난을 감소시키는 가장 좋은 방법이라는 것이다. 시장 유인과 시장 제도를 더욱 강화하는 정책들은 모든 경제체제들-산업화된 국가들과 새로이 출현하는 시장들과 개발도상국들-에게 적용될 수 있다.

유럽과 일본의 경제성장이 미국의 안보 이익에 극히 중요하다. 우리는 동맹국들이 그들 자신을 위해서, 세계경제를 위해서 그리고 세계안보를 위해서 강력한 경제를 유지하기를 원한다. 경제 분야에서의 구조적 장벽들을 제거하기 위한 유럽의 노력은 이런 면에 있어 특히 중요하다. 마찬가지로 경기후퇴를 종결하고 은행체제의 체무연체 문제들을 다루기 위한 일본의 노력도 중요하다. 우리는 일본과 유럽 동료들과의 정기 회담-G-7은 물론-을 계속 이용하여 그들과 세계의 경제성장을 진작하기 위해 그들이 채택하고 있는 정책들을 토의 할 것이다.

이제 출현하고 있는 시장의 안정성을 높이는 것도 세계 경제성장의 관건이다. 투자 자본의 국제적인 흐름이 이 경제체제들의 생산 잠재력을 확대하기 위해 필요하다. 이 흐름은 새로 출현하는 시장과 개발도상국로 하여금 삶의 수준을 높이고 가난을 퇴치하는 투자를 할 수 있게 해준다. 우리의 장기적인 목표는 모든 국가들이 국제 자본시장에 접근하고 자신들의 미래를 위해 투자하도록 허용할 정도의 투자신용등급을 갖게 되는 세계를 건설하는 것이다.

우리는 이제 출현하고 있는 시장들이 보다 큰 자본흐름에 보다 낮은 비용으로 접근

할 수 있도록 도울 정책들을 찬성한다. 이를 목적으로 우리는 자본시장에서의 불확실성 감소를 겨냥하는 개혁을 계속 추구 할 것이다. 금융위기를 예방하고 그것들이 발생하면 보다 효과적인 해결책을 강구하기 위해 올해 초에 타협된 G-7 행동계획(G-7 Action Plan)을 실행하기 위해 우리는 다른 국가들, 국제통화기금(IMF) 그리고 사부문과 적극적으로 협력 할 것이다.

금융위기들을 다루는 가장 좋은 방법은 그것들의 발생을 미리 예방하는 것이다. 따라서 우리는 IMF가 보다 나은 방법들을 발견하도록 장려해 왔다. 우리는 IMF와 계속 협력하여 대출을 위한 정책 조건들을 정비하고 건전한 회계 및 통화 정책, 환율 정책 그리고 금융부문 정책을 통한 경제성장을 달성하는 전략에 집중할 것이다.

"자유 무역"이라는 개념은 경제학의 지주가 되기에 전에 도덕적 원칙으로서 대두했다. 만일 당신이 다른 사람들이 가치를 부여하는 어떤 것을 만든다면, 당신은 그것을 그들에게 팔 수 있어야 할 것이다. 만일 다른 사람들이 당신에게 가치 있는 무엇인가를 만든다면, 당신은 그것을 살 수 있어야 할 것이다. 이것이 진정한 자유이다. 개인 또는 국가가 생계를 마련할 자유 말이다. 자유무역을 증진하기 위해 미국은 종합적인 전략을 개발해 놓았다.

- 세계적인 주도권을 잡는다. 우리가 2001년 도하(Doha)에서 시작된 새로운 세계무역 협상들은 2005년에 완성을 겨냥하는 야심적인 의제를 가지고 있다. 이는 농업과 제조업과 서비스 부문에서 특히 그러하다. 미국은 중국과 대만이 세계무역기구(WTO)에 가입하도록 주도해 왔다. 우리는 러시아가 WTO에 가입하도록 도울 것이다.
- 지역적 주도권을 잡는다. 미국과 서반구의 다른 민주국들은 2005년의 완성을 목표로 미주자유무역지구를 설립할 것을 동의했다. 올해 미국은 농업과 공업재와 서비스와 투자와 정부물품을 목표로 동료국가들과의 시장접근 협상들을 옹호 할 것이다. 우리는 또 가장 가난한 대륙인 아프리카에게 아프리카의 성장과 기회법(Africa Growth and Opportunity Act)에서 허용된 방안의 완전한 이용을 시작으로 자유무역으로 이르는 보다 많은 기회를 제공 할 것이다.
- 쌍방 간 자유무역협정들을 밀고 나간다. 2001년 제정된 요르단과의 자유무역협정을 토대로 하여 미행정부는 올해 칠레 및 싱가포르와 자유무역협정을 완료할 것이다. 우리의 목표는 세계 모든 지역의 선진국들 및 개발도상국들과 자유무역협정을 맺는 것이다. 처음에는 중앙아메리카, 남아프리카, 모로코 그리고 호주가 우리의 주요 초점들이 될 것이다.

- 집행부와 의회 간의 협력을 강화한다. 모든 행정부의 무역 전략은 의회와의 생산적인 협력에 의존한다. 8년간의 공백 후에 현 행정부는 무역진흥법(Trade Promotion Authority)을 통과시키고 2002년의 무역법(Trade Act of 2002)에서 개발도상국들을 위한 시장 개방조치들을 통과시킴으로써 의회에서 무역 자유화를 위한 압도적 지지를 재확립했다. 이 행정부는 의회와 협력하여 최근에 통과된 무역진흥법하에서 마무리 지어질 새로운 쌍방적, 지역적, 지구적 무역협정들을 제정 할 것이다.

- 무역과 발전 사이의 연결을 촉진한다. 무역정책들은 개발도상국들이 재산권, 경쟁, 법의 지배, 투자, 지식확산, 공개사회, 효율적 자원배분 그리고 지역통합 - 이들은 모두 개발도상국에서 성장과 기회와 자신감을 결과한다 - 강화를 것을 도울 수 있다. 사하라 이남의 35개국들에서 생산되는 거의 모든 제품들이 미국시장에 접근 할 수 있도록 미국은 아프리카 성장과 기회법을 시행하고 있다. 카리브 해역에 대해 이 법과 그에 상당하는 법을 더 많이 시행 할 것이고 가난한 나라들이 이런 기회들을 이용하도록 돕기 위해 다자적이고 지역적인 기구들과 계속 협력 할 것이다. 무역이 가난과 교차하는 가장 중요한 영역은 공중보건이다. 우리는 WTO의 지적 소유권 규정들에 융통성을 가지고 개발도상국들로 하여금 HIV / AIDS, 결핵, 말라리아와 같이 극히 위험한 질병들을 치료할 의약품들에 대한 접근이 허용하도록 할 것이다.

- 불공정한 관행들에 대해서 무역협정들과 무역법들을 집행한다. 상업은 법의 지배에 의존한다. 국제무역은 집행 가능한 협정들에 의존한다. 우리의 최고 우선정책은 유럽연합, 캐나다, 멕시코와의 지속적인 분쟁들을 해결하고 농산물 수출과 농업의 개선을 불필요하게 가로막는 새로운 기술, 과학, 보건 규정들을 다루기 위해 세계적인 노력을 경주하는 것이다. 불공정한 무역관행들에 대한 법률들이 종종 남용되곤 하지만, 국제공동체는 정부보조와 덤핑에 관한 진정한 우려들을 처리 할 수 있어야 한다. 공정한 경쟁을 방해하는 국제적인 산업 스파이 활동은 적발되고 저지되어야 한다.

- 국내의 산업들과 근로자들이 적응을 하도록 돕는다. 농업분야에서 우리가 사용한 바 있고 미국의 철강산업을 돕기 위해 올해 우리가 사용하고 있는 이 전환적 안전장치들을 위한 건전한 법률체계가 있다. 자유무역의 혜택들은 공정한 무역관행의 시행에 의존한다. 이런 안전장치들은 자유무역의 혜택들이 미국의 근로자들을 희생한 결과로 발생하지 않도록 하는 데 도움을 준다. 무역조정 원조는 근로자들이 변화무쌍한 공개시장에 적응하도록 돕는다.

- 환경과 근로자를 보호한다. 미국은 번영이 확대되고 삶의 질이 향상되는 여러 방법으로 경제성장을 진작해야 한다. 우리는 WTO와의 다자간 환경협정들 사이에 건전한 "네트워크"를 형성하여, 노동과 환경 문제들을 미국 무역협상에 통합 할 것이고, 보다 자유로운 무역과 관련하여 근조조건들을 개선하기 위해 국제노동기구(ILO), 무역정책 프로그램들 그리고 무역협상들을 이용 할 것이다.

- 에너지 안보를 강화한다. 특히 서반구와 아프리카와 중앙아시아와 카스피 해 지역에서 공급되는 세계 에너지의 원천들과 유형들을 확대하기 위해 우리는 우리의 동맹국들, 무역상대국들 그리고 에너지 생산국들과 협력하여 우리 자신의 에너지 안보와 지구경제의 번영을 강화 할 것이다. 우리는 또 보다 깨끗하고 보다 에너지 효율적인 기술들을 개발하기 위해 우리의 동료들과 계속 협력 할 것이다.

경제성장에는 그와 관련된 온실 가스 집중 현상을 안정화하고 지구 기후에 위험 초래를 예방할 수 있을 정도로 그 현상을 봉쇄하기 위해 지구적 노력이 수반되어야 할 것이다. 우리의 전반적인 목표는 미국의 온실 가스 방출량을 우리 경제의 크기를 고려하여 감소시키는 것으로서 우리는 향후 10년에 걸쳐 2012년까지 경제활동 단위당 18퍼센트까지 방출량을 삭감하고자 한다. 이 목표를 달성하기 위한 우리의 전략들은 다음과 같다.

- 국제협력을 위한 기본적인 유엔 기조회의(UN Framework Convention)에 헌신한다.
- 주요 산업체들이 가장 강력한 온실 가스들의 방출량을 삭감할 것을 동의하게 하고 실제로 삭감을 보여줄 수 있는 회사들에게는 이전 가능한 신용들을 부여한다.
- 방출감소를 측정하고 등록하는 개선된 기준들을 개발한다.
- 재활용 할 수 있는 에너지 생산과 깨끗한 석탄 기술은 물론 온실 가스 방출이 없는 핵 발전을 촉진하고 미국의 자동차들과 트럭들을 위해 연료경제를 개선한다.
- 연구와 새로운 보존 기술들에 대한 투자를 총 450억 불-기후문제를 위해 세계 어느 나라가 사용하는 금액들 중 가장 큰 액수-까지 증액한다.
- 개발도상국들, 특히 중국 및 인도와 같은 주요 온실 가스 방출국들을 원조하여 그들이 이 노력에 참여 할 도구들과 자원들을 갖추고 보다 깨끗하고 보다 나은 경로를 따라 성장 할 수 있게 한다.

Ⅶ. 사회들을 개방하고 민주주의의 토대를 구축함으로써 발전의 영역을 확대한다

"제2차 세계대전에서 우리는 세계를 보다 안전하게 만들기 위해 싸웠다. 그리고 그 다음에는 그것을 재건하기 위해 일했다. 오늘날 우리가 세계를 테러로부터 안전하게 만들기 위해 전쟁을 수행 할 때, 우리는 또 세계를 모든 시민들에게 보다 나은 장소로 만들어 주기 위해 일해야 한다."

대통령 부시 - 워싱턴 D. C. (미주 발전은행) - 2002년 3월 14일

어떤 사람들은 안락과 풍요 속에서 사는 반면, 인류의 절반은 하루에 2불도 안 되는 돈으로 생활을 하는 세계는 정의롭지도, 안정되지도 않다. 발전과 기회를 확대하는 반경 안에 세계의 모든 빈자들을 포함시키는 것은 도덕적인 명령이요, 최우선적인 미국의 국제정책의 하나이다.

수십 년간의 대량의 개발원조는 최빈국들의 경제성장을 촉진하는 데 실패했다. 뿐만 아니라 개발원조는 실패한 정책들을 뒷받침으로써 개혁의 압박을 완화하고 가난을 영구화하는 데 사용되곤 했다. 원조의 결과가 통상 기증자가 들인 달러의 양으로 측정되었지 수혜자에 의해 달성된 성장과 가난 감소의 비율로 측정되지 않았다. 이들은 실패한 전략의 표시들이다.

다른 나라들과 협력하여, 미국은 이 실패와 싸우고 있다. 우리는 몬터레이(Monterrey)

에서 열린 유엔 개발금융회의(UN Conference on Financing for Development)에서 원조의 목표들과 이것들을 달성하는 전략들은 변해야 한다는 새로운 합의를 했다.

이 행정부의 목표는 모든 국가에서 개인들의 생산 잠재력이 발휘되도록 지원하는 것이다. 지속적 성장과 가난의 감소는 올바른 국가정책이 없이는 불가능하다. 정부들이 진정한 정책변화를 이행하는 곳에 우리는 높은 수준의 새로운 원조를 제공할 것이다. 미국과 다른 선진국들은 야심적이고도 구체적인 목표를 설정해야 한다. 십 년 안에 최빈국 경제들의 크기를 배가하는 것이다.

미국 정부는 이 목표를 달성하기 위해 다음과 같은 주요 전략들을 추구 할 것이다.

- 국가개혁에 적극적인 나라들을 원조하기 위해 자원들을 제공한다. 우리는 미국이 제공하는 핵심적 개발원조의 50퍼센트 증가를 제안한다. 인도적 원조를 포함하여 우리의 현행 프로그램들을 계속하는 한편, 수십억의 새로운 재원으로 정부가 정의롭게 통치하고 빈민들에게 투자하며 경제적 자유를 고무하는 나라들의 프로젝트를 위한 새로운 밀레니엄 도전 자금(Millennium Challenge Account)을 조성 할 것이다. 정부들은 부패와 싸우고, 인간의 기본권을 존중하고, 법의 지배를 포용하고, 건강과 교육에 투자하고, 책임 있는 경제정책을 추구하며, 기업경영을 가능케 해야 한다. 밀레니엄 도전 자금은 진정한 정책변화를 입증한 나라들에게는 보상을 주고 그렇지 못한 국가들에게는 개혁을 실행하라고 요구 할 것이다.
- 세계은행과 다른 개발은행들이 보다 효과적으로 생활 수준을 높일 수 있게 한다. 미국은 세계 빈국들의 삶을 향상시킴에 있어 세계은행과 다른 다자적 개발은행들을 보다 효과적으로 만들기 위한 종합적 개혁안을 지지한다. 우리는 미국의 부담 감소추세를 역전시켰고 국제개발협회(IDA)-최빈국을 위한 세계은행 기금-와 아프리카 개발기금(African Development Fund)에 대한 미국의 부담을 18퍼센트의 증가시킬 것을 제안했다. 전 세계의 생활수준을 높이고 가난을 감소시키려면 무엇보다도 특히 최빈국들에서의 생산성을 향상시켜야 한다. 우리는 다자 개발은행들이 교육과 건강의 향상, 법치주의 그리고 사부문 발전과 같이 경제적 생산성을 증가시키는 활동에 집중 할 것을 계속 요구할 것이다. 모든 프로젝트와 모든 대부와 모든 기여는 그것들이 개발도상국들에서 얼마나 생산성 향상에 기여했나를 기준으로 평가되어야 한다.
- 개발원조가 가난한 사람들의 삶을 실제로 변모시키고 있음을 확인 할 수 있는 측정결과들을 기대한다. 경제발전에 관해서는 진정으로 중요한 것은 보다 많은 아이들이 보다 나은 교육을 받거나, 보다 많은 사람들이 건강보험과 깨끗한 물을 공급받거나, 보다 많

은 근로자들이 가족들의 미래를 보다 낫게 만들기 위해 일자리를 발견 할 수 있다는 것
이다. 우리는 우리의 개발원조의 성공도를 결과에 입각하여 측정할 도덕적 책임이 있다.
이런 이유 때문에, 우리는 우리의 개발원조와 다자 개발은행들의 원조들이 측정 가능한
목표들을 설정하고 이런 목표들이 달성되었는지의 여부를 구체적으로 측정할 기준들을
가질 것을 계속 요구 할 것이다. 미국의 지도력 덕분에 이루어진 최근의 IDA 보충 합
의는 수혜국들의 진전을 측정하는 감시와 평가 체제를 확립 할 것이다. 최초로, 기부국
가들은 IDA에 대한 그들의 기부를 실제의 발전 결과들의 달성과 연결 할 수 있게 되었
고 미국의 기부의 일부도 이런 방식으로 연계된다. 우리는 세계은행과 다른 다자 개발
은행들이 이런 진전을 발판으로 해서 앞으로는 결과에 대한 평가가 그들이 행하는 모든
계획들의 한 부분으로 통합되게 하도록 노력 할 것이다.

- 대부 대신 보조금의 형식으로 제공되는 개발원조의 양을 늘린다. 결과에 기초한 보조금
들의 증액은 빈국들이, 특히 사회부문들에서, 점점 증가하는 부채의 부담을 안지 않고서
생산적인 투자를 하도록 돕는 최선의 방법이다. 미국의 지도력의 결과로, 최근의 IDA
합의는 빈국들에서의 교육과 HIV / AIDS와 건강과 영양과 담수와 위생과 기타의 요구
들을 위한 보조금 기금의 거대한 증가를 예비하게 했다. 우리의 목표는 이런 진전을 발
판으로 하여 다른 다자 개발은행들에서도 보조금의 사용을 증가시키는 것이다. 우리는
또 결과들을 보여주는 개발계획들을 지원하기 위해 보조금들을 사용함으로써 대학들과
비영리단체들과 사적부문을 자극하여 정부의 노력들에 상응하는 노력들을 기울이게 할
것이다.

- 상업과 투자에 대해 사회들을 개방한다. 무역과 투자는 경제발전의 진정한 엔진들이다.
비록 정부원조가 증가할지라도, 대부분의 발전기금은 무역과 국내자본과 대외투자에서
나온다. 효과적인 전략은 이런 흐름들도 확대해야 한다. 자유시장들과 자유무역은 우리
의 국가안보전략에서 주요한 우선순위를 가진다.

- 공중건강을 확보한다. 빈국들에서의 공중건강은 엄청난 정도로 위기에 처해 있다. HIV /
AIDS, 말라리아 그리고 결핵과 같은 전염병들과 유행병들 때문에 고통 받는 나라들에
서는 이런 재앙들이 봉쇄될 때까지 성장과 발전이 위협받을 것이다. 선진세계로부터의
자원이전은 필요하나 예방 프로그램들을 지원하고 효율적인 지방의 기반시설을 제공하
는 정직한 정부가 있어야만 효과적일 것이다. 미국은 UN 사무총장 코피 아난이 조직한
새로운 HIV / AIDS 기금을 강력히 후원하며 이 기금이 치료와 간호를 위한 광범한 전
략과 예방을 결합 할 것을 강조하는 것은 절대로 옳다고 믿는다. 미국은 이미 그런 노
력들을 위해 두 번째로 많은 기부를 한 기부자 보다 두 배 이상의 기부를 한다. 만일
그 기금이 효과를 보이면, 우리는 그보다 더 많이 기여 할 생각이다.

- 교육을 강조한다. 문자해득과 학습은 민주주의와 발전의 기초이다. 세계은행 자원의 단
지 7퍼센트가 교육에 쓰이고 있다. 이 비율은 늘어나야 한다. 미국은 아프리카에서의 기

본 교육과 교사 훈련을 개선 할 것을 강조하면서 우리의 교육원조 기부를 최소한 20퍼센트까지 증액 할 것이다. 미국은 또 이 사회들-이들 중의 많은 사회들은 HIV / AIDS로 황폐화되었다-에게 정보기술들도 제공 할 수 있다.

- 농업의 발전을 계속하여 지원한다. 생물공학을 포함한 새로운 기술들은 개발도상국들에서 살충제와 물을 덜 사용하면서 작황을 증가하는 엄청난 잠재력을 가지고 있다. 건전한 과학을 이용하여 미국은 기아의 영양 부족으로 고통 받는 3억의 아이들을 포함한 8억의 사람들에게 이 혜택들이 주어지도록 도울 것이다.

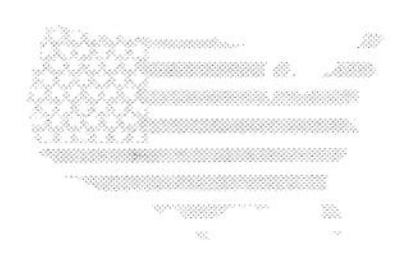

Ⅷ. 다른 주요 세력권들과 함께 협력을 위한 의제들을 개발한다

"17세기에 민족국가가 발흥한 이래로 우리는 강대국들이 전쟁을 준비하는 대신 평화롭게 경쟁하는 세계를 건설 할 수 있는 가장 좋은 기회를 맞이하고 있다."

대통령 부시 - 육군사관학교, 뉴욕 - 2002년 6월 1일

미국은 자유에 도움이 되는 세력균형을 증진할 의사와 능력이 있는 국가들의 제휴를 광범하게 조직하는 전략을 실행 할 것이다. 제휴를 효과적으로 하기 위해서는 명백한 우선순위들을 제시하고, 다른 국가들의 이해를 이해하며, 겸손한 마음으로 다른 나라들과 시종일관 상의하는 자세가 필요하다.

캐나다와 유럽의 그 동맹들과 우방들의 계속적 협력 없이 미국은 지속성 있는 결과를 산출 할 수 없다. 유럽은 또 세계에서 가장 강력하고 가장 유능한 국제기구들 중 두 개가 자리 잡고 있는 곳이기도 하다. 북대서양조약기구(NATO)와 유럽연합(EU)이 그것들이다. NATO는 처음부터 대서양과 유럽 안보의 중추역할을 해왔다. EU는 우리와 함께 세계무역을 개방하기를 힘쓰고 있다.

9월 11일의 공격들은 NATO에 대한 공격이기도 했다. NATO 자신이 기구규약 제5조의 자위의 조항을 처음으로 언급하면서 이를 시인했다. NATO의 핵심 임무는 대서양

양안의 민주국가들의 동맹을 집단적으로 방어하는 것이지만, NATO는 새로운 상황하에서 이 임무를 수행하기 위해서 새로운 구조와 능력을 개발해야 한다. NATO는, 어떤 동맹국에 대해 가해진 위협에 대응 할 필요가 있을 때는 언제나, 기동력 있고 특수하게 훈련된 병력을 즉각적으로 현장에 투입 할 수 있는 능력을 갖추어야 한다.

  NATO는 우리의 이해가 위협을 받았을 때 임무에 기초한 연합군을 원조함은 물론 그 자신의 권한으로 연합군을 창설하는 것과 같은 행동을 취할 수 있어야 한다. 이를 달성하기 위해, 우리는 다음과 같이 하여야 한다.

- NATO 회원국 자격을 우리의 공통 이익들을 방어하고 진작 할 의사와 능력이 있는 민주국들에게로 확대해야 한다.
- NATO 국가들의 군대가 연합군에 의한 전쟁에서 적절한 전투기여를 하도록 해야 한다.
- 그런 기여들이 효과적인 다자적 전투력이 될 수 있도록 기획하여야 한다.
- NATO의 군사력을 변화시켜 잠재적 공격자들을 압도하고 우리의 취약성을 감소시키기 위해 들이는 우리의 국방비 지출에 있어 기술적 경제규모를 활용하여야 한다.
- 새로운 작전 요구들에 부응하고 새로운 형태의 군대에 대한 훈련과 통합과 시험과 관련된 필요에 부응하도록 명령계통의 융통성을 증가시킨다.
- 우리의 군대를 변화시키고 현대화하기 위해 필요한 조치들을 취하고 있을 때에도 동맹국으로 함께 일하고 싸우는 능력을 유지한다.

  만일 NATO가 이런 변화들을 도입하는 데 성공한다면, 냉전 시에 그랬던 것처럼 그 회원국들의 안보와 이해에 중요한 협력체제가 될 것이다. 우리는 우리의 사회들에 대한 위협에 관해 공통의 견해를 가지고 우리 국민들과 그들의 이해들을 방어함에 있어 공동행동을 취하는 능력을 향상시킬 것이다. 그와 동시에 우리는 EU와 보다 광범한 외교정책 및 일체감을 형성하려는 유럽 동맹국들의 노력들을 환영한다. 우리는 이런 발전들이 NATO와 조율을 이루도록 하기 위해 면밀한 협의를 할 것을 다짐한다. 우리는 대서양 연안의 민주국들이 다가오는 도전들에 더 잘 대비할 수 있는 이런 기회를 마다할 여유가 없다.

  9월 11일의 공격은 미국의 아시아 동맹국들에게 활력을 주었다. 자유지속작전(Operation Enduring Freedom)을 위해 세계에서 가장 훌륭한 전투부대들 중의 몇몇을 파견하기로 한 역사적인 결정에 이어, 호주는 ANZUS 조약을 들어 그 공격들이 호주 자신에 대한 공격이라고 선언했다. 일본과 한국은 그 공격으로부터 수주일 내에 전례 없는 수준의 병참지원을 제공했다. 우리는 동맹국들인 태국 및 필리핀과 대테러 협력을 강화했고 싱가포르와 뉴질랜드 같은 우방들로부터는 귀중한 도움을 받았다.

테러와의 전쟁은 아시아에 있는 미국의 동맹들이 지역의 평화와 안정을 위한 주춧돌이 됨은 물론 새로운 도전들을 유연하고 신속하게 다룰 수 있음을 증명했다. 아시아와의 동맹과 우호를 강화하기 위해 우리는 다음과 같이 할 것이다.

- 공통의 이해와 공통의 가치관과 밀접한 국방 외교 협력을 토대로 하여, 지역적이고 세계적인 문제들에 대해 주도적인 역할을 계속함에 있어 일본의 역할을 기대한다.
- 한국과 협력하여 북한에 대한 경계를 소홀히 하지 않는 한편 우리의 동맹이 그 지역의 보다 광범한 안정을 위해 보다 장기적으로 기여 할 수 있도록 대비시킨다.
- 50년 역사의 미·호주 동맹협력을 토대로, 산호해(Coral Sea)전투에서 토라 보라(Tora Bora)에 이르기까지 항상 그랬던 것처럼, 지역적이고 세계적인 문제들을 해결하기 위해 계속 함께 일한다.
- 우리의 동맹국들에 대해 우리의 의지와 우리의 필요와 우리의 기술적 진보와 전략적 환경을 반영하는 지역에 군대를 유지한다.
- 우리의 동맹들은 물론 ASEAN과 APEC 같은 기구들에 의해 제공된 안정을 바탕으로 이 역동적인 지역에서 변화를 관리하기 위해 지역적 전략들과 쌍방적 전략들을 혼합하는 전략들을 개발한다.

우리는 과거의 강대국 경쟁이 다시 출현하지 않도록 주의를 기울인다. 여러 잠재적 강대국들이 현재 내적 전환의 와중에 있다. 가장 중요한 국가들은 러시아, 인도, 중국이다. 이 세 경우에 모두, 최근의 발전들은 진정으로 기본원칙들에 관한 지구적인 합의가 서서히 이루어지고 있다는 희망을 가지게 한다.

우리는 러시아와 이미 21세기의 현실을 토대로 새로운 전략적 관계를 확립하고 있다. 미국과 러시아는 더 이상 전략적 적대관계에 있지 않다. 전략무기 감축에 관한 모스크바 조약(Moscow Treaty on Strategic Reductions)은 이 새로운 현실을 구체화하고 있고 러시아의 사고방식에 있어서의 중대한 변화를 반영한다. 이는 유라시아 공동체와 미국 간의 생산적이고 장기적인 관계들의 출현을 약속한다. 러시아의 최고 지도자들은 자기 국가의 현재의 취약성과 그런 취약성을 역전시키기 위해 필요한 국내외적 정책들을 현실적으로 평가한다. 그들은 냉전적 접근법은 국익에 도움이 되지 않으며 러시아와 미국의 전략적 이해들이 여러 영역에서 중첩된다는 것을 점차 이해하고 있다.

미국의 정책은 러시아의 이런 변화를 기반으로 하며, 잠재적인 공통의 이해와 도전에 집중한다. 우리는 테러와의 전쟁에서 이미 광범한 협력을 하고 있다. 우리는 상호 이익이 되는 쌍무적 무역과 투자관계를 증진시키기 위해, 가입기준을 낮추지 않고서도 세계무역기구(WTO)에 대한 러시아의 가입을 수월하게 하고 있다. 우리는 러시아와 유럽의 동맹들과 우리 자신 사이에서 안보협력을 심화를 목적으로 NATO-러시아 심의회(NATO-Russia Council)를 창설했다. 우리는 구소련 국가들의 독립과 안정을 계속 지원 할 것이다. 이웃이 번영하고 안정되면 유라시아 공동체로의 통합에 대한 러시아의 의지가 강화될 것이라고 믿기 때문이다.

동시에 우리는 우리와 러시아를 갈라놓고 있는 차이점에 관해 그리고 지속적인 전략적 협력관계를 확립하는 데 걸리는 시간 및 노력에 관해 현실적인 인식을 가지고 있다. 러시아의 주요 엘리트들이 우리의 동기와 정책들에 관해 아직도 불신감을 떨쳐버리지 못해 우리와의 관계의 진전을 더디게 하고 있다. 자유시장 민주주의의 기본 가치들에 대한 러시아의 일관되지 못한 언명과 대량살상무기 확산 예방에 대한 애매한 실적은 커다란 걱정거리로 남아 있다. 러시아의 취약성이 협력을 위한 기회들을 제한하고 있다. 그럼에도 불구하고, 현재 이 기회들은 과거 어느 때와도 비교 할 수 없을 정도로 크다.

미국은 미국의 이해가 인도와 강력한 관계를 요구한다는 확신하에서 쌍방관계를 발전시키는 일에 착수했다. 미국과 인도는 대의제 정부에 의해 정치적 자유가 보호될 것을 약속한 최대의 민주국가이다. 인도는 또 보다 큰 경제적 자유를 향해 나아가고 있다. 우리는 인도양의 중요한 해로를 통과하는 것을 포함해서 상업의 자유로운 흐름에 공통의 이익을 가지고 있다. 마지막으로, 우리는 테러와 싸우고 전략적으로 안정된 아시아를 창조하는 일에 공통의 이해를 가지고 있다.

인도의 핵무기와 미사일 개발 프로그램들과 인도의 경제개혁의 속도 등에 아직 이견이 있다. 그러나 과거에는 이런 우려들이 인도에 관한 우리의 사고를 지배했지만,

오늘날 우리는 인도를 우리와 공통의 이해를 가진 부상하는 세계강국으로 간주한다. 인도와의 강력한 협력관계를 통할 때, 우리는 어떤 차이점들도 가장 잘 다룰 수 있고 역동적인 미래를 형성 할 수 있다.

중국과 미국의 관계는 아세아 태평양 지역을 안정되고 평화롭고 번영하는 지역으로 발전시키기 위한 전략의 중요한 부분이다. 중국의 민주화는 그런 미래를 위해 필수적이다. 그러나 공산주의 유산을 벗어버리는 과정을 시작한 지 25년이 지난 지금까지도 중국의 지도자들은 그들 국가의 성격에 관해 근본적 결단들을 내리지 못하고 있다. 아시아 태평양 지역의 이웃들을 위협 할 수 있는 선진 군사능력을 추구하고, 종국에는 자신들의 위대한 국가 추구에 방해하게 될 낡아빠진 행로를 쫓고 있다. 중국은 사회 정치적인 자유가 그런 위대성의 유일한 원천임을 조만간 발견하게 될 것이다.

미국은 변모하는 중국과 건설적인 관계를 모색한다. 우리는 이미 우리의 이해관계가 교차하는 영역에서는 잘 협력하고 있다. 테러와의 전쟁, 한반도의 안정 등이 그런 영역들의 일예이다. 마찬가지로 우리는 아프가니스탄의 미래에 관해서 의견을 조율했고 대테러전과 유사한 과도기적 관심사들에 관해 종합적인 대화를 시작하였다. HIV / AIDS의 전파와 같은 건강과 환경의 위협들은 우리가 시민들의 복지를 공동으로 진작 할 것을 요구한다.

이런 전환기의 위협들을 다루는 과정에서 중국은 정보에 있어 보다 공개적이고 시민 사회를 발전시키며 개인의 인권을 강화하라는 요구를 받게 될 것이다. 중국은 많은 개인적 자유들을 허용하고 마을 단위의 선거들을 시행하는 등 정치적 개방을 향한 길을 가기 시작했다. 그러면서도 공산당에 의한 일당통치를 강력히 신봉하고 있다. 중국이 진정으로 시민들의 요구와 열망에 부응하게 하기 위해서는 아직 많은 일이 행해져야 한다. 중국인들이 자유로이 생각하고 집회하고 예배 할 수 있을 때 비로서 중국은 자신의 잠재력을 완전하게 발휘 할 수 있다.

중국의 WTO 가입은 우리의 중요한 무역거래에 혜택을 줄 것이다. 이 가입은 보다 많은 수출의 기회들을 창조하고 궁극적으로는 미국의 농부와 노동자와 회사에게 보다 많은 일자리들을 창출하게 할 것이다. 중국은 연간 쌍방무역이 일천억 불이 넘는 네

번째로 큰 우리의 무역상대국이다. WTO 가입의 요건인 시장원리의 힘과 투명성과 책임성이 개방과 법의 지배발전으로, 상업과 시민들에 대한 기본권 보호를 확립하는 데 도움을 줄 것이다. 그러나 우리의 입장이 상당히 상이한 다른 영역들이 있다. 대만 관련법(Taiwan Relations Act)하에서의 대만 방어에 대한 우리의 약속이 그들 중 하나다. 인권이 두 번째인 것이다. 우리는 중국이 자신의 비확산 약속을 고수 할 것을 기대한다. 우리는 차이점들이 존재하는 곳에서는 차이점들을 좁히려고 노력할 것이나 우리가 동의하는 데서 그런 차이점들이 협력을 방해하도록 하지 않을 것이다.

2001년 9월 11일 사건은 미국과 다른 주요한 세계적인 세력과의 관계를 근본적으로 변경시켰다. 유럽과 아시아에 있는 우리의 오랜 동맹국들과 함께 그리고 러시아와 인도와 중국의 지도자들과 함께, 우리는 적극적인 협력의 의제들을 개발해야 한다. 왜냐하면 이 관계들이 판에 박은 듯이 비생산적이 될까 우려하기 때문이다.

미국정부의 모든 기관들은 이 도전을 공유한다. 우리는 상의와 조용한 논쟁과 건전한 분석과 공동행동의 생산적인 습관들을 확립 할 수 있다. 장기적으로는 이것들이 우리의 공동원칙들의 우월성을 유지하고 진보의 길을 계속 열려 있게 할 관행들이다.

IX. 21세기의 도전들과 기회들에 부응하기 위해 미국의 국가안보제도들을 변혁한다

"테러리스트들은 미국의 번영을 나타내는 상징물을 공격했다. 그러나 그들은 그것의 원천을 건드리지는 못했다. 미국은 국민들의 근면성과 창조성과 진취성 때문에 성공한다."

대통령 부시 - 워싱턴 D. C. (양원합동회의) - 2001년 9월 20일

지금의 미국의 주요한 국가안보기구들은 상이한 요구들을 해결하기 위해 상이한 시대에 고안된 것이다. 이 모든 기구들은 변화되어야 한다.

지금은 미국군사력의 본질적인 역할을 재확인 할 시점이다. 우리는 도전을 극복하고 우리의 국방을 확립하고 유지하여야 한다. 우리의 군사적 최우선 순위는 미국을 방어하는 것이다. 이를 효과적으로 수행하기 위해 우리의 군대는 다음과 같은 과업을 수행해야 한다.

- 우리의 동맹국들과 우방국들을 보장한다.
- 미래의 군사적 경쟁을 단념케 한다.
- 미국의 이익과 동맹국과 우방국에 대한 위협들을 억제한다.
- 만일 억제가 실패하면 어떤 적이든지 결정적으로 격퇴 한다.

미국 군사력의 전례 없는 힘과 이의 전진적 배치로 인해 세계에서 가장 전략적으로 중요한 지역들에서 평화가 유지되어 왔다. 그러나 우리가 대해야 하는 위협들과 적들

은 변화되었고 그래서 우리의 군대도 변화되어야 한다. 냉전시 대규모의 군대들을 억제하도록 구성된 군은 전쟁이 언제 어느 곳에서 발생 할 것인지 보다는 적이 어떻게 싸울 것인지에 더 초점을 맞추어야 한다. 우리는 여러가지 작전적 도전들을 극복하기 위해 노력을 경주 할 것이다.

미군의 해외주둔은 동맹과 우방의 방어에 대한 미국 의지의 강력한 상징들 중의 하나이다. 우리 자신의 방어와 다른 국가의 방어를 위해 무력을 사용하겠다는 우리의 의지를 통해 미국은 자유에 이로운 세력균형을 유지하겠다는 결의를 보여준다. 불확실성과 싸우고 우리가 직면하는 많은 안보상의 도전들에 대응하기 위해 미국은 서유럽과 동북아시아 지역에 기지들과 주둔지들을 가지고 있을 필요가 있고, 미 군사력의 장거리 배치를 위한 임시적 이용 계획들이 필요하다.

아프가니스탄에서의 전쟁 이전에는 그 지역이 주요 상황 계획 목록의 하위에 놓여 있었다. 그러나 매우 짧은 시간 내에, 우리는 그 먼 나라를 종횡하며 작전을 수행해야 했다. 우리는 첨단 원거리 감지, 장거리 정밀타격능력, 변모된 기동 및 원정군과 같은 자산들을 개발함으로써 이런 상황에 더 많이 대비하여야 한다. 군사적 능력의 이런 광범위한 포트폴리오에는 또, 조국을 방어하고, 정보작전을 수행하고, 먼 전장에 대한 미국의 접근을 확보하며, 우주공간에 있는 중요한 미국의 자산들을 보호하는 능력이 포함되어야 한다.

군대 내에서의 혁신은 새로운 전쟁방식들의 실험, 공동작전의 강화, 미국의 정보적 우월성 이용, 과학과 기술의 완벽한 이용 등에 달려 있다. 우리는 또한 재정관리와 모병과 보유에 있어 국방부가 운영되는 방식을 변경해야 한다. 마지막으로, 테러와의 전쟁에 대한 단기적 준비와 능력을 유지하는 한편, 미국과 동맹과 우방에 대한 침략이나 강압을 단념시킬 수 있는 보다 광범위한 군사적 대안들을 대통령에게 제공하는 목표를 달성해야 한다.

역사로부터 우리는 억제가 실패 할 수도 있다는 것을 알고 있다. 그리고 우리는 경험으로부터 어떤 적들은 억제될 수 없음도 알고 있다. 미국은 미국과 동맹과 우방에 대해 그 의지를 강요하고자 하는, 적－국가건 비국가 행위자이건－에 의한 어떤 시도도 격퇴시킬 능력을 유지해야 하고 또 유지 할 것이다. 우리는 우리의 의무들을 수행하기 위해 그리고 자유를 수호하기 위해 충분한 군사력을 유지 할 것이다. 우리의 군대는 잠재적인 적들이 미국의 힘을 능가하거나 맞먹고자 하는 희망에서 군사력의 증강을 꾀하려 들지 못할 만큼 충분히 강화시킬 것이다.

첩보와 우리가 첩보를 이용하는 방식은 테러리스트들과 적대적인 국가들이 제기하는 위협을 막는 제1선이다. 대량의 고정된 목적물—소련권—에 관한 거대한 정보를 수집할 목적으로 고안된 첩보부서들이 훨씬 더 복잡하고 회피적인 목표들을 추적하는 어려움에 직면하고 있다.

이런 위협의 성격에 부응하여 우리는 우리의 정보능력을 새롭게 변화시켜야 한다. 정보는 우리의 국방 및 법집행 체제들과 적절히 통합되고 우리의 동맹 및 우방들과 손발을 맞추어야 한다. 우리는 우리의 능력들을 보호하고 우리의 적들에게 우리를 기습하는 최선의 방법들에 관한 지식이 넘어가지 않게 할 필요가 있다. 우리를 해치는 사람들은 또 우리의 예방책 및 대응책을 제한하고 피해를 극대화하기 위해 기습의 이점을 노리고 있다.

우리는 국토와 국민의 안보를 위해 통합적으로 위협들을 평가하기 위해 정보의 예측과 분석을 강화해야 한다. 외국의 정부들과 집단들이 부추기는 위협이 미국 안에서 수행될지도 모르기 때문에, 우리는 또 첩보와 법집행 사이에 정보가 적절히 융합되도록 해야 한다.

이 영역에서의 주요 대안들은 다음과 같은 것들이다.

- 국가의 대외 정보 능력의 개발과 활동을 주도하도록 중앙정보부장의 권한을 강화한다.
- 국가와 동맹들에 대한 모든 위협들에 관해 빈틈없이 통합된 경고를 제공하는 정보 예측의 새로운 기틀을 확립한다.
- 우리의 정보상의 장점을 유지하기 위해 정보를 수집하는 새로운 방법들을 계속하여 개발한다.
- 정보 능력의 약화를 방지하기 위해 보다 열성적으로 노력함으로써 미래의 능력들을 보호하기 위해 일하는 한편 그런 능력을 위해 투자한다.

• 테러의 위험에 관해 전 정부적으로 모든 원천들의 분석을 통해 정보를 수집한다.

미국정부가 미국의 이익을 방어하기 위해 군대에 의존하는 것처럼, 다른 나라와의 상호작용에 있어서는 외교에 의존해야 한다. 우리는 국무부가 미국외교의 성공을 확보하기 위해 충분한 자금을 받도록 해야 할 것이다. 국무부는 다른 정부들과 쌍방 관계들을 관리함에 있어 주도권을 잡을 것이다. 그리고 새로운 시대에, 미국의 국민과 기관들은 비정부기구들 및 국제가구들과 똑 같이 기민하게 상호 작용 할 수 있어야 한다. 주로 국제정치에 관한 훈련을 받은 관리들은 공중건강, 교육, 법집행, 사법 그리고 공중외교를 포함하여 전 세계에 걸쳐 복잡한 국내통치의 문제들을 이해하기 위해 전문지식을 활용해야 한다.

우리의 외교관들은 복잡한 협상들과 내전들과 기타 인도주의적 재난들의 최전선에서 봉사한다. 인도주의적 구제의 요구 조건들이 보다 잘 이해됨에 따라 우리는 또 경찰력, 법정 체제, 법률 조문들, 지방정부제도 그리고 선거체도들을 확립하는 데 도움을 줄 수 있어야 한다. 이런 목표를 달성하기 위해서는 우리의 역할에 의해 후원을 받는 효과적인 국제협력이 필요하다.

우리의 외교기구들이 다른 국가들에게 적응성을 가져야 하는 것과 마찬가지로, 또 세계 도처의 사람들이 미국에 관해 배우고 미국을 이해하도록 도울 수 있는 보다 종합적인 대중 홍보 노력들도 필요하다. 테러와의 전쟁은 문명들의 충돌이 아니다. 그러나 그것은 진정 문명 내에서의 충돌, 즉 이슬람 세계의 미래를 위한 싸움을 드러낸다. 이것은 이념의 투쟁으로 미국이 탁월성을 보일 수 있는 영역이다.

우리는 우리의 지구적인 안보 공약들에 부응하고 미국인들을 보호하는 노력들이 국제사법재판소(International Criminal Court, ICC)-이 기구의 관할권이 미국인들에게는 미치지 않고 우리는 이 기구를 받아들이지 않는다-가 행할 조사와 탐색 또는 집행으로 인해 약화되지 않도록 하기 위해 필요한 행동들을 취할 것이다. 우리는 ICC로부터 미국인들을 보호 할 다자적이고 쌍방적인 협정들과 같은 장치들을 통하여 우리의 군사작전들과 협력에 있어 혼란이 일어나지 않도록 다른 국가들과 협력 할 것이다. 우리는 미국의 요원들과 관리들에 대한 보호를 확실히 하고 강화함을 목적으로 하는 미국 병사보호법(American Servicemembers Protection Act)을 완벽하게 시행 할 것이다.

우리는 국가안보를 위해 적절한 수준의 정부지출을 확보 할 목적으로 내년과 그 이후에 어려운 선택을 할 것이다. 미국 정부는 이 전쟁에서 승리하기 위해 그 국방을 강화해야 한다. 국내에서 우리의 최우선 순위는 미국인들을 위해 본토를 보호하는 것이다.

오늘날 국내문제와 국외문제 사이의 구별은 사라져 가고 있다. 지구화된 세계에서는 미국의 국경들 너머에서 일어나는 사건들이 국내에 더 큰 영향을 미친다. 우리의 사회는 지구 도처에서 오는 사람들과 사상들과 재화들에 열려 있어야 한다. 우리가 가장 소중히 간직하는 특징들―우리의 자유와 우리의 도시들과 우리의 이동체제와 현대적인 생활―은 테러에 취약하다. 이 취약성은 9월 11일의 공격들에 대해 책임 있는 사람들에게 정의의 심판한 후에도 오랜 기간 존속 할 것이다. 시간이 지남에 따라, 개인들은 지금까지는 군대와 함대와 비행대에 의해서만 행사될 수 있었던 파괴의 수단을 이용 할 수 있을지도 모른다. 이것이 삶의 새로운 조건이다. 그럼에도 불구하고 우리는 이에 적응할 것이고 번영 할 것이다.

우리의 지도력을 행사함에 있어 우리는 우리의 우방들과 동료들의 가치관과 판단과 이해를 존중 할 것이다. 그렇지만 우리는 우리의 이해와 책임이 요구할 때에는 따로 행동 할 준비를 하여야 한다. 특정 사안들에 관해 우리의 견해가 다르면, 우리는 우리들이 우려하는 이유를 명확히 설명하고 실현성 있는 대안들을 고안해 내려고 애쓸 것이다. 우리는 그런 불화들로 인해 우리의 동맹들과 우리의 우방들과 함께 우리의 공유된 기본 이해와 가치를 확보하려는 우리의 결단이 모호하게 되도록 허용하지 않을 것이다.

최종적으로, 미국의 힘의 근본은 국내에 있다. 그것은 우리 국민의 기술들과 우리 경제의 역동성과 우리 제도들의 탄력성에 있다. 다양한 현대 사회는 내재적이고 야심적이고 창의적인 에너지를 소유한다. 우리의 힘은 우리가 그 에너지를 투입하는 곳에서 나온다. 그것이 바로 우리의 국가안보가 시작되는 곳이다.

미국의 국가 국방 전략(NDS)(국방부, 2005년)

박기련 역

서 언

　우리는 비전통적인 도전과 전략적 불확실성의 시대에 살고 있다. 우리는 냉전 시대와 그 이전 시대의 미국 국방당국자들이 접했던 것과는 근본적으로 다른 도전에 직면하고 있다. 오늘날 우리가 택한 전략은 전 세계의 전략적 환경에 영향을 미칠 것이다. 왜냐하면 미국은 세계의 일에 가장 강력한 행위자이기 때문이다. 부시 대통령은 미국 국민의 안전보장, 자유 국가공동체의 강화, 전 지구적인 민주적 개혁, 자유와 경제적인 향상을 공약하였다.

　국방부는 국가안보전략에서 설정한 대통령의 자유에 대한 발전 방어 공약을 이행 중에 있다. 이 국가국방전략은 현재 우리가 조우하고 있는 상황에 가장 잘 대응하는 것뿐만 아니라 장차 직면하게 될 도전에 대한 접근방법도 포함한다. 국가국방전략에서 우리는 전 세계에 유리한 안보환경을 조성하고, 안보에 관한 사고의 변혁을 계속하며, 전략적 목표를 설정하고, 성공을 위한 적응을 시도 할 것이다.

　이 전략에서는 각종 도전이 더 악화되거나 관리가 불가능해지기 전에 사태에 영향력을 행사하는 것을 중시한다. 이 전략은 우리의 정보의 제한성을 알게 하고, 기습을 예측하게 하며, 전략적 불확실성을 조정 할 수 있게 한 2001 QDR의 성과 위에 구축하였다.

　2001 QDR이 발표된 이후 발생된 많은 사태들은 동맹국과 우방국에 대한 신뢰, 잠재적인 적의 도발 포기, 침공과 강압의 억제, 적의 격퇴의 중요성을 확인시켜 주었다. 테러전쟁은 새로운 도전에 우리를 노출시켰을 뿐만 아니라 국내와 해외에서 동맹국 및 파트너와 국제적인 안보 질서에 유리한 여건 조성 과업이라는 예기치 못한 전략적

기회를 맞이하게 하였다.

　4년 전 부시 대통령이 집권하였을 때, 대통령은 우리에게 국방부가 21세기 도전에 대응 할 준비를 하라는 임무를 주었다. 이 전략은 그 임무를 수행하기 위한 것이다. 우리의 남녀 군인과 그들을 지원하는 민간인들의 헌신과 능력을 볼 때 나는 우리가 승리할 것을 확신한다.

국방부장관 도날드 럼스펠드

요 약

미국은 전시국가다. 우리는 다양한 종류의 안보도전에 직면해 있다. 그러나 아직까지 우리는 유리한 상황과 기회의 시대에 살고 있다.

국가국방전략은 국가와 그의 파트너 방어에 대한 적극적이며, 중층적인 접근을 개관한다. 그것은 국가주권을 존중하고, 자유, 민주 그리고 경제적 기회에 유리한 국제질서 보존을 유도하는 상황 조성을 추구한다. 이 전략은 이런 목표에 동참하는 세계의 여러 다른 국가들과 밀접한 협조를 강조한다.

1) 전략적 목표

직접공격으로부터 미국보호. 우리는 미국을 직접적으로 해치려는 자, 특히 대량살상무기를 가진 극단주의 적을 단념, 억제 그리고 격파하는 것에 최우선을 둘 것이다.

전략적 접근을 보장하고, 지구적 행동의 자유 유지. 우리는 핵심지역, 통상교통로 그리고 지구공역에 대한 접근 보장으로 안보, 재산 그리고 행동의 자유를 증진시킬 것이다.

동맹과 파트너십 강화. 우리는 우리와 원칙과 이익을 공유하는 국가 공동체를 확대할 것이다. 우리는 파트너가 그들 자신을 방어 할 능력과 우리의 공동이익에 집단적으로 대응 할 능력 증진을 도울 것이다.

안보에 유리한 조건 설정. 미국 정부가 타국과 동역 할 때, 우리의 국제안보 공약 준수와 공동 위협 평가로 타국과 공조, 이들 위협에 대한 방호에 필요한 단계 설정, 그리고 광범위하고, 안전하며, 지속적인 평화로 유리한 국제체제를 위한 조건을 창출한다.

2) 목표 달성 방법

동맹과 우방 확신. 우리는 동맹과 다른 방어공약 이행 그리고 공통이익 보호 결의 과시로 확신을 제공 할 것이다.

잠재적인 적 단념. 우리는 특별히 우리 자신의 핵심적인 군사적 유리점을 발전시켜, 잠재적인 적이 위협적인 능력, 방법 그리고 야망을 가지는 것을 단념시킬 것이다.

침략을 억제하고 강압에 대응. 우리는 능력 유지 그리고 신속한 군사력 전개 그리고 필요시는 유리한 방향으로 결정적인 분쟁 해결의지를 과시하여 억제 할 것이다.

적 격파. 대통령의 지시에 의하여, 우리는 우리가 선택한 시간, 장소 그리고 방법으로 적을 격파하여 미래안보를 위한 조건을 설정 할 것이다.

3) 수행 지침

우리의 전략기획과 의사결정의 지침은 4개로 구성된다.

적극적, 중층 방어. 우리는 우리의 군사기획, 대비태세, 작전 그리고 능력을 우리국가, 우리 이익 그리고 우리 파트너의 적극적, 전방추진, 중층 방어에 집중 할 것이다.

계속적인 변혁. 우리는 도전에 접근 및 대응하는 방법, 사업 진행, 다른 국가와 동역하는 방법을 계속적으로 적응시켜 나갈 것이다.

능력에 기반을 둔 접근. 우리는 이 전략을 서로 경쟁적 관계에 있는 능력들 사이에 우선 순위를 정하여 현재 및 장차의 도전에 대비함으로써 최적화할 것이다.

위험 관리. 우리는 자원과 작전과 관련된 모든 범주의 위험을 고려하고, 국방부 차원을 넘어서 명확하게 트레이드오프를 관리 할 것이다.

1. 미국의 세계적 역할

미국은 전쟁 중에 있는 국가다. 우리는 다양한 안보위협에 직면하고 있다.

우리는 여전히 도전과 기회의 시대에 살고 있다. 우리는 또한 유일하게 미래 도전에 대응하여 변혁을 추구하고 있는 효과적인 군사 능력을 보유하고 있다.

2002년 대통령이 그의 국가안보전략에서 지시한 바대로, 우리는 우리의 지위를 "인간의 자유, 민주주의 그리고 자유기업에 유리한 더 안전하고, 좋은 세상을 만드는 데" 이용 할 것이다. 우리와 우리의 국제파트너(동맹국과 우방) 안보는 평화, 자유 그리고 경제적 기회에 대한 공통적인 공약에 바탕을 둔다. 우리들의 국제파트너와 협조하여, 우리는 국가의 주권이 존경받는 더욱 평화롭고 안전한 국제 질서를 건설 할 수 있다.

미국과 그의 동맹국과 파트너는 국가 주권보호에 강력한 관심을 가지고 있다. 우리가 추구하는 국제안보질서 속에서, 국가들은 효과적으로 그들 자신들을 통치하고, 그들의 국민들에 맞게 국가를 경영 할 수 있을 것이다. 그러나 그들은 그들이 자의로 수용한 부가적인 의무는 물론이고, 관습적인 국제법 원칙에 맞추어, 책임감 있게 그들의 주권을 행사해야 한다.

그러한 국가의 주권 원칙을 그들의 국민, 이웃 또는 국제적인 공동체를 큰 위협에 처하게 하는 행위에 관여하는 것으로부터 회피 할 명분으로 사용하려는 체제는 수용

할 수 없다.

20세기 안보위협은 공격적인 진로를 도모하는 강력한 국가들로부터 발생하였지만, 21세기는 안보의 핵심적인 요소(대량살상무기의 세계화와 확산)로 인하여 대규모 위협이 상대적으로 약한 국가와 비통치 지역으로부터 발생된다. 미국, 그의 동맹국들 그리고 파트너들은 그들의 영토 내의 활동을 통제하기 어려운 국가들을 주목해야 한다. 주권국가들은 그들의 영토가 타국을 공격하기 위한 기지로 사용되지 못하도록 보장해야 한다.

우리의 전략적인 유리점에도 불구하고, 우리는 침략과 위험한 불안정으로부터 야기되는 간접적인 위협에 의한 외부공격으로부터 오는 도전에 취약하다. 어떤 적은 우리의 국민을 테러의 대상으로 삼고, 우리의 생활양식을 파괴하려 하고, 또 다른 적은 1) 우리의 전 세계적인 행동의 자유를 제한하고, 2) 핵심지역을 지배하며, 3) 다양한 미국의 국제적인 공약의 대가를 무산시키려 한다.

미국은 평화와 자유 그리고 전 세계적인 재산을 보존 및 확대하는 전략을 따른다. 9·11 공격은 우리들이 직면하게 될 위협을 더욱 분명하게 부각시켰다. 미국의 관리들과 국민들은 미래에는 대단한 결의가 없이도 매우 위험한 공격이 발생 할 수 있다는 것을 인지하였다. 사후 대응이나 수동적인 접근방식은 미국이 자신을 안보하고, 자유와 개방의 생활양식을 보존할 수 없게 한다. 따라서 미국은 국가와 국가이익의 능동적인 방위를 공약해야 한다. 이 새로운 접근방식은 테러와의 전쟁에서 분명하게 나타난다.

미국과 그의 파트너는 테러와의 전쟁에 예상 이상의 높은 수준으로 국제적인 협조의 진전을 이루고 있다. 170개 이상의 국가들이 테러리스트 자산 동결로부터 연합작전을 위한 정보공유와 전투력 제공에 동참하고 있다. 아프가니스탄에서는, 다국적 연합군이 테러리스트의 세계적인 성역 중 하나를 제공하는 체제를 격파하였다. 이라크에서는 미국 주도로 대량살상무기를 사용하였고, 테러를 지원하며, 그의 국민을 테러한 독재자 사담 후세인 체제를 전복시켰다.

테러전쟁에서의 경험으로 국방조직의 변화 필요성을 강력하게 인식하였다. 그것 중 하나는 분쟁의 범위가 확대된 것에 관한 것이고, 다른 하나는 계속적인 변혁의 필요성이었다. 이것은 이에 적합한 전략의 수정을 요구하고 있고, 기회 창출과 포착, 국가와 국가이익의 능동적이고, 중층적인 방어를 통한 도전에 대한 대응을 요구하였다.

2. 안보환경 변화

오늘날의 전략적 환경을 규정하는 것은 불확실성이다. 우리는 어떤 추세는 식별 할 수 있으나 세부적인 사태를 정밀하게 예측할 수는 없다. 우리는 기습을 회피하려고 노력하는 한편, 우리 자신이 예측 불가능한 문제를 취급할 수 있는 태세를 갖추게 해야 한다. 우리는 기습을 마음에 두고 계획해야 한다.

우리는 상황에 적응하고, 사태에 영향력을 발휘하여 불확실성에 대응한다. 변화에 대응하는 것만으로는 충분치 못하다. 이 전략은 한편으로는 적극적으로 새로운 도전을 예측 및 대응하면서, 미국의 자유와 이익을 보호하는 데 중점을 둔다.

1) 현재 및 미래의 도전

"미국은 이제 정복을 추구하는 국가보다는 실패한 국가로부터 위협을 받는다. 우리는 함대나 육군으로부터보다는 극열한 소수의 손에 있는 재앙적인 기술로부터 협박당한다."*(NSS2002)*

미군은 전통적인 형태의 전쟁에서는 압도적이다. 이에 따라 적은 미국에 대하여 전통적인 군사적 방안으로의 도전에서 전환하여 비대칭적인 능력과 방법을 택하였다. 적은 전통적, 비정규적, 재앙적 및 파괴적인 방법을 혼합하여 미국의 이익을 위협한다.

- 전통적인 도전은 잘 알려진 형식의 인식된 군사적인 능력과 부대를 운용하는 국가에 의하여 제기되는 것이다.
- 비정규적인 도전은 강력한 상대의 전통적인 강점에 대응하기 위해 "비전통적"인 방법을 운용하는 데서 나온다.
- 재앙적인 도전은 대량살상무기의 획득, 보유, 사용 또는 대량살상무기 유사효과를 발생하는 방법을 포함한다.
- 파괴적인 도전은 핵심 작전영역에서 현재의 미국의 우위를 거부할 수 있는 기술을 개발하고, 돌파를 시도하는 적으로부터 오게 될 것이다.

이들 도전의 종류들은 상호 중첩된다. 한 분야에 우세한 도전자는 타 분야의 방법과 능력으로 그 입지를 강화시킬 수 있다.

실제로, 최근의 경험을 통해 볼 때 가장 위험한 상황은 복합적인 도전에 직면 할 때 나타난다. 예를 들면, 이라크와 아프가니스탄에서 우리의 적들은 전통 및 비전통적인 도전 양쪽 측면을 다 제공하였다. 알 카에다와 같은 테러리스트는 재앙적인 능력을 적극적으로 추구하는 비정규적 위협이다. 한편 북한의 위협은 전통적, 비정규, 재앙적 도전 성격을 가진다. 마지막으로, 장래에 가장 위험한 적은 진정한 파괴적인 능력과 전통, 비정규, 재앙적인 도전능력을 통합한 능력을 가진 적이 될 것이다.

전통적인 도전. 이 도전은 대부분 장기간의 군사적인 경쟁을 통하여 형성된 육·해·공군력을 운용하는 국가와 관련된다. 전통적인 군사도전은 많은 국가가 그들 지역의 안보 상황에 영향을 미치는 능력을 유지하는 중요 요인이다. 그러나 전통적인 영역에서 연합적 우세는 전통적인 군사력 경쟁의 비용 부담과 연계되어, 이 분야에서 미국과 경쟁하려는 적의 시도를 극적으로 감소시켰다.

미국의 능력이 전통적인 상대에게는 압도적이기는 하나, 이런 적의 도전을 무시 할 수는 없다. 전통적인 도전은 우리에게 핵심 군사경쟁 분야에서 충분한 전투 능력을 유지 할 것을 요구한다.

비정규적 도전. 점증하는 정교한 비정규전 방법 ─ 예, 테러리즘과 내란 ─ 은 미국의 안보 이익에 도전한다. 비정규전 방식을 운용하는 적은 미국의 영향력, 인내, 정치적

의지의 잠식을 겨냥한다. 비정규 적은 통상 미국에게 핵심 지역 또는 어떤 방안으로부터 전략적 후퇴를 강요하기 위해 인도적, 물자, 재정 및 정치적 비용 투자를 못하도록 장기적인 접근을 한다.

비정규 도전을 격화시키는 요소는 두 가지이다. 그 하나는 극단적인 이데올로기 발생이고 다른 하나는 효과적인 통치의 결여이다.

정치, 종교 그리고 인종적 극단주의는 계속적으로 전 세계적인 갈등을 부추긴다.

세계의 많은 지역에서 볼 수 있는 효과적인 통치의 부재는 테러리스트, 범죄자, 내란분자들에게 성역을 제공한다. 많은 국가들이 그들의 전 영토 혹은 국경을 효과적으로 통제하지 못한다(어떤 경우에는 일부러 놔둔다). 이에 따라 이 지역이 적이 이용하도록 방치된다.

테러와의 전쟁 경험에서 우리는 이와 같은 비정규적 도전에 대응하기 위해서는 우리의 군사능력을 재조직해야 할 필요성이 있음을 지적받았다.

재앙적인 도전. 미국의 전통적인 형식의 전쟁에서 압도적인 우세에 직면하여, 어떤 적대 세력들은 재앙적인 능력, 즉 대량살상무기를 획득하려고 한다. 개방된 국제국경, 취약한 국제적인 통제 그리고 정보 관련 기술에 대한 접근의 용이성은 이들 노력을 수용한다. 특히 초국가적인 테러리스트, 확산 그리고 대량살상무기를 보유하거가 보유를 시도하는 문제국가 간의 연계가 문제이다. 이들은 미국에 대한 대량살상무기 공격 위험을 증대시킨다.

대량살상무기 기술과 전문가 확산은 재앙적인 도전과 싸우기 위한 최우선 과제다. 미국 또는 동맹국에 대한 단 한 번의 재앙적인 공격이라도 수용 할 수 없다. 우리는 재앙적인 능력을 획득하려는 세력들을 단념시키고, 사용을 억제하며, 필요시는 사전에 격파하는 능력을 더 중시할 것이다.

파괴적 도전. 드문 경우이지만, 혁명적인 기술과 연합된 군사혁신이 기존의 전쟁 개념을 근본적으로 바꾸어 놓을 수도 있다. 어떤 적은 미국의 취약점을 이용 할 파괴적인 능력을 추구하여, 현재의 미국과 동맹국의 이점을 전복시키려 한다.

생물학, 사이버 작전, 우주 또는 지향성 에너지 무기를 포함한 어떤 분야에서의 파괴적인 기술 돌파는 우리의 안보를 심각하게 위협 할 수 있을 것이다.

이런 기술적 돌파는 예측이 불가능하기 때문에, 우리는 그들의 잠재력을 중시하고 그에 대응해야 한다.

2) 관계 변화

위의 4개 안보 도전은 국제체제에 장기적인 변화를 초래한다.

- 우리는 계속적으로 우리의 방위 파트너십을 조정해야 한다.
- 핵심국가는 그들의 전략적 위상에 영향을 줄 중요한 결정에 직면한다.
- 어떤 문제 국가는 계속적으로 도전 할 것이며, 다른 국가는 그들의 현 정책이 그들 자신의 안보를 저해한다는 것을 알게 될 것이다.
- 적대, 비국가 행위자들은 실제적 세력, 능력 그리고 영향력을 가진다.

국제 파트너십. 국제 파트너십은 계속적으로 우리 주요 힘의 근원이 된다. 원칙의 공유, 위협에 대한 공통 인식, 협조 공약은 우리 스스로가 달성한 것보다 더 큰 안보를 제공한다. 테러와의 전쟁에서 예상치 못한 국제적인 협조가 바로 강한 국제 파트너십이 주는 유익의 한 사례다.

오늘날, 미국과 그의 파트너는 전통적인 방식으로 도전하는 적뿐만 아니라 적극적인 비전통적 도전에 의해 위협을 받는다. 전 지구에 걸치는 핵심적인 미국의 관계는 이들 도전에 대한 대응을 조정하고, 확대하는 것이다. 또한, 우리는 전 세계적으로 안보 파트너 서클을 상당한 정도로 확대해 왔다.

핵심 국가들. 몇몇 핵심 국가는 그들의 세계적 및 지역적 정치, 경제 그리고 안보상 역할과 그들 자신의 페이스와 방향에 관한 기본적인 결정에 직면한다. 이 결정은 세계에서 그들의 전략적 위상과 미국과의 관계를 변화시킬 것이다. 이들의 불확실성은 미국에게 기회와 잠재적인 도전 양편 모두를 부여한다. 어떤 국가는 미국과 협조를 더욱 증대시키는 방향으로 나아갈 것이나 다른 국가는 지역적 라이벌 또는 적으로 발전될 것이다.

시간이 지남에 따라, 어떤 신흥 세력은 미국과 우리의 파트너를 위협 할 수 있게 되며, 핵심 군사 및 기술 분야 경쟁에서 우리와 라이벌이 되거나 또는 핵심 지역에서 패권을 추구하여 미국의 이익을 위협하게 될 것이다. 다른 경우, 경제, 정치 그리고 인구 통계 침체가 계속된다면, 강대국이 매우 불안정화되고 통제가 불가능하게 되어 미래에 심각한 도전이 될 수 있다.

강대국 간의 패권 경쟁의 부활 우려는 여전하지만, 러시아와 중국과 같은 국가와 이룬 최근의 관계 개선은 희망을 가지게 한다. 대통령의 국가안보전략에서는 "오늘날 국제공동체는 17세기 민족국가 형성 이래 강대국이 계속적인 전쟁준비 대신 평화를 위해 투쟁하는 세계를 만드는 절호의 기회를 맞이하였다."라고 언급하고 있다.

문제 국가들. 문제 국가들은 지역적 안정을 해치고, 미국의 국익을 위협 할 것이다. 이들 국가들은 미국의 원칙에 적대적이다. 그들은 공통적으로 자원을 엘리트, 군대 또는 극단주의 추종자 통제에 유리하게 낭비한다. 그들은 종종 국제법을 무시하고, 국제적인 약속을 위반한다. 문제 국가들은 대량살상무기를 획득하려 하거나, 군사능력 불안정화를 추구한다. 어떤 국가는 테러리스트에게 은신처를 제공하는 등 테러 활동을 지원한다.

최근 리비아가 보여준 것과 같이, 그러나 어떤 문제국가는 대량살상무기 추구가 그들을 더 불안하게 한다는 것을 인식하게 될 것이다.

중요한 비국가 행위자. 국가 경쟁자들 간의 군사적 능력에 대응하는 것만으로는 미국의 안보를 보장 할 수 없다. 오늘날 도전은 국가 및 비국가 행위자로부터 다양한 형태로 온다. 비국가 행위자는 어떤 국가의 합법적 통치를 무력화하고, 미국과 그의 이익에 도전하는 테러리스트, 반란자, 유사 군사단체, 범죄 집단 등의 다양한 집합체다.

3) 전략구상을 위한 가정

이 전략은 세계, 미국의 강점과 약점의 본질 그리고 다가올 10년 동안 발생될 도전에 대한 핵심적인 가정 위에 수립되었다.

미국은 많은 이점을 계속 유지 할 것이다.

- 우리는 동맹과 파트너십 네트워크를 계속 유지 할 것이다.
- 우리에게 아직 전 지구적인 경쟁자가 없을 것이며, 전통적인 군사능력은 압도적일 것이다.
- 우리는 기타 국력분야에서 중요한 이점을 유지할 것이다. 예를 들면 정치, 경제, 기술, 문화 분야.
- 우리는 공통적인 국제 관심사에 지도적인 역할을 계속하고, 전 세계적인 영향을 유지 할 것이다.

그럼에도 불구하고 우리는 취약점을 가진다.

- 우리의 능력이 전 지구적인 안보 도전에 단독으로 대응하기에는 부족하다.
- 어떤 동맹국과 파트너는 우리와 같이 행동하지 않거나, 우리와 같이 행동할 능력이 부족할 것이다.
- 세계 문제에서 우리의 지도적인 위치는 계속적으로 불안해질 것이다.
- 국민국가로써 우리의 힘은 국제적인 폭력, 사법적 절차 그리고 테러를 사용하는 약자의 전략을 운용하는 자들에 의해 도전을 받을 것이다.
- 우리와 동맹국들은 극단주의와 테러리즘의 주 표적이 될 것이다.
- 도전에 대한 관성과 저항의 자연적인 힘은 군사변혁을 제한 할 것이다.

미래는 또한 기회를 제공한다.

- 냉전종식과 전 지구적 사건에 영향을 미치는 우리의 힘은 전 세계에 새롭고 평화스러운 국가체제에 대한 전망을 열게 하였다.

- 이라크와 아프가니스탄에서 긍정적인 사태 발전은 미국의 영향력과 신뢰성을 강화시킨다.
- 문제 국가 그들 자신은 점점 긍정적인 정치 및 경제 변화에 취약해질 것이다.
- 우리의 핵심적 국가의 대부분은 그들과 우리의 안보 관계를 심화시키기를 원한다.
- 새로운 국제 파트너들은 우리의 동맹 및 파트너 체제에 통합을 추구한다.

앞에서 개관한 4개의 현재 및 장차 도전 구조 안에서, 우리는 아래의 특수한 도전에 대응하게 될 것이다.

- 우리는 전 지구적인 경쟁자(peer)는 가지지 못하였지만, 국가 및 비국가의 경쟁자 및 적을 가지게 될 것이다.
- 핵심적인 국제 행위자들이 미국의 이익에 반하는 전략적 경로를 선택 할 수도 있다.
- 정치적 안정과 통치에 관련된 위기는 중요한 안보 위협이 될 것이다. 이들 중 어떤 것은 군사적 대응을 필요로 하는 것으로, 미국의 근본적인 이익을 위협한다.
- 국제적인 위협은 비록 가장 가까운 파트너일지라도 다르게 인식될 것이며, 공감대 달성은 어려울 것이다.

이 모든 것들은 이래와 국가 군사전략에서 설명한 적극적인 방어를 필요로 한다.

II. 21세기 국방전략

이 국가국방전략에서는 국방부가 대통령의 국가안보전략에서 언급한 자유에 유리한 세력균형인 국제안보체제를 유도하는 조건을 만들기 위한 광범위한 미국의 노력을 지원하는 방법을 개관한다. 이런 조건에는 효과적이고 책임 있는 주권 행사, 지역적 분쟁의 평화적인 해결, 개방되고 경쟁적인 시장을 포함한다.

오늘날 우리의 전략적 상황은 냉전시대의 것과는 판이하다.

오늘날, 우리는 예측할 수 없었던 정도의 능력의 국제적 리더십을 포함하여, 경쟁 대상자들과는 큰 격차를 가지는 이점을 가지고 있다.

그러나 1장에서 설명한 것과 같이, 우리는 여전히 안보 도전에 취약하다. 우리는 전통적인 도전에 대한 무적(無敵)의 압도적인 능력만으로는 충분치 않다는 것을 알았다. 예를 들면, 재앙적인 공격은 단 한 번의 공격조차도 생각 할 수 없는 것이다. 그러므로 우리는 그런 공격 기도가 완성되기 이전에 더 빨리, 종합적으로 대응해야 한다.

우리는 다양한 수단으로, 엄청난 위험의 출현을 사전에 제거해야 한다. 국방부의 능력은 종합적인 국가 및 국제적 능력의 한 구성 부분이다. 예를 들면, 테러리즘에 대한 정기적이고, 다면적인 전장에서의 성공은 한 부분에 지나지 않는다. 우리의 활동 범주는 훈련과 인도적 노력으로부터 주 전투작전까지를 포괄한다. 이들 전역의 비군사적 구성요소에는 외교, 전략적 교통, 준법 작전 그리고 경제적 봉쇄가 포함된다.

1. 전략적 목표

1) 미국에 대한 직접적 공격으로부터 안보(secure)

9·11 공격은 미국이 전쟁 중에 있었다는 것을 인식하게 하였다. 우리의 적은 이념적으로 치우친 극단주의자들의 복합적 네트워크다. 그들은 우리의 국민을 테러하고, 우리의 파트너를 해치며, 우리의 지구적인 리더십의 영향을 침식하기 위하여 다양한 수단(이들 중 일부 국가는 재앙적인 능력을 개발 중이다).을 사용한다. 재앙적인 폭력의 위험은 새로운 전략적 준칙을 만들어 냈다: 우리는 우리에게 직접적으로 위협을 가하는 자들에게는 우리의 모든 국력을 운용하여 적극적으로 대응할 것이다.

우리는 미국에 대하여 직접적으로 해를 가하려는 자들, 특히 대량살상무기를 가진 극단적인 적을 단념시키고, 억제하며, 격퇴하는 데 최우선 순위를 부여 할 것이다.

---

2) 전략적 접근로를 확보하고, 전 지구적인 행동의 자유 유지

미국은 도달 할 수 없는 곳에는 영향력을 미칠 수 없다. 핵심지역, 통상 교통로 그리고 지구적인 공통 요소에 전략적 접근을 보장해야 한다. 지구적인 공통 요소는

- 미국의 안보와 재산 증진
- 행동의 자유 보장
- 우리의 파트너 안보 지원 그리고
- 국제 경제체제의 통합성 보호 지원

우리는 핵심지역, 통상 교통로 그리고 지구적인 공통 요소 안보를 통하여 미국과 그의 파트너의 안보, 재산, 행동의 자유를 증진한다.

---

3) 동맹과 파트너십 강화

국제체제 보장을 위해서는 집단적 방안이 필요하다. 미국은 같은 생각을 가진 국가들과 광범위한 기반과 능력을 가진 파트너십 형성에 관심을 가지고 있다. 그러므로 우리는 전통적인 동맹국과 우방과 안보관계를 강화하고 있고, 새로운 국제 파트너십을 개발 중이며, 공통적인 도전에 대응하기 위해 우리의 파트너의 능력을 증대시키고 있다.

우리는 우리와 원칙과 이익을 공유하는 국가 공동체를 확대 할 것이며, 파트너가 그들 자신을 방어하고, 우리의 공통적인 이익에 집단적으로 대응하기 위해 그들의 능력을 증가시키는 것을 도울 것이다.

---

4) 유리한 안보상황 설정

미국은 우리의 파트너와 이익을 목표로 하는 침략과 강압에 대응 할 것이다. 더 나아가, 위험한 정치적 불안, 침략, 극단주의가 근본적인 안보이익을 위협하면, 미국은 평화를 강화하기 위해 타국과 같이 행동 할 것이다.

우리는 우리의 안보 공약 준수를 통해 그리고 위협에 대한 공통적인 평가 즉 위협에 대한 방호에 요구되는 단계 그리고 광범위하고 안전하며 지속적인 평화 향상에 대한 타국과 동참을 통해 유리한 국제체제를 유도하는 상황을 창출 할 것이다.

---

2. 목표 달성 방법

1) 동맹국과 우방 신뢰 보장

냉전시, 해외 군사력 배치와 활동은 우리의 국제 파트너를 보호하였다. 우리는 그들의 물리적 방위에 기여함으로써 위험을 분담하였다. 이제, 새로운 도전을 맞이하여, 우리는 증가하고 있는 더 다양한 파트너 공동체에 그것과 같은 공약을 보장해야 한다.

우리는 우리의 동맹과 기타 방위 공약 이행에 대한 결의를 보임으로써 보증 할 것이고 공동 이익 보호를 지원 할 것이다.

---

2) 잠재적인 적 단념

장차 적은 우리의 이점을 상쇄하려 할 것이다. 이에 대응하여, 우리는 그들의 전략적 방안을 제한하고, 그들이 위협이 되는 능력, 방법 그리고 야심을 단념토록 한다.

우리는 특별히 우리 자신의 핵심 군사적 이점을 유지 및 발전시켜 잠재적인 적이 위협이 되는 능력, 방법 그리고 야심을 가지는 것을 단념시킬 것이다.

---

3) 침략을 억제하고 강압에 대응

우리는 침략과 강압에 적극적인 억제를 해야 한다. 억제는 적의 공격을 격파 할 수 있는 우리의 안정된 능력과 의지, 그들의 목표 거부, 확산에 대한 어느 정도의 통제로부터 나온다. 그리고 우리의 주 도전자들의 성격과 구성이 변함에 따라, 우리의 억제에 대한 접근방법도 변해야 한다.

냉전 기간 동안 우리의 억제는 공격으로 피해를 입은 후 대규모의 대응 위협에 바탕을 두었다. 현시대에는 사전 공격의 엄청난 결과를 수용 할 수 없다는 가설이 지배적이다. 그래서 새로운 시대의 우리의 억제정책은 적 목표 거부를 다음과 같이 하는 데 중점을 둔다.

- 예방 공격(예, 테러리스트 네트워크 파괴)
- 공격으로부터 방호(예, 미사일 방어 배치)

어떤 비국가 행위자, 즉 극단적인 이념으로 무장된 테러리스트와 반란자들 같은 행위자들은 억제하기가 더 어렵기는 하나, 그렇더라도 이들 행위자들이 그들의 자원을 실패 가능성이 매우 큰 방안에 투입하기를 주저 할 것이다. 우리의 억제는 이들 행위자들이 비용대 효과 산정에 영향을 주도록 하여야 한다. 그러면서 한편으로는 그들에 대한 고사작전을 계속한다.

우리는 능력 있고 신속한 전개가 가능한 군사력을 통하여 억제를 달성하며, 필요시에는, 결정적으로 유리한 방향으로 분쟁을 해결 할 의지를 보여 억제를 달성한다.

---

4) 적 격파

억제에 실패하거나, 군사 이외의 방안이 위협을 막지 못하면, 미국은 필요시 다른 국력수단을 함께 운용하여 적을 격파한다. 그러는 가운데 우리는 할 수 있는 한 다른 나라들과 같이 작전 할 것이다.

모든 경우에, 우리는 주도권 확보를 추구하고, 템포, 타이밍 그리고 군사작전의 방향을 주도한다. 유리한 군사작전 결과 도출을 위해서는 군사 및 비군사적 방안의 통합이 요구된다. 이들 방안이 통합될 때, 적의 대안을 제한 할 수 있고, 그들을 그들의 지원수단으로부터 거부 할 수 있으며, 조직적인 저항을 격퇴하고, 평화를 안보 할 수 있는 안보조건을 형성 할 수 있다.

이 전략은 대통령에게 광범위한 대안을 제공하려는 의도를 가지고 있다. 이것들은 상대의 전략적인 주도권을 예방하는 방안 또는 극심한 피해를 줄 공격에 대한 선제공격을 포함한다. 또한 능력 있고 조직된 군사, 유사 군대 또는 내란 군에 대한 전투작전, 평화유지에서 실제 전투행동에 이르는 안정작전이 포함된다.

오늘날의 전쟁은 테러리스트 극단주의자 네트워크와 그의 국가 및 비국가 지원자에 대한 전쟁이다. 이들은 자유, 민주주의 그리고 기타 미국의 이익에 적대적이다. 그리고 이들은 그들의 정치적 목적 달성을 위해 다른 수단과 함께 테러리즘을 사용한다.

전장에서의 승리 하나만으로는 충분하지 못하다. 전지구적인테러와의전쟁(GWOT)에서 승리하기 위해서, 미국은 테러리스트들의 작전 및 생존에 필요한 테러리스트 극단주의자 네트워크를 거부하려는 국제적인 노력을 창출하고, 지원 할 것이다. 적을 격파하기 위해서, 우리는 그들의 생존에 필요한 것을 거부해야 한다. 한편 우리는 그들의 작전에 필요한 것을 거부하고 있는 중이다.

미국은 테러리스트의 여덟 가지 약점을 표적으로 삼을 것이다.

- 이념적 지원－병력 충원과 테러리스트화 훈련의 핵심,
- 리더십
- 지원병력－충원의 정규적 유통 유지
- 은거지－방해 없이 훈련, 계획, 작전할 수 있는 능력
- 무기－대량살상무기 포함,
- 예방 공격(예, 테러리스트 네트워크 파괴)
- 자금
- 통신과 이동, 정보 및 첩보에 접근성, 여행 및 회의 참가능력 그리고 지휘 및 통제 그리고
- 표적 접근－미국과 해외에서 표적을 계획하고 이에 도달하는 능력

우리의 전략은 세가지 요소로 구성된다.

본토방호. 극단주의 테러리스트에 대항하여 각 파트너 국가는 그들의 본토 방호에 특별한 관심을 가진다. 국방부는 본토 방호를 위해 테러리스트 조직에 대하여 아래 방법으로 대응한다.

- 해외 군사작전 수행
- 정보공유,
- 공중 및 해상방위 작전 수행,
- 지시에 의거 민간 당국자에게 방위 지원 그리고
- 표적접근－미국과 해외에서 표적을 계획하고 이에 도달하는 능력
- 통치의 계속성 보장

테러리즘에 대한 이념적 지원에 대응. 테러리즘에 대한 이념적 지원대응 전역은 모

든 국력요소를 동원하는 수십 년간의 장기전이 될 것이다.

- 극단주의에 대한 개인적 및 국가적 지원을 제거하여 테러리즘과 극단주의 감소
- 테러리즘을 지원하거나 동조하는 국가는 어떤 국가도 정치적으로 유지할 수 없도록 함
- 무슬림 세계의 온건화 방안 지원
    - 무슬림 국가와 더 강한 안보 유대 건설
    - 무슬림의 미국과 서방에 대한 잘못된 인식 변화 지원
    - 전 지구적인 테러와의 전쟁이 무슬림에 대한 것이 아니라 극단주의자와 그것을 반대하는 자들 간의 시민전쟁이라는 메시지를 강화

이슬람 세계에서 극단주의자들과 그것에 대하여 반대하는 자들 간의 논쟁은 비무슬림의 목소리를 무슬림에게 전하는 것보다 엄청 더 중요하다.

테러리스트의 네트워크의 이념적 호소에 대한 대응은 테러 조직으로 지원자들이 유입되는 것을 차단하는 중요한 수단이다. 냉전 시대와 같이, 테러리스트 활동에 대한 이념적 동기가 신뢰를 상실하고, 더 이상 개인들이 위험을 감수하고. 생명을 희생하면서 테러리스트가 되겠다는 동기를 갖게 하는 힘을 가지지 못할 때 승리하게 될 것이다.

테러리스트 네트워크 파괴 및 공격. 국방부는 테러리스트 네트워크를 다음 방법으로 파괴 및 공격한다.

- 특별히 알 카에다와 같은 네트워크를 식별, 목표화, 교전,
- 대규모, 비통치 공간과 국경 지역에 대한 테러 조직을 이용 예방
- 동맹국과 파트너의 군사적인 대테러 능력 개선

대통령의 지시에 의거하여, 우리는 우리가 선택한 시간, 장소, 방법으로 적을 격파하여 미래 안보조건 수립.

3. 수행지침

다음은 국방부의 전략 기획 및 의사결정 지침이다.

1) 능동적, 중층의 방어

미국은 확신, 단념, 억제, 격퇴 등 모든 분야의 국방 활동에서 전략적 주도권을 확보 할 것이다. 우리의 최우선 활동은 미국에 대한 직접적인 위협을 격퇴하는 것이다. 테러리스트들은 비극적인 피해를 주는 기습 공격을 가할 수 있다는 것을 과시해 오고 있다. 상대의 선제공격－특히(대량살상무기) 확산 시대에－은 수용 할 수 없다. 그러므로 미국은 그들의 공격기도가 성숙되기 전에 조기에, 안전한 거리에서 가장 위험한 도전을 격파해야 한다.

그러므로 예방은 적극적인, 중층의 방위에 핵심적인 부분이다. 분쟁이 불가피하다면, 우리는 미래에 유사한 도전의 출현을 막기 위해 지속적인 변화를 추구 할 것이다. 예방 행동에는 안보협력, 전진억제, 인도적인 지원, 평화유지 작전 그리고 비확산 계획을 포함하고, 불법적인 대량살상무기의 공공영역으로의 확산을 차단하기 위한 국제적인 협조도 포함된다. 예방행동에는 또한 기타 군사작전이 필요하다. 예를 들면 적대행위의 폭발 예방, 우방정부의 방위나 회복지원이 필요하다. 가장 위험하고, 급박한 상황하에서, 예방에는 테러리스트, 기타 어떤 세력의 대량살상무기 보유를 불가능하게 하거나 파괴하기 위해 또는 미국, 미국 우방, 기타 이익을 직접적으로 위협하는 표적(예를 들면 테러리스트)을 타격하기 위해 군사력의 사용이 요구될 수 있다.

미국은 그의 방위를 단독으로 달성 할 수 없다. 우리의 적극적, 중층의 방위 개념은 국제 파트너를 포함한다. 그러므로 국가안보전략의 핵심 목표로 지역적인 위기와 분쟁 해결에 다른 국가들과 협조가 있다. 어떤 경우에, 미군은 우리의 특별한 능력이 필요시 타국을 원조하는 지원 역할을 할 것이다. 또 다른 경우에, 미군은 국제 파트너로 지원을 받을 것이다.

능동적, 중층의 접근방법에 또 하나의 다른 층은 미국의 즉각적인 물리적 방위이다. 대통령의 지시로 국방부는 외부로부터 미국, 그의 주민 그리고 그의 핵심 기반시설에 대한 직접적인 공격을 방위하는 군사적 임무를 가질 것이다. 우리의 미사일 방어 계획은 미국, 미국군대, 미국이익 또는 그의 파트너를 위협하기 위해 미사일을 운용하려는 자들에게 작전 및 경제적인 비용을 강요하여 단념시키는 것을 목표로 한다.

유사시, 우리는 다른 국가기관의 민간인 당국자들의 대응 능력을 초과하는 사안에 대하여 대통령과 장관의 지시에 의거, 연방 정부기관에 군의 특별한 능력을 즉각적으로 지원 할 것이다. 어떤 상황하에서는 국방부가 제한된 범위와 기간 동안 외부기관의 특별한 사태에 지원을 제공 할 것이다.

우리는 우리의 군사기획, 배치, 운용 그리고 능력을 우리 국가, 우리 국가이익 그리고 파트너에 대한 적극적이며, 전진 및 중층적 방위에 집중 할 것이다.

---

2) 계속적인 변혁

계속적인 국방변혁은 미국의 국가안보 기구를 21세기 도전과 기회에 맞게 변혁하려는 광범위한 정부차원의 노력의 한 부분이다. 우리들에 대한 도전이 계속적으로 변함에 따라, 또한 우리의 군사능력도 변해야 한다.

변혁의 목적은 핵심적인 유리점은 확대하고, 약점은 감소시키는 것이다. 우리는 지금 지속적이며, 적응력이 강한 적과 장기적인 투쟁을 하고 있다. 따라서 이들을 압도하기 위해 변혁해야 한다.

변혁은 기술에 관한 것만이 아니다. 그것은 또한:

● 도전과 기화에 대해 생각하는 방법을 바꾸고,

- 새로운 전망에 맞게 국방기구를 적응하며 그리고
- 이미 우리가 가장 잘 대비해 놓은 것뿐만 아니라, 미래의 도전에 대응하도록 능력을 재조정하는 것이다.

변혁은 계획과 편성에 대한 어려운 선택을 요구한다. 우리는 어떤 분야는 축소하고, 다른 분야는 투자를 할 것이다.

변혁에 의한 변화는 작전부대로 국한되지 않는다. 우리는 또한 정보기술의 이점을 얻기 위해 국방부 안에서 장기적인 사업관리 절차를 변화시키기를 원한다. 그리고 우리는 우리와 우리의 파트너가 공통적으로 사용 할 수 있는 능력을 포함하여, 우리의 국제 파트너십을 계속적으로 변혁 할 것이다.

우리는 혁신문화를 양성에 노력할 것이다. 테러와의 전쟁은 국방변혁을 시급하게 하였다. 우리는 그 전쟁에서 승리하기 위해 변혁해야 한다.

우리는 계속적으로 도전에 접근하고 대응하는 방법과 사업을 수행하는 방법 그리고 다른 국가들과 함께 일하는 방법에 적응 할 것이다.

---

3) 능력에 기초한 접근

능력에 기초한 기획은 적이 누가 될 것인지 또는 우리가 그들과 어디서 만날지 보다는 적이 어떻게 도전할지에 중점을 둔다. 그것은 우리가 불확실한 미래에서 싸우기 위해 보유해야 할 능력과 방법의 증대에 중점을 둔다. 그것은 정보의 제한과 복합적인 사태에 대한 정밀한 예측의 불가능성을 인정한다. 우리들의 기획은 광범위한 예상 시나리오를 포괄하는 합동 작전개념과 이를 수행하는 능력의 연결을 목표로 한다.

국방부는 우리의 전략 수행을 기획하는 새로운 접근 방법을 택하고 있다. 국방전략은 이 탑 다운, 경쟁적인 절차를 운용 할 것이다. 예산상의 제한 속에서, 우리의 새로운 접근 방식은 국방부와 합동군사령관들이 전통, 비정규, 파괴 그리고 재앙적 도전을 포괄하여 위험을 관리 할 수 있게 한다.

우리는 경쟁적인 능력 간의 우선순위를 정하여, 전략적 도전의 스펙트럼 대응하여 이 전략을 운용
할 것이다.

---

4) 위험관리

효과적인 국방위험관리는 국가국방전략 수행에 중심이다.

2001 QDR에 국방부의 위험평가 방법이 있다. 위험평가 방법은 핵심적 차원의 위
험을 식별하고 장관으로 하여금 국가국방전략의 목표와 연관하여 우리 군의 규모, 형
상, 태세, 공약, 관리를 평가 할 수 있게 한다. 위험평가 방법은 국방부 장관이 제한
된 자원과 목표 사이에 트레이드오프를 평가 할 수 있게 한다. 위험은 운용 위험, 미
래 도전 위험, 관리 위험, 제도 위험으로 구성된다.

- 운용위험은 수용 가능한 인적, 물적, 재정적, 전략적 비용 안에서 성공적으로 전략을 시
  행하는 현 전력과 관련된 것이다.
- 미래도전 위험은 전망되는 미래도전에 대응하여 미래임무를 성공적으로 수행하기 위한
  국방부의 능력과 관련된 것이다.
- 부대관리 위험은 이 국가국방전략에서 설명하고 있는 임무를 수행하는 군사력 관리에
  관련된 것이다. 주 관심사항은 모병, 유지, 훈련 그리고 동원부대 장비 그리고 그 부대
  준비상태를 유지하는 것이다.
- 제도적인 위험은 새로운 지휘, 관리, 사업경영 능력에 관련된 것이다.

우리는 다양한 문제의 가능성을 평가한다. 특히 전략, 작전, 관리 수행 과정에서 실
패 혹은 금지해야 할 비용을 평가한다. 이 접근방법은 어떤 목표는 요망되는 것이나,
달성 할 수 없고, 다른 어떤 것은 달성 할 수 있으나 비용을 투자 할 가치가 없음을
인식시킨다.

한 분야에서의 선택은 다른 분야에 영향을 미친다. 국방부는 각 범주 안과 너머에

서 신중한 선택을 할 것이며, 그들 간에 균형을 유지하여 이 국가국방전략을 유지 할 것이다.

우리는 국방부를 넘어서는 트레이드오프를 고려하지 않고 자원, 운용, 관리와 관련된 모든 위험을 고려 할 것이다.

Ⅲ. 요망되는 능력과 특성

우리의 전략은 고도의 능력을 가진, 합동 부대를 필요로 한다. 우리는 합동성과 능력의 수준을 증가시키는 데 진력한다.

우리의 목표는 모든 군사능력 분야에서 우위가 아니라, 전쟁에서 유리점을 공고히 하기 위해 취약점을 감소시키는 방법이다. 우리는:

- 핵심 작전능력을 개발 및 유지 할 것이다.
- 단 및 중기 수요에 맞추어 전력을 조성하고 규모를 갖출 것이다.
- 장기적으로는 투자를 조정할 것이다. 그리고
- 공통의 이익에 관한 관심사에 대하여 타 국가들과 함께 일하기 위한 우리의 능력을 증진시키기 위한 전 지구적 방위태세를 강화 할 것이다.

1. 핵심 작전 능력

아래의 8개의 작전능력은 국방 개혁의 중점이다.

1) 정보 강화

정보는 직접적으로 전략, 기획 그리고 의사결정을 지원한다. 그것은 작전능력을 향상시키고 그리고 계획수립과 위험관리에 첩보를 제공한다. 특별히 세가지 분야를 우선적으로 고려한다.

- 조기경보. 조기경보 능력을 개선하는 것이 최우선적인 과제이다. 의사결정을 위해서는 임박한 위기에 대한 조기 경보가 요구된다. – 예를 들면 불안정, 테러 위협 또는 미사일 공격 등이 그것이다.
- 정확한 정보 전파. 우리는 편성과 절차 양쪽 측면모두에서 변혁을 통하여 정보를 사용하는 자들에 대한 지원을 개선해야 한다. 구체적으로, 우리는 수집 능력을 증가시키고, 더욱더 소요자 중심의 접근방식으로 전환하며, 경쟁적인 분석을 통하여 적에 대한 예측을 더 잘해야 한다.
- 수평적 통합. 정보 공동체는 합동작전 개발에 중심이다. 가능한 한 확대를 하기 위해, 우리는 작전과 정보의 융합을 추구하고, 그들을 분리하는 제도적, 기술적, 문화적인 장벽을 깨려 한다. 이것은 우리에게 고급제대 의사결정자와 전투원 양 쪽 모두에게 결정적인 정보의 획득, 평가, 전파를 더 잘 할 수 있게 할 것이다.

추가적으로, 대정보는 또한 직접적으로 우리의 전략, 기획, 의사결정을 지원한다. 대정보는 여러 분야에서(예를 들면, 기술, 작전 등) 첩보의 이점을 방어하는 데 결정적이다.

우리는 우리의 정보능력을 강화하고, 의사결정과 자원 기획에 정보를 제공하기 위해 그들을 작전과 통합 할 것이다.

---

2) 핵심 작전기지 방호

우리의 주 작전기지는 미국 그 자체이다. 작전기지 안보는 우리의 정치 및 군사적인 행동의 자유를 가능하게 하고, 국가와 그의 파트너를 재보장하며, 전 세계에 걸쳐서 적시에 전력 생산과 전개를 가능하게 한다. 핵심기지 보호에는 실제적인 정보와 전략적 경보 그리고 가능하다면 위협이 가시화되기 이전에 그 위협을 격파 할 수 있는 능력이 필요하다.

모든 종류의 전략적 위협은 우리의 국내외 기지에 위험을 줄 수 있다. 우리는 어떤 것은(예를 들면 미사일과 대량살상무기) 식별 할 수 있으나, 9·11 이후 미국과 그의 파트너에 대항하여 운용하는 다른 것들은 식별하기가 더 어려울 수 있다. 우리는 이런 도전에 대항한 방어를 개선해야 하고, 멀리서 그들을 격파 할 능력을 증가시켜야 한다.

우리는 모든 도전에 대항하여 미 본토를 포함하여 핵심 작전기지를 방호 할 것이다.

3) 전 지구적인 공역을 통한 작전

우리의 지구공역(우주, 국제수역과 영공 그리고 사이버 공간)에서의 작전능력은 중요하다. 그것은 우리에게 안전한 작전기지에서 세계 어느 곳에든지 전력투사를 가능하게 한다. 전략적 공역에서 우리의 작전능력은 미국과 파트너에 대한 직접적인 방어와 핵심지역에 대한 영향력 유지가 핵심이다.

이러한 능력은 우리 부대에 작전적인 행동의 자유를 제공한다. 우리의 역사적인 해상 우세 이점의 포기는 우리의 지구적인 리치를 수용 할 수 없을 정도로 제한 할 것이다. 우리의 국제적 영공과 우주에서의 작전능력은 합동작전에 매우 중요 할 것이다. 특별히, 우주기반 시설이 계속적으로 성장함에 따라 우리는 새로운 취약점을 보호해야 할 것이다. 그러므로 핵심목표는 우주에 접근을 보장하고, 적이 우주공간을 적대적으로 사용하는 것을 거부하는 것이다.

사이버 공간은 새로운 작전 전구이다. 동시에, 정보 작전이 핵심 군사 능력이 되어가고 있다. 성공적인 군사작전은 정보 인프라와 자료를 보호하는 능력에 의존한다. 정보 네트워크에 대한 의존성 증가는 적이 이용 할 수 있는 새로운 취약점을 만들어 낸다. 동시에, 적의 정보 네트워크와 기술 사용은 또한 우리에게 차별화된 공격적인 정보작전을 할 수 있는 기회를 준다. 핵심 군사능력으로의 정보작전의 발전을 위해서는 절차, 정책 그리고 문화의 근본적인 전환을 필요로 한다.

우리는 우리의 지구적인 해상, 공중, 우주 그리고 사이버 공간에서의 도전을 극복하기위해 공역에서 작전 할 것이다.

4) 원거리 대접근 환경에서 전력투사 및 유지

세계에서 우리의 역할은 원거리에서 적이 우리의 접근을 거부하는 환경에서 우리의 전력을 투사하고 유지하는 것이다. 우리의 전력 투사능력은 국내외에서의 방위 태세와 전개의 융통성, 우리의 기지 경계 그리고 우리의 전략적 공역으로의 접근성에 의존한다.

적은 우리의 접근을 거부하기 위해 첨단의 재래식 군사능력과 방법을 운용 할 수 있을 것이다. 궁극적으로, 그들은 우리의 전력투사 능력을 위협하기 위해 미래기술을 그들의 최첨단 기술과 통합 할 것이다.

다른 적들은 정교하지는 않으나 우리의 접근을 거부하거나 다른 국가를 협박하기 위해 효과적인 수단을 운용 할 것이다. 그들이 가질 수 있는 대안은 혁신적인 전통적인 군사수단 운용, 우방정부에 수용 할 수 없는 비용 감수를 강요하는 직접적인 위협을 포함한 여러 가지이다.

우리는 원거리 대접근 환경에서도 우리의 부대를 투사하고 유지 할 것이다.

---

5) 적의 성역을 거부

미국과 그의 이익을 위협하는 적들은 안전한 기지가 필요하다. 그들은 멀리 이격하여 그들에게 유리한 통치가 미치지 못하는 지역을 만들어 성역으로 사용하려 할 것이다. 적의 핵심적인 기지가 작전적 위험에 빠질수록 우리는 그들의 전략적 대안을 제한 할 수 있게 된다.

핵심 목표는 전략적 거리로부터 적의 성역을 거부하기 위해 신속하게 군사력을 동원할 수 있는 능력을 개발하는 것이다. 어떤 경우는, 이 군사력에 적 영토 내 깊숙한 곳에 표적을 공격하기 위해 특수전부대나 표적에 정밀공격이 필요 할 수도 있다. 다른 경우에는 중요한 국가와 비국가 행위자를 적의 영토나 비통치 지역으로부터 총체적으로 격파하기 위해 요구되는 지속적인 합동 및 연합 작전이 요구될 것이다.

성역을 거부하기 위해서는 지속적인 정찰과 정밀타격, 전략적 거리로부터 작전적 기동, 익숙지 않은 곳에서 상당한 작전적 종심을 가지는 지속적인 합동작전 그리고 비통치 지역에 대한 효과적이고, 책임 있는 통제 확보를 위한 안정작전 지원이 필요하다.

우리는 익숙지 못한 위치와 다양한 작전적 종심에서 효과적인 군사활동과 작전수행으로 적의 성역을 거부 할 것이다.

---

6) 네트워크 중심전 수행

우리 작전의 기반은 단일 전제 사항으로부터 출발한다. 즉 통합되고 네트워크된 부대의 전체는 단순한 부분의 합보다 매우 큰 능력을 가진다는 것이다. 정보통신 기술의 계속적인 향상은 네트워크된 고도로 분산된 합동 및 연합부대를 기대 할 수 있게 하였다. 네트워크 중심 작전능력은 정보 체계와 가용자료의 결합으로 달성된다. 지금은 감지, 의사결정 그리고 실시 기능 — 과거에는 이들이 각각 단일 플랫폼으로 구성되었다 — 이 비록 전장공간에서 지형적으로 분산되어 있다 할지라도 밀접하게 활동 할 수 있다.

결정적인 능력의 발휘는 점차적으로 정보 영역의 이점을 묶어내고 보호하는 능력에 의존하게 될 것이다. 전력의 네트워크화는 그렇게 하는 데 기반을 제공한다. 테러와의 전쟁에서 제 작전은 적시적이고 정확한 정보의 이점을 보여주었고, 동시에 더 큰 합동, 상호운용 C4ISR 강화의 필요성을 보여주었다.

네트워크 중심 부대는 단순한 전장에 부대적용 차원을 넘어서 모든 사용자들에게 최신의, 관련성 높은, 최고로 정확한 첩보를 제공하여 방어 작전, 정보기능 그리고 사업관리에 효율성과 효과성을 증진시킬 수 있다. 그것은 또한 그들을 추진 전개하지 않고도, 인원과 능력을 더 효과적으로 운용하게 하여 "백 – 리치"(back – reach)를 가능하게 한다.

네트워크 중심 부대로의 변혁에는 절차, 정책 그리고 문화의 근본적인 변화가 요구된다. 이들 분야의 변화는 미래 전에서의 승리의 핵심인 의사 결정에 필수적인 속도, 정확성 그리고 질을 제공할 것이다.

우리는 첩보와 통신체계, 가용 데이터 그리고 융통성 있는 작전구조를 결합하여 네트워크 중심 작전을 수행할 것이다.

---

7) 비정규 도전 대항의 기술 향상

비정규 분쟁은 가시적인 미래에 핵심적인 도전이 될 것이다. 극단주의 테러리스트와 그의 국가 그리고 비국가 지원자들로부터의 도전은 우리 부대에 복합적인 안보 문제를 제기하고, 과거의 "일반목적부대"를 재규정하게 할 것이다.

극단주의 테러리스트와 기타 비정규 부대의 완전한 격퇴에는 장기간의 작전 그리고 우리의 부대 훈련, 장비 그리고 운용방법, 특히 테러리스트와 반군와의 전투 그리고 안정작전 수행을 위해 방법 변경을 필요로 하는 작전같이, 많은 국력 요소 사용을 필요로 하게 될 것이다.

미국 정부와, 동맹 그리고 파트너의 기타 국력 요소를 이용하기 위해서 우리는 개별적인 적과 네트워크를 식별, 탐색, 추적, 교전 할 능력이 필요하다. 그렇게 하기 위해서는 특별히 정보, 정찰 그리고 통신 분야에 분야를 뛰어넘는 더 큰 능력이 필요하다.

추가적으로, 우리에게는 지속적인 안정작전 부대 훈련이 요구될 것이다. 이것에는 세부적인 전개에 필요한 언어와 민군 업무능력을 강화시키기 위한 방법의 발전이 포함될 것이다.

우리는 부대 재편성과 조정을 통하여 비정규전 도전, 특별히 테러리즘을 격퇴하는 능력을 향상시킬 것이다.

---

8) 파트너 능력 증진 - 국제 및 국내

우리의 전략적 목표는 국내외의 능력 있는 파트너의 지원과 원조 없이는 달성 할 수 없다.

이를 위해, 미국은 그와의 안보관계를 변혁하고, 새로운 파트너를 개발하고 있다. 우리는 전 지구적인 평화 작전계획 같은 노력을 통하여, 관계 변화를 지원하는 우리 자신의 능력을 강화하고, 파트너와 관계 개선을 추구하고 있다. 우리는 우리의 파트너의 능력과 그들이 미군과 같이 작전하는 능력의 증진을 원한다.

동맹과 파트너십 강화를 위한 주요 도구의 하나는 우리의 안보협력 계획이다. 그것은 다음과 같다:

- 파트너들을 이끌어가는 역할을 하는 공통 이익 분야 식별,
- 우리 부대와 연합작전을 하기 위한 능력과 의지를 증진하려는 파트너 격려,
- 파트너의 군 및 국방부와 협조를 용이하게 하기 위한 권한 확보,
- 공통의 안보 평가 방안 개발, 합동, 통합 훈련 및 교육, 통합 개념 개발과 실험, 첩보 공유 그리고 통합 지휘 및 통제 개발을 통하여 핵심 동맹국들과 군사변혁 협조

안보협력은 공통적인 안보 도전에 대응하는 국제적인 능력 확대에 중요하다. 지구적 테러 전쟁 수행에서 우리의 가장 효과적인 수단 중의 하나는 원주민부대 훈련을 지원하는 것이다.

국내에서, 국방부는 본토 방위를 개선하기 위해 우리의 국내 파트너 - 지방, 국가 그리고 연방 - 능력을 증진하고 있다. 국방부는 본토가 심각한 공격을 당할 때, 경계 및 중요한 관리 책임을 지닌 국내 부서와 효과적인 파트너십을 추구한다. 그럴 때, 해외에서의 도전을 조기에 격퇴하기 위해 국방부의 유일한 능력에 집중하기 위해, 우리는 그들의 효과적인 대응능력 개선을 추구 할 것이다.

미국 정부는 국무성에 미국 민간기관의 능력의 향상과 해외에서의 복합적인 위기 해결을 위한 국제 파트너와의 협조개선을 위해 재건과 안정 조정실을 만들었다. 국무

부는 이 새 부서로 하여금 거의 무의식적으로 군사적인 책임이 되어버렸던 비군사적 안정과 재건 과업에 대한 유관부서와 국제 파트너의 능력 향상을 위해 협조를 하고 있다. 우리의 노력을 장기적인 안보 환경에 유리한 조건을 수립하는 데 직접적으로 관련된 과업에 집중하는 것이 우리의 의도이다.

　궁극적으로, 국무부는 유관기관과 국제 파트너가 군사에서 민간 주도 안정작전으로 전환하는 우리의 능력을 개선하는 데 동참하게 될 것이다. 우리는 동맹국과 파트너가 안정 및 재건 활동을 지원하여 안보 환경을 향상시키는 데 동참하여 우리의 안보협조 능력에 참여토록 할 것이다.

우리는 국제 및 국내 파트너가 복합적인 공통 관심 사안에 대처하는 능력의 향상을 도울 것이다.

---

2. 특　성

이 전략을 시행하기 위해서, 미군은 다음과 같은 특성이 필요하다.

1) 부대 편성 및 규모 결정

미군의 편성, 규모, 배치는 다음 사항에 따라 결정:

- 미 본토 방어,[44]
- 동맹국과 우방을 확신시키고, 경쟁자들을 단념시키며, 침략과 강압을 억제 및 반격하기 위해 4개 전진지역에서 작전,

---

[44) 본토방어 활동은 2장 결론에서 기술한 상황에 대처하기 위한 국내에서 - 다양한 차원에서 - 특별한 군사능력을 운용하는 대표적인 사례이다.

- 대통령에게 하나의 작전에서는 더 결정적이며 항구적인 결과를 보장하는 2개의 중복된 전역에서의 신속한 적 격퇴 그리고[45)]
- 제한된 숫자의 소규모 우발사태 대비[46)]

이 부대기획의 기준은 부대의 능력, 준비태세, 규모, 배치, 활동패턴 그리고 지구적인 타격능력의 전체적인 혼합을 적절하게 결정하게 한다. 이 틀과 기준은 2005 QDR에 제시될 것이다.

부대기획 틀은 세부적인 분쟁에 집중하지 않는다. 그것은 시나리오에 따라 요구되는 능력을 결정한다. 국방부는 가장 근접하게, 가장 위험하고 가장 필요한 상황에 요구되는 전력을 분석한다. 미국 능력 분석을 통하여, 이들 구조의 폭과 깊이를 평가하고, 한 분야에만 맞추지 않을 것이다. 그렇게 함으로써 의사 결정자들은 위험을 신중하게 수용해야 할 분야와, 위험을 감소시키거나, 완화시킬 분야를 식별 할 수 있게 한다. 특히 테러와의 전쟁과 관련된 작전은 이 구조 내에 있다.

본토 방어. 본토 안보에서의 가장 중요한 것은 미국과 그의 파트너로부터 기능한 한 멀리 떨어진 안전한 거리에서 조기에 위협을 식별, 파괴 그리고 격파하는 것이다. 해외에서 적이 타격하기 전에 위협을 식별, 격퇴하는 능력은 우리 영토와 주민의 직접적인 방어에 결정적으로 기여하는 국가 안보의 초석이다.

---

45) 적 노력의 "신속한 격파" 전역은 적의 행동이나 정책 변경을 겨냥하는 목표들의 달성, 적의 작전 및 전략적 목표 신속한 거부, 공격 또는 통제가 불가능한 분쟁의 확대 예방 그리고 / 또는 신속한 미국과 그의 파트너에 유리한 안보상황 재수립을 통하여 이루어진다. "적 노력의 신속한 격파"에는 규모와 기간이 다양한 안정작전으로부터 주 전투작전에 이르는 군사작전을 포함하게 된다. '신속한 격퇴' 전역의 전형적인 사례는 사막의 폭풍과 연합부대작전이다.
"결정적 승리" 전역은 분쟁지역에 근본적이고 , 유리한 변화나, 항구적인 결과를 가져오는 것이다. 그들은 주 전투작전과 안정작전 양쪽 모두에서 장기전을 피하고, 체제 변화, 방어, 회복을 요구하며, 상당한 국가의 자원과 시간의 투자가 요구된다. "결정적인 승리" 전역은 규모와 범위가 다양하나 대부분 단순한 시나리오이다. "결정적인 승리"의 예로는 저스트 코스 작전과 이라크 자유화 작전이 있다.
46) 소규모 우발작전은 특별한 위기상황을 회복하거나 완화하기 위해 실시되는 것으로 전형적으로, 위에서 설명한 작전보다는 기간과 범위가 제한된다. 이 작전에는 타격과 습격, 비전투원 철수작전, 평화작전 그리고 구호활동과 인도적 지원이 포함된다. 소규모 우발작전은 희망의 회복 또는 안전제공 작전 같아 상당한 규모를 가진 것으로부터 비상 상황에 대비하기 위한 미군부대의 일시적 파견까지 다양하다.

4개 전진 지역에서 작전. 우리의 해외 군사 주둔군은 유럽, 동북 아시아, 동아시아 연안, 중동 동-남서아시아에 이르는 4개 전진 지역에서 작전하는 할당 및 순환 부대를 포함 한다. 강력한 범지구 행동 능력으로 보강된, 우리의 해외 부대는 파트너를 확신시키고, 군사 경쟁자를 단념시키며, 침략과 강압 억제를 지원한다.

전진 억제 능력은 특별히, 우발적인 위기에 신속히 대응하고, 위기 확산을 우리의 의도대로 통제하기에 적합한 부대로부터 나온다. 이 부대들은 즉각적으로 운용 가능한 지구타격, 특수작전 그리고 공격 예방과 억제를 위해 추가적인 방안을 제공하는 정보 능력으로 보강된다.

4개 지역 군사주둔은 전 세계적인 군사임무 수행을 제한하지도 않고, 우리의 범지구적인 이익을 제한하지도 않는다. 예를 들면, 아메리카 안보에 대한 공약이 점증하고 있으나, 우리는 중앙 및 남아메리카에 매우 작은 전력이 요구될 뿐이다. 우리 부대가 비록 전 세계적인 군사작전을 위해 배치되어 있기는 하나, 현재 우리의 해외 군사력 배치에 있어서는 미국의 중요한 이익과 우리의 주 해외주둔이 4개 지역에 있다고 인식하고 있다.

신속한 적 격파 및 결정적이고 항구적인 결과 달성. 우리는 미래의 분쟁 발생에 대한 위치나 구체적인 차원을 확실하게 알 수 없다. 그러므로 우리는 전 세계를 대상으로 신속한 전개 및 운용에 균형이 맞게 배치된 종합적인 전력을 유지한다. 그것은 2개의 독립된 전구에서 중복되는 시간에 적을 "신속히 격파"하는 전력을 투입 할 능력을 가진다.

더 나아가 최근의 경험은 "신속한 격파" 전역 중 하나를, 대통령이 원한다면, 좀 더 확실한 목표를 추구하는 것으로 전환 할 필요성을 부각시켜 주고 있다. 이들 목표 달성을 위해서는 신속하게 적의 방안에 사전 대처하고, 주 전투에서 결정적인 성과를 달성하며, 항구적인 분쟁 해결 조건을 조성하는 민첩한 합동부대가 필요하다. 항구적인 분쟁 해결 조건 조성을 위해서는 실제적인 전투를 포함, 국력의 요소를 포괄하는 국가 및 국제 능력의 신속하고 지속적인 적용이 필요한 확장된 안정작전을 계획해야 한다.

소규모 우발작전. 우리의 지구적 이익을 위해서는 때로는 그 기간이 연장되는 제한된 숫자의 소규모 우발작전을 필요로 한다. 소규모 우발작전에는 습격과 타격, 평화작전, 인도적인 임무 그리고 비전투원 철수 같은 소규모 전투가 포함된다. 이들 우발작전은 더 많은 전력이 소요되는 정규 군사전역에 부담을 주므로, 국방부는 부대관리와 작전위험 간의 적절한 균형 유지를 위해 소규모 우발사태에 개입의 정도와 성격을 밀접하게 감시해야 한다.

2) 지구적인 방어 태세

새로운 전략적 환경에 더 잘 대응하기 위해, 우리는 동맹과 파트너 네트워크, 군사 능력 그리고 지구적인 방어태세를 변혁하고 있다. 우리의 안보는 우리의 파트너의 안보와 불가결하게 얽혀 있다. 미군의 전진배치 태세와 위기 시에 전력을 가져 올수 있는 능력의 과시는 우리의 국제 파트너에 대한 안보 공약에 가장 가시적인 신호 중의 하나다.

1990년대까지 미군은 주로 유럽과 동북아시아에 중점을 둔 냉전 위치에 집중되어 있었다. 냉전 시대에는 우리의 전력을 그들이 배치된 곳에서 싸울 수 있도록 배치하였다. 오늘날은 더 이상 우리의 부대가 고정 배치되어 싸울 필요가 없게 되었다. 1990년대의 경험 결과 오히려 우리는 위기에 대응하여 전 지구적인 태세로 부대를 집중 할 수 있게 되었다. 이러한 인식은 급속한 기술 발전, 새로운 작전개념 그리고 작전 경험과 통합되어, 미군의 지구 방위 태세에 대한 종합적인 재배치를 이끌어 간다.

대통령은 "완전히 변혁되고 강화된 해외 주둔군 배치 태세는 자유와 평화라는 공동의 이유를 위한 효과적인 집단 행동에 대한 미국의 공약을 강화시킬 것이다."라고 말하였다. 부대 배치 변경은 우리의 안보 공약 준수 능력을 강화하고, 새로운 도전에 좀 더 효과적으로 대처 할 수 있게 할 것이다. 우리의 대비태세를 변혁 할 때, 우리는 다음의 목표에 따른다.

- 동맹국의 역할을 확대하고 새로운 안보 파트너십 건설,

- 민첩성을 강조하고 새로운 위치에 넓게 군사력을 집중하지 않으면서 불학실성에 대처할 수 있는 더 큰 융통성 개발,
- 편조된 지역 군사력 배치에 의한 보충과 강력한 지구적 군사 행동 능력을 가진 활동으로 지역내외에 집중,
- 부대들이 고정적인 전투를 하지 못하게 될 것이라는 전제로부터 기획 및 작전하는 신속한 전개능력 개발 그리고
- 미국은 미국이 그의 안보 공약을 효과적으로 시행하기 위해서 구체적인 숫자의 플랫폼과 행정적 인원이 필요치 않다는 전제하에 숫자가 아니라, 능력에 집중.

지구 방어태세에 핵심적 변화. 지구 방어태세에 핵심적 변화는 5개의 상호 관련된 분야에 있다. 관계, 활동, 배치, 법적보장, 지구적 충원과 집중이다.

관계. 세계 속에서 타국과의 협조 능력은 우리와 도전에 대응하는 전략이 직면하는 도전들에 대한 공통의 견해 보유 여부에 의존한다. 모든 차원에서 방어 관계 강화는 이러한 공통적인 견해 형성을 돕는다.

지구 태세의 변경은 전 세계에 걸친 파트너와의 관계 강화와 공통적인 안보 이익에 바탕을 둔 새로운 관계 개척 지원 양편 모두를 추구한다. 우리는 새로운 상황에 대처하기 위해 우리의 동맹을 변혁하고 있다. 지휘구조는 우리의 관계의 또 하나의 중요한 부분으로 새로운 정치 및 작전요구에 맞추어 조정 중이다. 우리는 또한 우리 전력의 작전적 취약점을 축소시키고, 적대 주민과 국지적 사회 및 정치적 마찰을 감소시킬 것이다.

활동. 우리의 태세는 또한 전 세계에서 교전하는 많은 군사 활동을 포함한다. 이것은 핵심 지역에서 물리적인 병력 주둔 뿐만 아니라 훈련, 연습 그리고 작전을 수단으로 한다. 그들은 광범위한 능력으로 협동하는 소부대들과 합동 및 연합작전을 숙달하기 위한 정교한 훈련을 수행하는 대부대 그리고 수행 중인 작전 지원을 위한 소위 "볼트와 너트"를 포함한다. 그들은 또한 우리와 동맹국 각자에 제공되는 부대 방호를 포함한다.

배치. 추진 시설과 능력 네트워크는 특별히 4개 핵심 지역은 미국에게 비교 할 수 없을 정도의 지구적 행동 능력을 제공한다. 그러나 재앙적인 도전과 기습에 의한 위협은 신속한 군사행동 능력에 더 큰 중요성을 부여한다.

적극적인 지구적 행동 능력과 필요한 곳에 군사력을 운용하는 융통성을 강화하기 위해, 우리는 전략적 축이 되는 지점과 원거리에 신속하게 이동하는 능력이 요구된다. 새로운 지구태세-주 작전기지(MOS), 추진 작전기지(FOS) 그리고 다양한 안보협력지점 배열-는 이런 필요를 충족시킬 것이다. 추가적으로, 우리의 해외 사전배치 장비와 물자들은 지구적운용을 위해 더 좋게 구성 및 배치될 것이다. 우리는 추진 전개 없이도 임무를 완수할 수 있는 "백-리치" 능력을 더 잘 사용 할 것이다.

주 작전기지는 병력이 상주하고 견고한 인프라를 갖춘 영구기지이다. 그들은 훈련, 안보협력, 군부대의 작전을 위한 전개 및 운용을 지원한다. 추진 작전기지는 작전 부대의 순환운용을 위한 간단하고, "임시적인" 시설이다. 그들은 통상 사전 배치장비와 표준적이고, 영구적인 지원역량을 수용한다. 추진 작전기지는 단기 경고하에 실시되는 군사활동을 지원 할 수 있다. 안보협력지원 지점은 비상접근, 군수지원 그리고 작전부대의 교대 운용을 위해 필요하다. 안보협력지원지점은 일반적으로 영구적으로 미국의 인원이 배치되지 않는다. 여기에 추가되는 합동해상기지설치(joint sea-basing) 개념은 우리의 해외 군사태세에 대한 광범위한 변혁을 약속하는 것이다.

사전 배치장비와 물자에 의해 제공되는 융통성과 지원능력의 증가는 우리의 시설 인프라의 또 다른 하나의 중요한 개념이다. 10여 년간의 작전 경험에서 새롭고, 더 혁신적인 장비 및 물자의 사전 배치 및 저장 방법이 필요하다는 것이 발견되었다. 물자지원과 전투능력은 전 세계적인 전개를 할 수 있도록 핵심지역에 주요 수송로를 따라 배치되어야 한다.

사전 함상적재 배치가 특별히 중요한 가치를 가진다. 단일군 사전배치 능력만으로는 충분치 못하다. 모든 다른 변혁의 측면에서 처럼, 사전배치에서도 합동성을 증가시켜야 한다.

새로운 태세는 전방전구 안에서가 아니라 원격 지원이 가능한 지원 능력인 "리치-백"에 의해 달성 할 수 있다. 예를 들면, 전투피해평가를 포함한, 정보지원은 작전전구 밖으로부터 제공될 수 있다. 리치 백 능력 활용으로 우리의 해외 군수지원 하중을 감소시키고, 우리의 군사적 효율성을 강화시킨다. 우리는 또한 우리 파트너의 리치-

백 기능에의 참여 증진을 도모한다.

법적보장. 현재 해외배치를 지배하는 대부분의 법적보장은 옛날부터 있었던 것이다. 오늘날의 도전은 더욱 다양하고 복합적이며, 우발사태는 더욱더 광범위하게 분산되어 발생하고, 국제 파트너는 더욱 많아졌다. 우리의 대비태세에 대한 국제적 협약은 이런 상황을 반영해야 하고, 더욱 커진 작전적 융통성 지원 할 수 있어야 한다. 그들은, 방해하지 말고, 위기 시 전 세계적으로 미군과 연합군의 신속한 전개 및 운용을 지원해야 한다.

우리 파트너의 주권을 존중하며, 우리의 행동의 자유를 최대화하기 위해 다음과 같은 법적인 조치를 추구할 것이다.

- 필요시 우리군의 전개,
- 주재국에서 파트너와 필수 훈련 실시,
- 전 세계에 걸쳐 전개된 부대지원,

마지막으로 법적인 보장은 우리와 파트너 사이에 책임 분담을 촉진하고, 주둔군지위협정(SOFA)과 국제사법재판소(ICC)로 미국 요원의 이관에 대한 보호를 통해 우리 인원에 대한 법적인 보호를 제공한다.

지구적 충원과 집중. 우리군은 세계 어느 곳에서든지, 요구되는 시간과 장소에 더 많은 비율의 부대를 전개 할 수 있는 방식으로 운용 할 필요가 있다. 그래서 국방부는 지구부대관리절차로 전환 중이다. 이것은 지역 보다는, 지구적 관점에서 부대를 충원하고 전 지구에 분산된 위치로부터 위기 발생 전구에 필요시 능력을 집중할 수 있도록 한다. 우리의 지구적 주둔군은 우리의 합동능력을 최대 발휘를 보장하면서, 역동적으로 관리될 것이다.

이 개념하에서, 전쟁전구 사령관은 더 이상 그들 자신만의 전력을 '소유'하지 않는다. 전력은 필요시 세계 어느 곳에서든지 충원된다. 이것은 급박하게 변하는 작전적상황에 더 큰 융통성을 갖게 한다.

　지구 대비태세 변화에서 눈에 띄는 고려사항은 가장 신속한 전개능력들을 전방으로 이동하는 것이다. 예를 들면, 중(重) 부대들은 본토로 귀환시키고, 공정부대나 스트라이커 부대 같은 좀 더 해외원정작전 능력이 있는 부대로 많은 부분을 대체시키는 것이다. 그 결과, 우리의 즉각 반응 시간은 크게 개선될 것이다.

미국의 국가군사전략(NMS)(합참, 2004년)

박기련 역

오늘을 위한 전략: 내일의 비전

합동참모 본부(2004)

국가군사전략은 전쟁 중인 지금 국가안보 및 국방전략을 지원하기 위해 미군이 따라야 할 전략지침에 대해 합동부대에 내리는 나의 메시지를 담고 있다. 이 문서는 미국을 방호하고, 분쟁과 기습공격을 예방하며, 우리의 본토, 전개된 부대, 동맹국과 우방을 위협하는 적에 대하여는 압도적으로 격파하는 방법과 수단을 기술하고 있다. 성공은 세개의 우선적인 과업에 달려 있다.

첫째, 미국을 방호하면서 테러와의 전쟁에서 승리해야 한다. 2001년 9월 11일의 공격은 우리의 자유가 취약하다는 것을 보여주었다. 미래의 공격은 대량살상무기를 운용하는 것으로, 그들이 다시 공격 할 수 있기 전에 지금 테러리스트를 중단시키는 행동을 강조하게 되었다. 우리는 초국가적인 테러리스트 네트워크를 근절하고, 그들을 지원하는 국가를 벌하고, 작전기지를 제거하며, 위험한 확산을 막으며, 지구적인 대테러리즘 환경을 조성해야 한다. 이 임무는 모든 국력 수단, 우방과 동맹의 협조와 참여 그리고 미국 국민의 지원의 완전한 통합을 요구한다.

둘째, 우리는 합동군으로서 싸울 능력을 강화할 것이다. 합동 팀워크는 지휘자, 편성, 체계 그리고 교리개발의 문화와 중점의 통합된 한 부분이다. 우리는 합동부대를 구성하는 군 구성 부분 사이의 신뢰성과 믿음을 계속적으로 강화해야 한다. 합동전투 강화는 미래 도전에 빈틈없이 대응 할 수 있는 총합적인 부대를 만들기 위해 현역과 예비부대 그리고 민간인 종사자의 통합을 필요로 한다. 우리는 모든 차원의 정부 및 다국적 파트너의 합동부대, 기관 사이의 동시성을 강화해야 한다. 이런 동시성의 핵심은 개선된 첩보를 수집, 처리, 공유하는 능력이다.

셋째, 우리는 군대를 혁신과 창의를 장려하는 '연속적'(in stride)－테러와의 전쟁을 적극적으로 수행하면서 새로운 능력을 야전 배치하고, 새로운 작전개념을 채택. 변혁에는 기술, 지적 및 문화적 조정의 통합이 필요하다－조정으로 변혁 할 것이다. 연속적 변혁은 미군으로 하여금 미래의 지구적 도전에 완전하게 대처할 준비가 된 합동부대로 테러리즘에 대한 대응을 보증 할 것이다.

국가군사전략은 군이 지구적인 테러리즘에 대한 대응으로부터 민주주의 향상에 이르는 많은 전선으로부터 도전에 직면한 지구 공동체에서 미국의 리더십을 유지하는데 중점을 두고 있다. 이 환경에서 미국 해외주둔과 파트너에 대한 공약은 긴요하다. 우리 군은, 전평 시, 국내외 작전을 통해, 공통이익을 방호하기 위한 미국의 결의의 불변의, 가시적인 표명자로서의 역할을 계속 할 것이다. 안보와 안정에 대한 우리의 헌신은, 미국으로 하여금 세계를 더 안전할 뿐 아니라 더 낫게 만드는데 다른 나라의 합류를 촉진하도록 보장 할 것이다.

합참의장 리처드 마이어스

요　약

1) 함참의장의 의도

현재와 미래에 우리의 도전은 미래 합동전을 수행할 수 있도록 군을 계속적으로 변혁하면서 테러와의 전쟁을 수행하도록 하는 것이다. 우리는 최근에 이룬 성공으로 지금의 우리 능력에 만족하여 중심을 잃거나 현혹되어서는 안 된다. 전쟁은 끝나지 않았으며, 해야 할 위험한 과업이 아직 남아 있다. 이들 도전에 대응하기 위해, 우리는 세가지에 우선적으로 집중한다. 테러와의 전쟁에서 승리, 합동 전투능력 강화와 미래를 대비한 변혁이 그것이다.

2) 전략 지침

국가군사전략은 대통령의 "국가안보전략"에서 제시한 목표와 목적을 따르고, 국방부장관의 "미군의 국가 국방전략"을 수행한다.

3) 국가군사전략의 역할

국가군사전략은 각 군 참모총장과 전쟁전구 사령관들이 식별한 요망 능력과 함참의장이 평가한 위험으로부터 상호 관련된 군사 목표를 정함으로써 군사 활동에 초점을 제공한다.

4) 핵심 안보 환경

- 적의 범위 확대
- 전장의 복합성과 분산 정도 증가
- 기술 확산과 접근

5) 합동군의 발전을 이끄는 원칙

- 민첩성
- 결정성
- 통합성

6) 군사목표

국가군사전략은 국가국방전략을 지원하기 위해 세가지 군사목표를 설정하였다.

- 외부공격과 침략으로부터 미국 방호
- 분쟁과 기습 공격 예방
- 적을 압도적으로 격멸

7) 요구되는 특성

- 완전한 통합
- 해외 작전 능력
- 네트워크
- 분권화
- 적응성
- 결심우세
- 치명성

8) 능력과 기능

- 부대적용
- 군사능력 전개와 지속
- 전장 경계
- 결심우세 달성

9) 부대 설계 및 규모 결정

국가군사전략 수행을 위해서는 어떠한 우발사태에서도 결정적인 효과를 만들어 낼 수 있고, 복합, 중복되는 작전을 지속시킬 수 있는 부대가 필요하다. 그 부대는 영구적인 평화를 창출하고 보존하는 데 필요한 능력을 보유해야 한다.

10) 미래전투 합동 비전

오늘날 미국이 누리는 질적인 군사능력의 장점 지속 및 증대를 위해서는 모든 군사 및 비군사 작전에서 어떤 상황도 통제 할 수 있고, 어떤 적도 격파할 수 있도록 능력 변혁—전 합동공동체가 기술, 지성, 문화를 통합함으로써 달성 가능한 변혁—이 요구될 것이다.

국가군사전략은 국가안보전략의 목표를 지원하고, 국가국방전략을 실행한다. 그것은 현재에 군사 목적을 달성하기 위한 군의 계획을 기술하고, 미래도 결정성을 견고하게 할 비전을 제시한다.

1. 전략 지침

1) 국가안보전략

대통령의 국가안보전략은 "세계를 더 안전하게 할 뿐만 아니라 더 좋게" 한다는 국가의 공약을 제시한다. 이를 위해서는 테러와의 전쟁에서 승리가 필요하다. 그 승리는 평화의 방어, 보존, 확대를 견고히 하고, 그에 기여하는 것이다. 국가안보전략은 대량살상무기 및 효과(WMD / E)를 보유하거나 획득하려 하는 초국가적인 테러리스트 네트워크, 불량국가 그리고 공격적인 국가에 대응하는 적극적인 전략이다. 그것은 미국 동맹국, 파트너 그리고 우방들 사이의 관계 강화 활동을 중시한다. 이러한 관계는 테러리스트 조직에 대한 전 지구적인 타격 노력을 지원하고, 테러리즘과 불량국가체제에 불리한 상황을 만들어낸다. 미국 국가안보전략은 미국에 대한 공격을 예방하는 능력을 보유 및 개선하고, 타 국가 및 다국적 조직과 협조하며, 미국의 안보기구를 변혁하는 데 중점을 둔다.

2) 국가국방전략

국가국방전략은 국방부의 안보 활동을 지도하고 국가군사전략을 위한 지침을 제공하는 중심적인 국방 목표를 설정하여 국가안보전략을 지원한다. 국가국방전략은 국가목표를 추구함에 있어서 군사 활동과 타 국가기관의 활동 사이를 연결한다. 국방부는 핵심 지역, 통상 교역로 그리고 국제 수역, 공중, 우주 그리고 사이버 공간으로 이루어진 '지구적인 공통영역'에 대한 전략적인 접근을 보장해야 한다. 국방 활동은 미국과 같은 생각을 가진 국가공동체를 확대하는 일을 하는 파트너에 유리한 안보상황을 조성해야 한다. 국방부는 또한 타 국가들이 그들 자신을 방어하고, 공통의 안보 이익을 방호하는 능력을 지원하여 동맹과 파트너십을 강화 할 것이다.

목 표
4개의 국방목표가 국방부 안보 활동을 이끈다:

- 직접적인 공격으로부터 미국 방호
- 전략적 접근을 보장하고, 지구적인 행동의 자유 유지
- 유리한 국제질서를 유도하는 안보 상황 조성
- 공동의 도전에 맞서 싸우기 위한 동맹과 파트너십 강화

국가국방전략은 국방부 활동을 동맹과 우방을 확신시키고, 잠재적인 적을 단념시키며, 침략을 억제하고 강압에 대응하며 적을 격멸하는 활동으로 집중시킨다. 이 상호 연결된 활동들은 자유, 민주, 기회 원칙에 대한 그들의 공약과 긴밀한 협조를 증진시킨다. 국가국방전략은 그 전략 수행을 위해 네가지 지침을 제공한다: 적극적인 종심방어, 계속적인 변혁, 능력에 기반을 둔 접근 그리고 위험관리가 그것이다. 이들 지침은 국방부 모든 부서의 전략 기획과 의사결정의 골격을 형성 할 것이다.

2. 국가군사전략의 역할

국가군사전략은 국가안보전략, 국가국방전략 그리고 안보환경 분석을 통하여 목표, 임무 그리고 능력을 도출한다. 국가안보전략과 국가국방전략은 타 국력기관과 협조하여 군사능력을 운용하는 광범위한 전략적 구조(context)를 제공한다. 국가군사전략은 각군 참모총장 그리고 전쟁전구사령관이 식별한 요망되는 능력과, 합참의장이 판단한 위험으로부터 상호 연관된 군사목표와 합동작전 개념을 정하여 군사 활동에 중점을 제공한다.

국가안보전략은 본토 안보를 최우선적인 국가안보로 설정하였다. 본토 안보에서 군대의 역할은 **미국을 방호**하기 위해 해외와 국내에서 활동을 통합하는 복합적인 것이다. 우리의 최일선 방어선은 해외로, 위협에 대하여 근접 대응 할 수 있는 동맹국 활동에 대한 상호지원을 포함한다. 국내로 더 근접하면, 군은 미국과 그의 영토로의 전략적인 공, 지, 해 그리고 우주 접근에 대한 안보 능력을 사용한다. 지시가 있을 때, 군은 국내에서 국가를 방호하고, 직접 공격으로부터 국가, 국내의 주민과 핵심적인 기반시설을 방호하기 위하여 군사력을 운용한다. 미국을 방호하는 데는 또한 공격 혹은 자연 재난의 피해를 관리하기 위해 타 정부기관 및 법집행기관과 군사적인 능력의 통합이 요구된다.

대통령 및 국방부장관은 계속적으로 점증하는 적의 위험한 특성과 능력에 주목해야 한다. 적에 의한 위협, 특히 대량살상무기 / 효과를 보유한 적의 위협은 너무 위험하여 미국은 범지구적인 대비태세를 갖추어야 하고, **분쟁과 기습 공격을 예방**하는 방안을 택해야 한다. 이 목표 달성에는 다국적 파트너십을 강화하고, 확대하는 방법으로 안보환경을 조성하는 방안이 포함된다. 강력한 동맹과 연합은 상호 안보에 기여하고, 침략을 억제하며, 억제 실패 시 전투에서 승리를 위한 조건 조성에 도움이 된다. 분쟁과 기습공격 예방은 순전히 방어인적인 것만은 아니다. 미국, 그의 동맹 그리고 그의 이익에 대한 재앙적인 적 공격의 충격은 너무나 커서 공격하기 전에 적을 선제공격하는 자위적 방위 방안을 필요로 할 것이다.

국가안보전략과 국가국방전략 양 쪽 모두는 미래 환경이 오늘날 보다 더 안전하고 좋아질 것이라고 전망한다. 이에 따라, 군은 **적을 압도적으로 격퇴**하는 전역을 통해서 이 목표에 기여할 수 있도록 준비해야 한다. 군대의 가장 중요한 과업은 전투에서 승리하는 것이지만, 분쟁의 성격은 변화되어 왔고, 국가로부터 비국가에 이르는 광범위한 적을 격퇴하는데 요구되는 능력 또한 변하였다. 군은 2개의 중복된 전역에서 신속하게 적을 격퇴할 수 있는 능력을 가지되, 그중 하나의 전역에서는 좀 더 종합적인 목표를 달성 할 수 있는 전역으로 작전을 확대 할 수 있어야 한다. 적에 대한 압도적인 승리에는 영구적인 승리를 위한 상황 조성을 위한 모든 국력 수단과 통합이 필요하다.

전　　역(Campaigns)

- 적의 시도를 '신속히 격퇴'하는 전역은 적의 수용 불가능한 행동과 정책을 변경시키거나, 적의 작전적 또는 전략적 목표를 신속히 거부하거나, 공격 또는 통제 불가능한 분쟁의 확산의 예방 그리고 / 또는 미국과 파트너에 대한 유리한 안보 상황을 신속하게 재설정하는 것을 지향하는 목표들을 달성하도록 하는 것이다.
- '결정적 승리'를 추구하는 전역은 위기지역에 근본적이고, 유리한 변화와 영구적인 결과를 만들어 내는 전역이다. 이 전역은 주작전과 안정작전 양편 모두를 가지는 장기작전이 될 것이며, 체제 변경, 방어 또는 회복이 요구되고, 막대한 국가의 자원과 시간의 투자가 필요하다.

국가국방전략

방호, 예방 그리고 압도적 승리 목표를 달성하기 위해서는 합동부대 작전 방법과 군사적 능력을 정하는 기준에 대한 지침을 제공하는 통합된 합동운용개념(JOC)이 필요하다. 합동작전개념은 합동군이 핵심임무를 수행하는 방법과 부대적용, 방호, 집중군수, 전장인식과 지휘 및 통제 등의 기능개념으로부터의 피지원방법을 기술하고 있다. 합동작전개념은 군의 계속적인 변혁을 이끌고, 미래 합동전투를 위한 군의 비전에 대한 핵심 연결 고리를 제공한다. 이 비전은 변혁군의 궁극적인 목적 즉 전방위작전에 대한 지배능력을 설정한다.

불확실하고 복합적인 환경에서 국가군사전략 목표 달성을 위해서는 구체적인 적 또는 분쟁이 발생되는 장소 보다는 적의 도발 방법에 초점을 맞춘 능력에 기초한 접근방법이 필요하다. 이 능력에 기초한 접근방법은 계획수립의 원동력이 되고, 전투능력의 개발을 이끌어가는 작전개념(operating concept)을 사용한다. 그것은 합동군으로 하여금 다양한 시나리오에서도 적응 및 성공 할 수 있게 한다. 이러한 접근방법에서는 더 다양해지는 적에 대하여, 현재는 물론이고 미래에도 질적인 장점을 개선하도록 보장하는 안보환경 변화를 예측하고 신속히 적응해야 한다.

국가군사전략의 목표는 합동부대가 필요로 하고, 국가국방전략에 직접적으로 기여하는 특성과 능력을 정하게 한다. 이들 특성과 능력은 요구되는 군대의 크기와 구조를 정하는 중요 요소이다. 미국을 방호하고, 분쟁과 기습공격을 예방하며, 적을 압도하기 위해서는 국가국방전략 부대 기획구조와 일치하는 규모와 형태의 전력이 필요하다. 그 부대는 네개의 전방 지역에서 침략과 강압을 억제하는 작전을 계속하고, 미래 작전을 위한 상황을 조성하는 한편, 미 본토를 방어 할 수 있는 규모의 크기를 가져야 한다. 제한된 수자의 소규모 우발사태를 수행 할 때라도, 미군은 2개의 중복되는 전역에서 적을 신속하게 격퇴할 수 있는 능력을 유지해야 한다. 추가적으로, 대통령이 그 둘 중 하나의 영구적인 결과를 요구하면, 군은 결정적으로 승리할 능력과 역량(capability and capacity)을 가져야 한다.

전쟁전구 사령관은 새로운 작전을 개시 할 때 현재 그들의 준비태세에 미치는 영향을 고려해야 한다. 그들은 테러전쟁과 그들이 이탈이 불가능하거나 할 수 없는 진행 중인 작전을 포함한 기본적인 안보태세 내에서 작전 할 것이다. 그러므로 기획자들은 그들의 전력 수요를 발전시킬 때, 테러전쟁전역(WOT Campaign)을 고려해야 한다.

3. 안보 환경의 핵심 측면

미국은 수많은 압도적인 위험에 직면하고 있다. 전통적, 비정규, 재앙, 파괴적 도전이 미군으로 하여금 변화에 신속하고 결정적으로 적응하고, 다가오는 위협을 예측하도록 요구하고 있다. 세개의 핵심적인 안보환경 측면이 미국의 군사전략을 수행하고,

미래 작전에서 성공을 보장하는 개념과 능력의 발전에 지침 역할을 한다.

현재 및 장차에 다가올 도전

전통적인 도전은 잘 알려진 군사 경쟁 및 분쟁의 형식을 가진 인지된 군사능력과 전력을 운용하는 국가에 의해 발생되는 것이다.
비정규적 도전은 더 강한 상대의 전통적인 장점에 대응하기 위해 '비전통적인' 방법을 운용하는 데서 나온다.
재앙적 도전은 대량살상무기 또는 대량살상무기 유사 효과의 획득, 보유, 사용을 포함한다.
파괴적 도전은 핵심적인 작전 영역에서 현재의 미국의 이전을 거부하는 기술적인 돌파를 하거나 사용하는 적으로부터 온다.

---

1) 더 넓어진 적의 범위

미국, 그의 동맹 그리고 그의 이익을 위협 할 수 있는 적은 국가로부터 비국가, 개인에까지 걸쳐 있다. 그들 중에는 세계의 핵심 지역의 통제를 기도 할 수 있는 순항 및 탄도 미사일을 포함하여, 전통적인 군사력과 첨단 체제를 갖춘 국가들도 있다. 이들 국가들 중에 몇몇 국가는 조약을 위반하고, 대량살상무기 / 효과를 비밀리에 추구 및 확산하며, 평화적인 분쟁 해결을 거부하고 그들의 국민을 억압하는 '불량' 국가가 있다. 또한 안정과 안보를 위협하는 테러리스트 네트워크, 국제 범죄조직과 불법 무장 그룹을 포함하는 비국가 행위자들도 있다. 어떤 개인들은 개인일지라도 국제질서를 파괴할 수단과 의지를 가질 수도 있다. 이들 중 어떤 적은 정치적으로 구속받지 않으며, 특별히 비국가 행위자일 경우 전통적인 억제수단이 통하지 않을 수도 있다. 적들은 점차적으로 비대칭적인 능력을 추구하고 그들을 혁신적인 방법으로 사용 할 것이다. 그들은 정밀 타격과 같은 미국의 강점을 회피하고 대접근 환경 조성으로 미국의 전력 투사 능력에 대항하려 할 것이다. 이런 적들은 미국의 정치적 의지와 결의를 공격하기 위한 방법으로써 주민 거주지역, 경제 중심지, 상징적인 위치를 표적으로 삼을 것이다.

이런 도전들의 유동적인 결합은 새로운 억제 방법과 억제 실패 시 이들 위협을 격퇴하는 작전적 접근방법을 필요로 한다. 정보체계는 지휘관으로 하여금 적의 의도를 파악하도록 하고, 위협 행동을 예측하며, 적의 이동을 탐지하고, 예방적인 대책 강구에 필요한 시간을 제공 할 수 있어야 한다. 분쟁이 발생되기 이전에, 이들 정보체계들은 좀 더 전반적인 적 기도 판단과 효과적인 억제 방안을 결정하기 위한 목표와 편성 제공을 지원해야 한다. 그럼에도 불구하고 적이 억제되지 않을 수도 있다. 그들이 대량살상무기 / 효과 또는 위험한 비대칭 능력을 획득하거나, 기습 공격을 감행 할 의도를 보인다면, 미국은 타격으로부터 그들을 예방 할 준비가 되어 있어야 한다.

2) 더욱 복합적이고 분산된 전장

적은 미국을 복합적인 전장전체, 즉 결정적인 해외 지역으로부터 본토로 확장되고, 국제영공, 해상, 우주 및 사이버 공간의 지구 공역까지 걸치는 전장에서 미국을 위협한다. 그곳에는 서반구로부터 아프리카와 중동 그리고 아시아로 확장되어 펼쳐지는 '불안정의 호'가 있다. 이 호 지역에는 우리의 국가 이익에 위협을 발생시키는 본거지가 되는 지역이 있다. 이 지역 안의 불량 국가들은 테러리스트들에게 도피처를 제공하여, 그들을 정찰과 공격으로부터 방호한다. 기타로 적들은 계획을 준비하고, 부대를 훈련시키며, 공격을 개시하는 비통제 공간과 지하 통제 영토의 이점을 누린다. 이들 비통치 지역은 종종 불법 활동 지역과 중복된다. 이런 중복 상태는 범죄 집단과 극단주의자들 간의 우호적인 연합을 만들어낸다.

미국은 연안 지역에 위치한 인구가 밀집된 도시 지역으로부터 원거리, 비우호, 낯선 지역에 이르는 다양한 장소에서 작전을 하게 될 것이다. 이들 복합적 환경에서 군사작전은 미군부대가 통상적으로 훈련하던 고강도 전투 임무와는 판이하게 될 것이다. 미군은 한편으로는 정밀, 신속, 치명, 분산작전을 계속적으로 강조하면서, 의도하지 않은 제2 및 제3열 효과를 유발시킬 가능성을 예측하고 계획해야 한다. 예를 들면, 미군 부대는 부수적인 피해를 감소시키기 위해 명확한 표적을 정확하게 탐색, 추적, 파괴하고 가능한 한 신속히 작전을 종결해야 한다. 정밀성에 의존하는 작전은 대규모의 적의 잔존 군사 요소와 적대적인 주민들을 발생시킨다. 지휘관들은 저항 거점이 그대로 잔존하고, 대규모 비전투원들의 연속적인 작전을 해야 하는 지역에서 작전 할 준비를 해야 한다.

이 전장은 해외와 국내 양쪽에서 모두 좀 더 세밀한 활동의 협조와 동시화를 필요로 하는 특별한 군 편성과 유관기관을 요구한다. 아프가니스탄과 이라크에서 경험은 장기적인 국가목표와 목적을 달성 할 수 있는 종합적인 전략의 필요성을 집중 조명하고 있다. 미국은 상승효과를 발휘 할 수 있는 방법으로 합동군, 유관기관, 국제적인 비정부기구와 다국적 능력을 병합하는 '적극적 종심방어'를 택해야 한다. 이 방어는 단지 수동적인 수단에만 의지하는 것이 아니다. 미국은 한편으로는 적극적으로 전략적 접근로를 정찰하며, 방어능력을 미국의 국경선 너머로 확대하면서 국내에서 안보환경을 강화한다. 효과적인 적극적 종심방어는 또한 전방기지, 전방전개 및 교대전력은 물론이고 국내에서도 전력을 사용하여 범지구적으로 존재하는 어떠한 표적도 신속하게 타격 할 수 있는 능력을 포함해야 한다.

3) 기술 확산과 접근

광범위한 범위의 기술과 무기의 범지구적인 확산은 미래 분쟁의 성격에 영향을 미칠 것이다. 2중 목적 민간기술, 특히 정보기술, 고 해상과 범지구추적체제(GPS)는 광범위하게 쓰인다. 상대적으로 저렴하고, 상업적으로 가용한 이 기술들은 광범위한 국가 및 비국가 행위자들의 파괴와 파괴능력을 개선시킬 것이다. 자동화와 정보처리 기술의 발전으로 어떤 적에게는 해외와 미국 양 쪽에서 표적을 탐색, 공격하게 할 수 있다. 어떤 적들도 관심이 있다면 기초적인 컴퓨터 네트워크 이용 혹은 공격능력을 제공하는 인터넷을 통한 범지구적인 네트워크 공격, 침투와 파괴를 위한 소프트웨어 수단이 가용하다. 첨단 무기체계와 혁신적인 운반수단에 대한 접근은 전투를 근본적으로 변화시키고, 미국을 위협하는 적의 능력을 극적으로 증가시킨다.

첨단 무기와 운반체제에 대한 기술 확산과 접근은 군사능력에 중요한 의미를 가진다. 미국은 이와 같은 파괴기술과 무기를 거부 할 능력을 보유해야 한다. 그러나 군대가 홀로 이 위협에 집중 할 수 없으며, 또 다른 도전이 떠오르지 않는다고 가정 할 수도 없다. 변혁을 계속하면서, 도전받지 않는 군사적 우세를 유지하려는 현재의 준비태세를 보장하기 위해서는 투지가 필요하다. 이들은 상호 배제적인 목표들이 아니다.

군은 변혁하면서 싸우고, 싸우면서 변혁하는 준비태세를 유지해야 한다. 신속한 시제품 제작-야전실험-편성 변경과 개념 발전을 '묶어서'(in-stride) 하는 변혁 방식은 미군의 우세를 도전 불가능하게 유지하도록 보장 할 것이다. 이런 접근 방법은 핵심적인 능력에 재투자하기 위한 자원의 효과적인 균형 유지와 미군의 장점을 미래로 확장하는 프로그램에 투자하면서 준비태세를 유지하기 위해 어떤 전력 요소는 현대화하는 것을 필요로 한다.

4. 전략 원칙

전략 원칙 적용

  전략적 민첩성, 통합성과 결정성은 미군으로 하여금 떨어진 상태의 중복되는 분쟁에서 신속하게 전투작전을 할 수 있도록 최대한의 속도로 이동 할 수 있게 한다. 그들은 군이 전방위작전을 운용하는 방법을 규정하는 편조, 합동작전 개념의 발전을 이끈다.

지휘관은 불확실성에 대처하기 위해 민첩성 유지를 보장 할 수 있도록 계획을 발전시켜야 하고, 효과를 결정적으로 적용하고 타 정부기관과 다국적 파트너와 행동을 통합해야 한다. 전쟁전구 사령관은 작전을 기획하고, 지도 할 때 이 원칙들을 고려해야 한다. 이 원칙들은 합동 작전개념과 합동군에 요구되는 능력발전의 지침이 된다.

1) 민첩성

이것은 군이 불확실성이라는 주 안보환경 성격에 대처하기 위한 준칙이다. 민첩성은 지리적으로 분리되고, 환경적으로 다양한 지역에 신속하게 역량을 전개, 운용, 지속, 재배치하는 능력이다. 사령관이 작전을 지도 할 때, 기습의 효과와 전력을 한 형태 또는 한 단계 작전으로부터 다른 것으로 신속히 전환하거나, 위치를 고려하지 않고, 동시적으로 여러 단계를 수행해야 할 가능성을 고려해야 한다. 민첩성은 기획 원칙으로써, 지휘관에게 닥쳐올 위기에 대응하는 능력을 보유하면서 동시적으로 임무를

수행할 수 있게 한다. 민첩성은 전방위작전에서 주도권을 확보하고, 군이 미국의 이익
을 방호하기 위해 신속하고 결정적인 행동을 하도록 보장하는 핵심 요소다.

2) 결정성

결정성은 전쟁전구 사령관으로 하여금 적을 압도하게 하고, 상황을 통제하며, 소정
의 성과를 얻게 한다. 결정성은 구체적인 효과를 달성하고 목표를 완수하도록 합동능
력을 편조하여 묶는 것을 필요로 한다. 결정성 달성을 위해서는 대규모 전력의 전개
보다는 혁신적인 방법으로 능력을 운용하는 것을 필요로 한다. 필요하다면, 부대를 집
중하는 능력을 유지하면서 효과를 집중하도록 군의 역량을 변혁하는 것이 결정성 달
성의 핵심이다. 결정적 성과에 집중함으로써, 전쟁전구 사령관은 필요로 하는 능력을
생산 및 결정해야 하는 효과를 정확하게 정의 할 수 있다.

3) 통합성

사령관은 군사활동의 노력에 중심과 통일을 제공하기 위해 타 국가 및 국제적 힘의
적용과 효과적으로 통합되도록 보장해야 한다. 통합은 각 군, 타 국가기관들, 상업적
인 부분, 비정부기구 그리고 해외 파트너와의 융합 및 동시화에 집중된다. 통합은 힘
의 일률적인 사용이 아니라 노력의 통일 보장과 파트너 참여의 최대화하를 추구한다.
안보협력과 기타 개입활동을 통한 다국적 파트너 능력 향상은 분쟁을 예방하고 침략
을 억제 할 뿐만 아니라 전쟁전구 사령관의 계획이 멀리 이격되고, 중복된 상황에서
도 신속하게 작전을 수행하도록 지원하는 군의 능력을 지원한다.

민첩성, 결정성 그리고 통합성은 동시적인 작전, 압도적인 힘의 적용과 다른 국력요
소와 미군사력의 융합을 지원한다. 이 원칙들은, 미국 사령관들로 하여금 적의 약점을
전과확대 할 수 있도록 속도를 강조하고, 신속한 주도권 확보와 최종상태 달성을 강
조한다. 그들은 목표 달성을 위해 광범위하게 분산된 위치로부터 적의 중심에 효과를

집중하도록 능력을 모으는 개념을 지원한다. 전략 원칙은 장기 국가 목적과 목표에 기여하도록 방호, 예방, 압도하는 군사력 적용을 지원한다.

국가국방전략은 네개의 전략 목표를 설정하였다: 직접공격으로부터 미국 안보, 전략적 접근을 보장하고 범지구적 행동의 자유 유지, 유리한 국제적 질서를 유도하는 안보 상황 구축, 공통의 도전에 대처하는 동맹과 파트너십 강화가 바로 그것이다. 국가 군사전략은 국가국방전략을 지원하는 세개의 군사목표를 설정하였다. 외부 공격과 침략으로부터 미국 방호, 분쟁 및 기습공격 예방 그리고 적에 대항하여 압도적인 승리가 그것이다. 이것들은 전략의 목표로 군이 억제와 단념 실패 시 적을 격파 할 수 있는 준비태세를 유지하면서 동맹국과 우방을 확신시키며, 적을 단념시키고, 침략과 강압을 억제한다. 그들은 위험 수준을 평가하고 요구되는 군사능력의 형태와 양을 정하는 기준 역할을 한다.

합동작전개념(JOC)은 현재 개발 중인데 작전 계획 및 실시의 발전을 지도하는 것은 물론이고, 각 목표를 지원하고, 세부과업과 실천적인 방안을 연결한다. 현재의 합동작전개념인 본토안보, 안정작전, 전략적 억제 그리고 주전투작전은 모든 국가군사전략을 지원하는 연관된 방안을 대표하는 것이다. 합동작전개념 중 어떤 것은 그 전략의 세부적인 요소에 집중되지만, 성공을 위해서는 전 개념을 포괄하는 행동의 통합과 노력의 통일이 필요하다. 군사목표는 항구적인 요소를 가지지만, 그 목표를 달성하는 방법은 실험, 작전경험 그리고 변혁능력의 발전을 통해 발전되어야 한다.

몇 가지 고려 사항이 전쟁전역 사령관의 계획수립을 이끌게 될 것이다. 첫째, 국가군사전략 목표들은 상호 연관되어 있고, 전술, 작전, 전략의 전 범주를 포괄하는 능력의 적용을 필요로 한다. 각 목표는 일반적으로 미 정부의 타 기관 및 부와 병행적인 노력을 포함한다. 둘째, 사령관들은 동시적인 목표 달성을 위한 계획 발전이 필요하게 될 것이다. 동시 작전능력은 미국으로 하여금 복수의 작전을 하는 동안에 주도권을 유지 할 수 있게 한다. 마지막으로, 사령관은 목표를 달성하기 위해, 단순히 수동적인 반응 대책이나 적극적인 방어태세에만 의존 할 수 없다. 이 전략은 예측자체방어(anticipatory self-defense) 태세를 필요로 한다. 예측자체방어 체제는 임박한 침략에 대하여 사전 준비 및 비례적인 대응을 필요로 한다. 지시가 있을 때는, 사령관은 생각 할 수 없는 막대한 피해를 주나, 억제 할 방법이 없을 때는 그 적을 자위 개념으로 선제 공격 할 수 있다.

1. 미국(본토) 방호

오늘날, 최우선적인 목표는 미국을 방호하는 것이다. 합동군은 해외 군사 활동과 본토 방어 및 민간당국 지원계획 수립과 실시를 통하여 직접적인 공격으로부터 미국을 안보하는 것을 지원한다. 테러와의 전쟁에서 경험은 국가와 그의 범지구적인 이익 보호를 위해서는 수동적인 방어 수단 이상이 필요하다는 사실을 재인식시켜 주었다. 테러 집단과 불량국가에 의해 야기된 위협, 특히 대량살상무기 / 효과에 접근한 위협에는 적극적인 종심방어로 대응해야 한다. 이 목표 달성을 위해서는 해외에서 그들의 근원에 근접하여 대항하는 방안이 필요하다. 즉 우리의 공중, 해상, 우주 그리고 연안의 접근로를 지키고, 국내에서 직접 공격으로부터 방어하는 것이 필요하다. 지시에 의거, 군은 공격의 사후처리 능력을 포함, 민간 당국을 지원한다.

근원에 근접하여 위협에 대항. 우리의 주방어선은 전방으로 추진된다. 핵심 지역에서 부대 운용은 미국의 방어와 동맹국과 미국의 이익 방호에 긴요하다. 다국적 파트너와 전구에서 안보 활동은 새로운 위협을 예측하고 판단하는 데 핵심적인 첩보와 정보에 접근하게 한다. 이 접근은 위협에 대항하여 전력을 투사하는 미국의 능력을 지원하고, 극단적인 이데올로기를 배양하는 조건과 환경 조성억제를 지원한다. 우리 군은 순환 운용과 추진 배치 운용되는 전력을 포함, 지역적 파트너가 위협을 제거하고 비통제지역을 정찰하도록 장려하기 위해 타국과 협력 할 것이다. 좀 더 직접적으로는, 전개된 군부대가 국제적인 파트너와 다른 미국 정부기관이 적과 전투, 즉 테러 부대, 테러 동역자, 테러를 비호하는 국가와 교전에 밀접하게 협조 할 것이다.

전략적 접근로 방호. 합동운용개념은 '본토 안보'를 위해 미국으로의 공중, 해상, 지상 및 우주로의 접근로를 지키면서, 직접적인 공격으로부터 미국을 방호하는 과업을 포함하고 있다. 우리는 미국 영토 내 및 주변으로의 공중, 해상과 우주로의 접근에 대한 통합방어를 하기 위해 다국적 파트너와 타 미정부기관의 노력을 통합 할 것이다. 이 전략적 접근로 방호를 위해서는 미국으로 하여금 잠재적인 위협을 식별하고, 계속적으로 추적 및 차단 할 수 있게 하는 지속적인 정찰이 필요하다. 이 통합 방어는 전략적 접근로를 보호하고 미국의 행동의 자유를 유지하는 데 필수적이다.

국내에서 방어 방안. 근원에 근접하여 위협에 대응하고 전략적 접근로를 따라 차단하려고 하는 한편, 전방방어를 돌파한 공격으로부터 미국을 방어 할 능력을 유지해야 한다. 국내에서 군은 공중 및 미사일 공격, 테러와 기타 직접적인 공격으로부터 미국을 방어해야 한다. 필요시, 군은 군사력 투사능력을 지원하는 핵심적인 기반시설을 방호한다. 지시에 의거, 군은 특정 사태 발생시 치안 유지기관을 지원하기 위해 임시적으로 군사능력을 운용할 것이다. 비상시 군은 공격의 피해 복구하거나 또는 민간인 대응능력을 초과하는 재앙적인 사태 시 민간당국을 지원 할 수도 있다. 이런 상황하에서 군은 현역 및 예비역 구성원과 민간 담당자 각각의 특별한 능력을 통합하는 일관 지휘계통이 필요하다. 영리한 적에 맞서서 효과적인 방어를 하려면 또한 대량살상무기 / 효과와 다가오는 위협을 신속하게 탐색, 평가, 차단하는 능력을 개선하기 위한 미래 기술의 이용이 필요하게 될 것이다.

범지구 대테러 환경 조성. 미 본토 방어와 민간당국 지원에 추가하여, 테러리즘을 일으키는 환경을 감소시킬 것이다. 테러리스트를 격파하기 위해서 우리는 테러 조직의 성역을 거부하기 위한 국가의 노력을 지원 할 것이다. 타국의 군과 타 국가기관과 함께 군은 유리한 안보환경 조성과 파트너의 능력 증강을 지원한다. 이들 상호 간 활동 속에 발전된 관계는 미국, 그의 동맹 그리고 그의 이익에 위협을 더 감소시키는 범지구적인 대테러 환경 조성에 기여한다. 예를 들면, 다른 국가들과의 정보 협조는 외국 전문가 활용과 중점지역 대비를 용이하게 하고, 접근 거부지역에 접근을 가능하게 한다. 이들 관계들은 미국 방호에 긴요한 필수임무 요소이고, 기습공격 예방은 물론이고, 억제와 분쟁예방에 기여한다.

2. 분쟁과 기습 공격 예방

미국은 국가를 적극적으로 방어 할 능력을 유지하는 한편, 침략과 강압을 억제하는 방안으로 분쟁을 예방하고 침략을 억제한다. 분쟁예방과 침략억제는 통합된 해외주둔군 유지에 많은 부분을 의존한다. 해외에서, 미군은 분쟁예방 공약을 준수한다는 신뢰성 있는 메시지를 보내기 위해 전략적으로 중요한 지역에 영구적으로 주둔하고, 지역적인 목표 지원을 위해 교대하면서 전방에 추진 전개하며, 우발사태 시에는 임시적으로 전개한다. 이들 부대들은 또한 적이 미국과 그의 이익, 동맹과 파트너를 위협한다면 강력하게 대응 할 것이라는 것을 명확하게 보여줄 것이다. 미국은 과거 보다 더 신속하게 적 행동을 예측 및 대응하면서 분쟁을 이끌어 나갈 수 있도록 하는 상황에 능숙해야 한다. 합동군은 안보를 증진하고 침략을 억제하기 위해 다른 국가들과 하나의 목적-지상, 공중, 우주 그리고 해상에서-을 가지고 동역하기 위해 전방 추진 전개를 하게 될 것이다. 분쟁과 기습 공격 예방을 위해서는 군이 전략적 접근을 보장하고, 안보에 유리한 상황을 조성하며, 공통안보 이익을 방호하기 위한 파트너의 능력을 증진시키는 작업 방안을 취할 필요가 있다.

전방추진 대비 태세 및 배치. 파트너의 능력과 지역적인 안보를 보장하기 위한 작전에서 그들의 협조 의지를 증진하기 위해서는 통합된, 범지구적인 측면의 장기전략과 해외군사 태세의 강화가 요구된다. 전쟁전구 사령관은 전방 추진주둔군, 특정 임무에 맞춘 순환 및 임시 전개능력을 혼합 운용하여, 국경 안과 밖의 능력을 개선하고, 파트너의 역할을 강화하며, 합동 및 다국적 능력을 확대한다. 해외 준비태세와 배치 강화는 또한 우방을 확신시키고, 테러와의 전쟁 수행능력을 개선하며, 기타 위협을 억제, 포기, 격파하며, 군사변혁을 지원한다. 이런 변화는 미래 위협 예측을 향상시켜, 미국안보에 결정적인 핵심지역과 중요 통상교통로에 전략적인 접근을 보장하고, 전장 공간 전체에서 작전을 지속하도록 돕는다. 해외주둔군 조정 과정에서, 전쟁전구 사령관은 안보에 유리한 조건을 조성하는 한편 범지구적으로 적극으로 활동하는 해외작전, 합동 그리고 다국적 부대가 되도록 배치 조정을 발전시키고, 또한 그렇게 되도록 요구해야 한다. 전방추진 부대 보유의 가치와 유용성은 전장에서 승리를 넘는 것이다. 전쟁 이외의 분야에서 군사력 운용은 타 국가들이 평화를 방어, 보존, 확대하도록 유도 및 격려하는 미국의 의지를 보여주는 것이다.

안보증진. 미 군사능력의 가시적 및 목적에 따른 배치는 안보와 안정을 보장하는 능동적인 범지구 전략의 통합된 한 부분이다. 군은 그의 다국적 파트너 사이에 믿음과 신뢰를 구축하는, 중요한 상호 군사교류를 보장하기 위한 안보협력에 개입한다. 이들은 상대적으로 적은 투자로 투자 비용 이상의 결과를 만들어 낸다.

안보협력활동은 분쟁을 예방하고, 상호 안보이익을 증진하기 위한 기타 국가 차원의 노력을 보충한다. 이들 활동은 국가들이 그들 자신의 능력을 개발, 현대화 및 변혁시키도록 하여 파트너의 능력을 증가시키고, 그들 자신을 돕도록 격려한다. 안보협력은 군사적 대응 파트너 간에 운용교리 차이를 해결하고, 중요한 정보 및 통신 연결을 강화하고, 신속한 위기 대응을 용이하게 한다. 능동적인 안보협력은 잠재적인 적으로 하여금 안정과 안보를 위협하는 방안 채택을 단념하게 하여 핵심적인 세계지역의 안정에 기여한다. 이 방법으로, 우리는 동맹국과 군사적전의 통합을 용이하게 하고, 극단주의를 형성하는 상황을 감소시키며, 미래의 승리를 위한 상황을 조성한다.

침략 억제. 억제는 미국이 적대적 및 잠재적 적대 행위에 대응하여 전략적인 목표를 거부하고, 심대한 결과를 강요하는 절대적인 능력을 가지고 있다는 것을 적이 이해하는 데 달려 있다. 침략과 강압 억제를 위해서는 미국이나 우방의 민간 거주지에 생물학, 화학, 핵을 사용하는 재앙적인 충격을 예견하고 이에 대응 할 수 있어야 한다. 군은 위기를 안정시키거나, 적으로 하여금 그의 행동방안을 재평가하도록 강제 할 수 있는 융통성 있는 억제방안(FDO)을 행사 할 능력을 가지고 있다. 전쟁전구 사령관은 필요시 적의 신속한 격퇴를 지원하기 위한 조기투입 FDO 능력을 구축한다. 더 나아가, 그는 기타 비군사 FDO가 성공 할 수 있도록 유리한 안보 환경을 조성 할 능력을 운용한다.

효과적인 억제에는 미국의 국가이익 방어를 위한 의지를 강조하는 전략적 통신계획이 필요하다. 전쟁전구 사령관에게는 미국의 의도와 목표를 담고, 적의 잘못된 첩보와 허위 첩보를 극복 할 수 있는 전략적 통신발전이 긴요하다. 이런 전략적 통신은 적들과의 갈등을 회피하고, 긴장을 완화시킬 수 있다.

미국은 침략과 강압을 억제할 광범위한 방안이 필요하다. 핵능력은 대량살상무기/효과와 대규모 재래식무기 사용을 포함하여, 위협의 종류에 따라 억제 할 군사적 대안을 제공함으로써 억제에서 여전히 중요한 역할을 계속할 것이다. 광범위한 적으로부터의 침략을 억제하기 위해서는 기존의 핵전력을 다양한 종류의 능력으로 구성되는 신삼각 축으로 변혁 할 필요가 있다. 이 새로운 모델의 전략적 능력에는 비핵, 능동 및 수동적인 방어 그리고 이런 전력을 뒷받침 할 인프라도 포함된다. 비핵 타격 능력, 정보작전, 지휘 및 통제, 정보 및 우주전력이 좀 더 강력하고 효과적인 억제능력에 기여하게 될 것이다. 장차 표적획득과 정밀도의 향상이 동시피해를 감소시키고 광범위한 표적을 격파하는 데 요구되는 능력을 제공하게 될 것이다.

기습공격 예방. 이제 군이 오로지 적 침략의 사후에 대응만을 할 수 없게 되었다. 미국에 무서운 결과를 초래하는 공격에는 그들이 공격을 할 수 있게 되기 이전에 확실하게 그 위협을 사전에 제거하여 공격으로부터 미국을 방어하는 방안이 요구된다. 위협을 억제하고, 기습공격을 예방하기 위해서는 정보자산, 기민하고 결정성 있는 전력, 유관기관 간의 시기적절한 업무 협조 능력에 대한 요구가 증대될 것이다. 예방적인 임무를 위해서는 지휘관이 적시에 결심 할 수 있도록 하는 실제적인 정보의 공유와 교전규칙이 필요하다. 이런 의사결정 과정에서는 동시성과 신속성이 강조된다. 이 때의 핵심은 이동성 있는 순간적인 표적에 대해 민감하게 그 기회를 포착해 내는 것이다. 이들 임무를 위해서는 인간 및 기술정보 수집수단을 포함하여, 각종 능력을 통합하여 수집된 정보의 정확한 분석과 종합이 필요하다. 이 작전에는 첩보공유, 정보융합과 동시적인 계획수립에 중점을 두는, 타 기관 및 미 정부의 각 부와의 협조된 노력이 필수적이다.

안정화 작전과 전략적 억제를 위한 합동작전개념(JOC)은 전쟁전구 사령관이 분쟁이 일어나기 이전, 동안, 사후 전력운용에 핵심적인 방법이다. 분쟁을 예방하는 데는 질서유지 또는 회복, 평화와 안보 증진 또는 기존 상황의 개선을 위한 안정화 작전 능력이 요구된다. 이러한 방안들은 테러를 배양시키고, 테러를 지원하는 극단적인 이데올로기 조성하는 풍토를 완화시킨다. 분쟁과 기습공격 예방은 직접공격으로부터 미국을 방호하고, 미군이 적에게 압도적인 승리를 할 수 있는 상황 조성에 핵심이 되는 요소이다.

3. 적을 압도적으로 격파

필요시, 군은 적을 격파한다. 안보상황의 전개에 따라, 합동군은 전술 및 작전적 성공을 할 수 있고, 유리한 안보환경 조성에 압도적인 영향력을 발휘하며, 지속적인 승리를 보장할 수 있어야 한다. 테러리스트의 공격 양상을 보면 분쟁이 지형적인 경계로 제한되지 않으며, 테러리즘의 근원을 격파하기 위해서는 전 국가적인 노력이 필요하다는 것을 보여준다. 미국은 계속적으로 국제사회의 지원을 갈구하고, 공동의 도전에 대응하는 우방의 능력 증진을 추구하나, 필요시 단독행동을 주저하지 않는다.

적을 신속히 격파. 어떤 작전계획은 제한된 목표 달성을 추구한다. 적을 신속히 격파하려는 지휘관의 계획에는 어떤 국가의 수용 불가능한 행동과 정책의 좌절, 신속한 주도권 탈취 및 분쟁의 확대 예방, 적 성역 거부 및 공격 능력 또는 목표 거부 그리고 사후 안정화 작전지원 등이 포함된다. 각각의 경우에, 합동군은 결정적인 효과를 발휘하는 신속, 기민, 우세한 전투능력을 통합해 내야 한다. 여러 곳으로 이동해야 하는 부대에게는 여러 개의 동시적인 작전 실시와 지속에 충분한 전술 및 전략적인 공수능력은 물론이고, 확실한 전략적 접근 보장이 필요하다. 중첩된 작전지역에서 적의 신속한 격퇴를 위해서는 다음 전역을 수행하기 위해 신속한 재구성, 재편성, 재전개 능력이 요구된다.

결정적인 승리. 필요시, 지휘관의 계획은 어떤 전역을 신속하게 결정적인 승리로 이끌고, 그 결과를 유지하는 방안을 포함하게 될 것이다. 주전투작전(MCO) 능력은 전통 그리고 / 또는 비대칭적인 능력을 운용하는 국가로부터 비국가에 이르는 전방위의 위협에 적용할 수 있다. 결정적인 승리를 추구하기 위한 전역에는 공중, 지상, 해상, 우주 그리고 정보능력의 통합된 적용으로 적의 군사력을 격파하고, 지시에 의거, 적 체제를 제거하는 방안이 포함된다. 이런 전역에는 정규전, 비정규전, 본토안보, 안정화 및 분쟁 이후 작전, 대테러 및 안보협력활동 등이 요구된다.

안정화 작전. 결정적인 승리를 위해서는 주전투작전, 안정작전 그리고 미국에 유리한 안정 및 안보상황 조성을 위한 중요한 유관기관 간의 전후작전에 대한 동시화 및 통합이 필요하다. 합동군은 주전투작전에서 안정작전으로 전환하거나, 이들을 동시에 실시할 수 있어야 한다. 작전적 차원에서, 전후 군사작전은 외교, 경제, 재정, 치안 및 정보 노력과 종전 목표를 통합하게 될 것이다. 합동군은 그들의 작전과 활동을 국제적 협력자와 비정부조직과 적절한 수준에서 동시화하고 협조해야 한다. 이들 임무는 다른 국력 수단들을 더욱 효과적이게 하고, 장기적인 지역 안정과 지속적인 발전을 위한 상황을 조성할 것이다.

주전투작전과 안정작전을 위한 합동작전개념은 상호 보완적으로, 계획수립 시 완전하게 통합되고 동시화 되어야 한다. 이들 개념은 합동군으로 하여금 범지구적 전장에서 완전한 물리적, 정보적 우세로 연속적이고, 병행적 또는 동시적 작전을 수행 할 수 있도록 한다. 이들 합동작전개념은 향상된 작전 템포를 지속시키고, 적에게 계속적으로 압력을 가할 수 있게 하며, 군사행동을 다른 국력수단 적용과 동시화 할 수 있게 한다.

방호, 예방, 격멸의 목표는 군사능력에 대한 정의와 불확실성을 효과적으로 극복 할 수 있는 합동군 건설에 바탕을 제공한다. 그들은 특정한 적 보다는 싸우는 방법에 초점을 맞춘 능력에 기반을 둔 접근방법을 지원한다. 군은 미국의 군사적 이점을 극복하기 위해 대량살상무기 / 효과를 가지고, 고저기술 능력을 통합하며, 재래식 및 비대칭 능력을 병합한 능력을 가진 적을 격파 할 능력을 가져야 한다.

교활한 적을 격파하는 데는 융통성 있고, 모듈화 및 전개성이 강한, 각 군의 능력, 전쟁전구 사령관, 기타 다국적 파트너의 정부기관을 통합 할 능력이 있는 합동군이 필요하다. 합동군은 새로운 차원의 '태생적인', 예를 들면 합동구조와 획득 전략에 의해 개념화되고, 설계된 상호작전능력과 체제가 필요하게 될 것이다. 이런 차원의 상호운용성은 기술, 교리, 문화적인 장벽도 합동군 사령관이 목표를 달성하는 능력을 제한하지 못하게 한다. 궁극적인 목표는 대통령 및 국방부에 가용한 대안－물리적 및 비물리적－의 범주를 극대화시키는 합동군을 설계하는 것이다.

합동군 특성

- 완전한 통합－통일된 목적에 초점을 맞춘 기능과 능력
- 해외작전능력－범지구적인 전장에 신속하게 전개, 운용, 지속
- 네트워크화－시간과 목적에서 연결 및 동시화
- 분권화－하급 부대로 통합된 합동군 능력
- 적응성－적절한 능력을 혼합하여 신속하게 대응할 태세
- 의사결정 우세－적 대응보다 한발 빠른 우세한 정보에 기반을 둔 결심
- 치명성－모든 조건에서 적 그리고 / 또는 그의 체제 격파

합동작전개념

---

1. 요망되는 특성

다음 십 년간 도전은 범지구적인 전쟁 시에 한정된 자원으로 다양한 임무를 수행해야 하는 합동능력을 개발 및 강화하는 것이 될 것이다. 오늘날 미국은 질적으로 압도적인 유리점을 가지고 있지만, 이 유리점을 지속 및 증가시키기 위해서 변혁이 필요하다. 그 변혁은 기술의 통합, 합동에 도전하는 지적 및 문화적 변화를 통하여 달성할 수 있다. 군은 도전을 평가 할 수 있어야 하고, 혁신과 기술을 이용하며, 국가 목표 추구에서는 단호하게 행동 할 수 있어야 한다.

이런 복합 전장에서 작전하는 합동군은 가장 위험한 위협을 예측하고 이에 대응하기 위해 완전히 통합되고, 적응력이 있어야 한다. 이런 합동군은 광범위하게 분산 운용 시도 융통성 있고, 적응력 있게 계획수립을 하며, 분권화된 실시에 숙달된 고기동성의 해외작전 능력을 필요로 한다. 작전적 계획수립과 시행에는 결심우세와 방책을 택하고 순간적인 기회를 이용하는 예지적인 권위가 필요하다. 합동군은 정보우세와 결심우세, 부대의 정밀성과 치명성을 증가시키기 위한 정보기술의 힘을 사용 할 것이다. 결심우세 능력을 가진 네트워크 부대는 국가로부터 전술적 차원에 이르기까지 정보와 기타 관련된 첩보를 신속하게 수집, 분석, 전파 할 수 있고, 그 첩보를 적 보다 더 빨리 결심하고 행동하는 데 사용 할 수 있다.

이런 특성을 가진 합동군은 기술적인 것 이외의 해결책을 필요로 한다. 그것은 훈련되고, 숙련되며, 전문적인 남녀 근무자들을 필요로 한다. 그것은 또한 기술적인 우세, 작전경험, 지적인 이해력과 능력을 운용하고 핵심적인 합동기능을 수행하기 위한 문화적 전문성을 통합 할 수 있는 능력 있는 지휘자를 필요로 한다. 위에서 설명한 특성과 적극적인 사고를 가진 전문가로 구성된 합동군은 어떤 어려운 문제에도 창의적인 해결방안을 내놓을 수 있다.

2. 기능과 능력

각 군사목표 내의 본질적인 내용은 합동부대가 수행해야 할 일련의 기능이다. 지휘관들은 이들 기능의 분석과 그들을 수행하게 될 방법을 설명하는 개념을 통하여 과업을 도출하고, 요구되는 능력을 정의한다. 합동군이 이 기능을 수행 할 수 있게 하는 능력은 합동교리, 편성, 훈련계획, 물자, 리더십, 인력과 시설의 통합으로부터 나온다.

1) 군사력 적용(사용)

국가군사전략 목표를 달성하기 위한 군사력 적용은 군의 주 임무이다. 그것은 세밀하게 정의된 효과를 창출해 내는 기동과 교전의 통합적인 사용이다. 군사력 적용은 신속하게 주도권을 탈취하고, 적의 방어계획을 무력화시키기 위해 위치 및 시간적인 유리점을 얻기 위한 부대이동을 포함한다. 군사력 적용에서는 공, 지, 해, 특수작전, 정보 및 우주능력을 통합한다. 그것은 또한 지휘관으로 하여금, 매우 위험한 환경에서도, 임무목표에 반하는 결과를 분석하고, 그에 따라 능력을 조정하고 필요시 재교전 할 수 있게 하는 견고한 일관성을 요구한다.

군사력 적용에는 신속한 능력 이동을 위한 장비 전력투사, 그들의 정밀한 운용, 적이 대접근전략을 운용하고 전력투사 전략에 대한 대항 속에서도 그들을 유지하는 것이 필요하다. 이런 전력투사는 작전 전구에 대한 확증된 접근과 전략적 거리로부터 작전적 기동을 지원하는 강화된 해외작전 능력을 필요로 한다. 강력한 지역동맹과 연합은 주재국의 기반시설과 기타 지원에 대한 물질적인 지원 제공으로 해외작전 능력을 강화한다. 그들은 또한 정밀한 군사 능력 적용을 가능하게 하고, 미국으로 하여금 전투력을 결정적인 시간과 장소에 보다 효과적으로 집중 할 수 있게 하는 지역 정보에 대한 접근을 제공한다.

동맹 및 협력국가와 상황에 대한 공통인식 달성을 위해서는 상호 간 수용 가능한 정보체계, 다국적 파트너가 미국과 효과적으로 작전 할 수 있는 능력감소 없이 민감한 정보를 보호하는 보안 절차가 필요하다. 이런 정보 및 첩보 공유는 강력한 국제적 파트너십에 필요한 신뢰와 확신 구축에 기여한다.

군사력 적용에서는 압도적인 수의 부대를 만드는 것보다 목표 달성에 꼭 필요한 정확한 효과를 달성하는 데 중점을 둔다. 초국가적인 테러 조직을 포함한, 광범위하게 분산된 적에 대한 군사력 적용에서는 개선된 첩보수집과 분석체계가 필요하게 될 것이다. 어떤 목표라도 피해, 무력화, 파괴 할 수 있는 효과적인 범지구적인 타격 능력은 정밀성과 기동의 결합과 신기술, 교리와 편성의 통합에서 나온다. 가장 위험한 적을 격파하기 위해서는 시간-민감과 시간-과 결정적인 표적을 타격 할 수 있는 지속적인 전력적용을 필요로 한다. 이런 표적을 타격하기 위한 배치 및 준비 능력을 보장하기 위해서는 모든 시간대에 먼 거리에서 작전을 지속 할 수 있는 능력을 필요로 한다.

2) 군사능력 전개 및 지속

복수의 중첩되는 작전에서는 지속이 문제가 된다. 이와 같은 작전에서 지속은 아직 준비가 덜 된 전방이나 생소한 곳에서의 부대 지원작전 능력을 필요로 한다. 그런 능력 즉 집중군수지원 능력은 정확한 시간 및 장소에 정확한 인력, 장비와 보급품을 정확한 양만큼 제공하는 것이다. 이런 집중군수지원은 모든 전개 및 분배 절차가 동시화되는, 처음부터 끝 까지의 빈틈없는 군수지원 체제를 만들어 내는 네트워크 구축능력을 으뜸으로 한다.

중첩되는 주요전투작전에서는 전략적 기동성을 가장 중요한 요구 사항으로 여긴다. 이러한 작전에서 목표 달성을 위해서는 적극적인 해상수송, 공중수송, 공중재급유 그리고 사전장비 배치가 요구된다. 이들 작전을 지원하기 위한 전략적 기동성을 위해서는 또한 물자를 저장, 이동, 분배하기 위한 장비와 전 군수지원 연결망에 실시간 가시성을 제공 할 수 있는 정보 기반구축이 필요하다.

지속에는 전력의 장기 활용을 보장하는 전력 생산과 관리 활동이 포함된다. 전력생산에는 모병, 훈련, 교육 그리고 국방부 안에 민간인과 용역부대는 물론이고 현역 및 예비역에 양질의 인력을 유지하는 것이 포함된다. 이들 인력은 그들 조직 안에서 합동 교리를 바로 적용 할 수 있는 기술을 가져야 한다. 전력생산 요구에는 준비태세를 유지하기 위한 장비와 인프라의 기획, 계획수립, 획득, 정비, 수리와 재투자를 포함해야 된다.

전력관리는 고강도 작전 시에도 준비태세 수준 향상에 기여한다. 그것은 부대 가용성, 준비태세 그리고 통합성에 관한 현대화와 변혁효과를 고려한다. 전력관리 정책은 합동군의 긴장을 감소시키기 위한 부대교대 정책을 포함하여, 계속적인 작전요구 평가로부터 발전된다. 그들은 또한 다수의, 동시적 작전지원에 필요한 적절한 위치, 능력 그리고 연합된 인프라에 대한 결정을 돕는다. 전력관리 정책은 현역과 예비역의 적절한 혼합을 정하도록 돕고, 정당한 능력의 균형을 보장한다.

3) 전장 공간 안보(보장)

군은 전장의 공중, 지상, 해상, 우주와 사이버 공간에서 작전 할 능력을 가져야 한다. 군은 미국, 야전부대 그리고 미국의 범지구적인 이익을 방호하기 위해 이들 공간에 접근을 보장하는 군사능력을 운용해야 한다. 최근의 비선형적인 안보환경의 특성은 수많은 다양한 재래식 및 비대칭적인 위협에 대응하는 다층의 능동 및 수동적인 방법을 필요로 한다. 이것들 속에는 재래식 무기, 탄도 및 순항 미사일, 대량살상무기 / 효과가 포함된다. 그들은 또한 미국의 정보 기반능력에 결정적인 네트워크와 데이터를 겨냥하는 사이버 공간을 포함한다. 이런 위협에 대하여는 전통적인 적을 포함, 온갖 종류의 능력을 운용 할 수 있는 테러리스트와 불량국가를 억제할 수 있는 포괄적인 억제개념이 필요하다.

군에게는 그들의 자산과 전체적인 전략적 접근 방법에 접근하는 광범위한 위협을 탐색 및 차단하는 새로운 능력이 요구된다. 광범위한 다양한 잠재적인 적에게 정보 및 2중 목적기술의 습득 가용성은 그들에게 미국의 정보체계를 붕괴시키거나 또는 이용할 수 있는 능력을 제공하게 되어, 군을 증가하는 위험에 노출시킨다. 적은 그들의 능력을 효과적인 무기로 통합하는 새롭고 혁신적인 방법을 발견하여, 미국을 위협 할 수 있는 능력을 강화시킬 수도 있다. 군 부대는 적극적인 대확산으로부터 비확산정책을 지원하는 방안을 취할 수 있는 수단과 설정된 교전규칙 양쪽 모두를 보유해야 한다. 전장안보에는 이런 능력 사용을 거부하고, 비대칭 공격에 대응하기 위해 다른 정부기관 및 다국적 파트너와의 협조 활동이 필요하다. 이것을 위해서는 교리, 수단 그리고 비국방부 장비로 더 효과적으로 군사능력을 동시화하는 훈련이 필요하다.

특히 대량살상무기 / 효과 공격 후에는 사후관리 능력이 긴요하다. 이런 능력은 손해와 인명피해를 제한하며, 대량살상무기 / 효과 또는 군사작전 후 의도 및 비의도적으로 독성화학 물질을 살포에 대응하는 방안을 포함한다. 사후관리에서는 무기 요원들을 분리, 제독, 해독하는 방안을 통하여 영향 지역 회복을 지원한다. 지시가 있을 때, 합동군은 동맹군과 기타 안보 파트너로 사후관리 지원을 확대한다.

군사작전에서는 정보체계와 그들의 산물에 접근을 보장하고, 적에게는 접근을 거부하는 능력이 필요하다. 전장공간 안보에는 정밀한 부대적용과 전방위작전의 지속적인 보장을 위한 지속적 활동을 지원하기 위해 정보와 지휘 및 통제 체제 보안이 포함된다. 전장공간 안보는 군이 결심우세를 지원하는 모든 출처의 정보와 기타 관련첩보를 수집, 처리, 분석, 전파하는 능력을 보장한다.

4) 결심우세 달성

결심우세-적보다 더 빨리 더 정확한 결심을 하는 절차-는 속도와 융통성에 기반을 둔 전략 수행의 핵심요소이다. 결심우세를 위해서는 정보를 획득, 통합, 사용 및 공유에 새로운 사고방식을 필요로 한다. 그것은 적에 관한 지식을 제공하는 정보, 정찰, 수색은 물론이고 C4 구조 개발에 대한 새로운 사고를 필요로 한다. 결심우세를 위해서는 성공적인 전역에 관련된 기타 자료는 물론이고, 피아 위치, 능력, 활동에 대한 정밀한 정보가 요구된다. 즉응적인 지휘통제 체제와 통합된 전장판단은 역동적인 의사결정을 지원하고, 정보우세를 적이 따라올 수 없는 이점으로 전환시킨다.

지속적인 정찰, ISR 관리, 동시적인 분석과 즉각적인 분배는 전장 판단을 촉진시킨다.

이런 수준의 판단을 지원하기 위한 정보 산물 개발에는 수집체계와 공중, 지상, 해상 및 우주기반 센서에 대한 확실한 접근이 요망된다. 인간정보 수집 또한 수집체계에서 중요하다. 그들은 적의 의도를 판단 할 수 있는 능력을 제공하고, 계획과 명령에 실제적으로 필요한 정보를 제공한다. 전방에서 운용하는 정보 분석자들은 종합적이고, 통합된 자료 그리고 수평적으로 첩보와 정보를 통합하여 뒤로 보낼 능력을 가져야 한다. 그들 전체 체제는 핵심첩보에 적 접근을 효과적으로 거부하는 대정보 능력에 의해 지원받아야 한다.

전장 공간 판단을 위해서는 다른 정부기관 및 동맹과 관련 첩보를 공유 할 능력이 요구된다. 이런 첩보공유를 위해서는 다국적 파트너와 기타 정부기관이 손상 가능성을 감소하면서 관련첩보에 접근 및 사용 할 수 있는 다층의 보안 능력이 요구된다. 빈틈없는 다층 보안 접근은 분산된 지휘 및 통제를 할 수 있게 하고, 다국적 작전 시 전환을 증대시킨다. 다방면에서, 광범위하게 분산된 위치에 부대를 적용하려는 결정에는 고도로 융통성 있고, 적응력 있는 합동 지휘 및 통제 절차가 필요하다. 지휘관은 예하부대와 결심을 소통해야 하고, 신속하게 예비 방안을 발전시키며, 요망되는 효과를 만들어내고, 결과를 평가하며, 적절한 후속 작전을 실시해야 한다.

합동군은 정보우세를 가능하게 하는 전자전, 컴퓨터 네트워크 작전, 군사기만, 심리전과 군사보안을 포함한 정보작전을 실시한 능력이 요구된다. 정보작전은 적응력이 있어야 한다. 즉 구체적인 요구에 맞아야 하고, 작전 상황에 맞추어 융통성이 있어야 한다. 억제 실패 시, 정보작전으로 네트워크와 통신 의존 무기, 인프라와 지휘통제 그리고 전장관리 기능을 붕괴시킬 수 있다. 정보작전은, 공격이든 방어든지 간에, 전장 공간에서 미국의 행동의 자유를 보장하는 관건이다.

결심우세 합동군은 지휘관으로 하여금 시간-민감 및 시간-결정적 표적을 공격 할 수 있도록 하는 의사결정 절차를 운용해야 한다. 역동적인 의사결정은 편성, 계획수립 절차, 기술체계와 이에 상응하는 정보 중심의 결심을 지원하는 권위를 결합시킨다. 이런 결심에는 네트워크화된 지휘통제 능력과 전장 공동작전상황도를 필요로 한다. 네트워크화는 또한 다국적 작전에 간편성을 증가시키고, 합동작전 중인 다른 정부기관과 다국적 파트너를 지원 할 수 있어야 한다. 전력 적용, 지속 그리고 전장안보는 이들 능력에 의존하게 될 것이다.

1. 전력 구상과 규모를 위한 지침

국가국방전략에서는 본토를 방어하고, 네개 전방 지역에서 억제를 하며, 두개의 중첩된 주전투작전(MCO)에서 적을 '신속하게 격퇴하는' 전역을 수행할 수 있는 전력규모를 지시하고 있다. 제한된 숫자의 소규모 우발사태에 투입된 상황에서도 두개의 중첩된 전역에서 하나의 전역은 '결정적인 승리'를 할 수 있어야 한다. 이 '1-4-2-1' 부대 건설 구조에서는 목표를 달성하기 위한 더욱 혁신적이고 효율적인 방법을 최고로 여긴다. 그 구조는 가장 시급하게 요구되는 시나리오를 위한 임무의 기준을 설정해 주고, 전방위군사작전을 포함한다. 그것은 특정 임무 시나리오를 대표하는 것도 아니고, 일시적인 상황을 나타내는 것도 아니다. 결론적으로, 기획자들과 계획자들은 아래 제시한 그 구조의 의미를 고려해야 한다.

기본 안보태세 수준: 전쟁전구 사령관은 테러와의 전쟁, 진행 중인 작전 그리고 미군이 개입되어 있거나, 완전히 이탈이 쉽지 않는 일상적인 활동을 포함하는 기본 안보태세선 안에서 그들의 임무를 수행해야 한다. 극심한 소요를 필요로 하는 진행 중인 테러와의 전쟁은 가까운 장래까지 지속될 것이다. 전후 및 테러와의 전쟁 작전은 장기작전이 될 것이며, 그 강도는 다양할 것이기 때문에 기획가들은 이들 전역목표 달성에 요구되는 능력을 판단해야 한다. 사령관들은 주어진 기본안보태세 수준 달성에 성공하기 위한 방안을 발전시키고, 감수 할 수 있는 위험을 위해 양보 할 수 있는 능력을 식별해야 한다.

충분성과 해외주둔. 부대규모를 결정함에 있어서는 현재와 미래의 도전에 대응하기 위한 전력규모의 타당성 그리고 현재 목표 전력과 부대／능력 조합의 최적성 평가가 필요하다. 전력규모 결정 시에는 해외 부대의 할당, 위치, 분산, 지원을 고려해야 한다. 또한 규모결정 시 전진배치부대 영구주둔, 교대 및 임시주둔을 판단해야 하고, 해외 인프라. 이 능력의 전략적 공수와 안전 그리고 유지를 포함한 자산 등도 고려해야 한다. 어떤 위기는 예측하기가 더 어렵거나, 신속하게 확산될 수도 있다. 이런 위험을 감소시키고, 군의 능력을 보장하기 위해서는 후속부대의 집중적인 투입 보장하에 신속하게 전방에 '조기 투입' 하는 능력이 필요하다.

교전 이탈. 이 전력기획수립 구조는 미국이 제2의 중첩되는 전역에 직면하여 어떤 사태에서는 교전 이탈을 할 것을 가정하는 것이기 때문에, 거기에서는 미국이 의도하지 않거나 또는 신속하게 종결을 할 수 없는 소규모 우발사태가 있을 수 있다. 또한 미국이 교전 이탈을 할 수 없을 정도로 장기간 계속되는 전후 안보 상황을 호전시키려는 안정화 작전이 있을 수도 있다. 이런 상황하에서 몇 가지 중요한 능력이 후속 분쟁에 사용 할 수 없게 되는 사태가 올 수도 있다. 전쟁전구 사령관은 작전 시, 전역에 결정적인 대부분의 능력이 소규모 우발사태 작전 시도 필요하다는 것을 알고 이런 사태의 가능성을 고려해야 한다.

확산. 부대규모를 결정하기 위한 방안에서는 소규모 우발사태가 더 큰 노력이 요구되는 전역으로 확산될 가능성 있다는 것을 고려해야 한다. 위기 발생 시 광범위한 군사적 대안을 제공하기 위해서는 이런 소규모 우발사태에 대한 계속적인 투입에도 불구하고 미국의 주전투전역 수행 능력을 보장하면서도, 포괄적으로 전방위 군사작전에 투입이 가능한 수준의 전력 규모가 필요하다.

전력 생산과 변혁. 전력규모 결정과 구상은 현행 작전을 넘어서는 것이어야 한다. 전력의 건전성은 장기적으로 생산, 지속 그리고 변혁하는 능력에 따른다. 전력규모 결정 시는 진행 중인 훈련활동을 지원하는 데 소요되는 전력평가, '연속적으로 진행'되는 변혁, 전쟁전구 사령관에 제공되는 부대 가용성과 능력을 제한하는 기타 계획들을 포함해야 한다. 수용 가능한 수준의 위험 평가는 군이 가장 큰 요구에 대응 할 수 있는 능력의 형태와 종류에 따라 결정된다.

2. 위험과 전력 평가

주어진 현재 전력 수준과 자원으로, 이 전략은 수행이 가능하다. 미국의 재래식 군사 능력은 가까운 장래까지는 상대가 없을 것이지만, 군에 대한 포괄적인 전방위 작전 요구를 고려해야 한다. 테러와의 전쟁 추구, 아프가니스탄과 이라크에서 안정작전 수행, 장기적으로 미군의 건전성을 보호하면서 본토로부터 전력투사 보장과 전 세계적인 공약 유지를 위해서는 위험을 완화시키는 방안이 필요하다. 사령관들은 오랜 기간이 소요되는, 그 결과 이 전략 수행에 어려움을 가중시키는 변혁, 현대화, 재투자와 균형을 맞추는 대안을 개발해야 한다.

현재, 군은 고강도 분쟁과 기존 전구에서 전투 작전에 알맞다. 테러와의 전쟁에서 경험으로 우리는 군이 개선해야 할 능력은 물론이고, 군사력운용 개념에 대한 강점과 결함을 파악하고 있다. 군은 주전투작전과 소규모우발사태에 대한 작전능력을 완전하게 갖추어야 한다. 현재 군으로 OEF와 OIF 작전을 성공적으로 수행하였지만, 장차작전을 위해서는 보다 근본적인 변화가 요구된다. 추가적으로, 안보환경의 변화는 합동군에 적응성을 필요하게 한다. 이 변화에는 위협의 발전과 미국의 작전소요 지원에 기여하는 동맹국과 파트너 능력 평가를 포함한다.

V. 장차전을 위한 합동 비전

합동군의 특성과 능력은 미래군을 위한 기반을 제공한다. 그들은 변화와 도전에 직면하여 편성 구상과 교리를 조정하는 기반을 제공한다. 그들은 다른 국력요소를 보충하는 방식으로 국방부의 목표를 지원한다. 그 목표는 전방위우세(FSD) - 전방위군사작전에서 어떤 상황도 통제할 수 있고, 어떤 적도 격파할 수 있는 능력이다.

1. 전방위우세 교리

전방위우세는 현군사력 적용과 미래합동작전 비전을 위한 중심 개념이다. 전방위우세를 달성하기 위해서 군은 변혁 노력을 전방위군사작전에서 성공을 보장하는 합동군 능력을 강화시키는 핵심 분야 능력으로의 집중이 필요하다. 전방위우세는 다양한 상황과 목표에 적합한 합동군사능력, 작전개념, 기능과 능력을 요구한다.

전방위우세는 다른 국력 수단과 군사 활동의 통합, 동맹과 다른 협력자들과의 상호운용성의 중요성과 일련의 연속적인 변혁의 결정성을 인정한다. 전방위우세는 그들 간의 상호의존성과 조직 사이에 존재하는 간격과 틈을 감소시키는 개념발전을 상기시킴으로써 군 구성 요원 사이에 존재하는 신뢰와 확신을 강화시키는 역할을 하게 될 것이다. 그것은 단기적 능력과 장기적 능력의 균형을 꾀하고, 군사와 전략적 위험에 대한 범지구적인 관점을 통합해 주는 능력에 기반을 둔 접근을 요구한다. 이런 통합적인 개념은 군으로 하여금 범지구적으로 분산된 상태에서, 동시적으로 신속하게 작전하는 능력 보유를 보장하고, 적의 방안을 강제적으로 폐쇄시키며, 필요시, 적을 결정적으로 격파하는 데 필요한, 요망되는 효과를 만들어 내게 한다.

변혁 중점

국가국방전략에서는 '국방부를 위한 변혁 중점'을 아래와 같이 8개 분야에 걸쳐서 제시하고 있다.

- 정보능력 강화
- 결정적인 작전기지 방호
- 공역으로부터 작전: 우주, 공해, 공역 그리고 사이버 공간
- 원거리 대–접근 상황에서 미군 투사 및 지속
- 적 성역 거부
- 네트워크 중심 작전 실시
- 비정규전 능력 개선
- 국제 및 국내 파트너 능력 증진

전투능력을 개선하기 위한 기술적인 해결 방안과 함께, 우리는 또한 군사적 우세를 보장하기 위한 교리, 편성, 훈련체계, 물자구매, 리더십 준비, 인력개발 계획 그리고 시설을 검토해야 한다. 이것은 현재의 위협에 대응하고, 다가올 미래에 대비해야 하는 보다 전체적인 접근을 필요로 한다. 이를 위해서는 연구개발에 대한 새로운 능력의 개발과 야전배치에 대한 소요 시간의 단축을 우선적으로 고려해야 한다. 이러한 방안은 합동군에 대한 연속적인 변혁과 미래 합동군 전투 개념 실천에 핵심이다.

2. 전방위우세 계획

각 군과 전쟁전구 사령관은 군사적 우세를 보장하기 위한 많은 계획에 적극적으로 개입한다. 미군은 본토 방호와 테러와의 전쟁 승리를 위한 상황을 계속적으로 유지하기 위해 유관기관과 국제적 노력에 개입하면서 한편으로는 다른 나라에 우세를 유지해야 한다. 아래에 제시한 계획은 현재 진행 중인 합동전투능력을 강화하고, 변혁을

지원하는 활동을 대표하는 것이다.

편성적응성. 적응력 있는 편성을 위해서는 편성이 좀 더 모듈화되어야 하고, 특정 임무에 신속하게 합동능력을 재구성 할 수 있어야 한다. 모듈화 전력은 합동작전 능력을 강화시키는 각 군의 핵심 구성 능력이다. 편성적응성을 위해서는 적절한 능력의 혼합을 지속하기 위해 현역과 예비역의 균형을 꾀하는 방안을 필요로 하게 될 것이다. 추가적으로, 상비합동군사령부(SJFHQ) 창설은 각 전쟁전구 사령부 안에 있는 합동군사령부(JFC)에 핵심적인 능력을 제공하게 될 것이다. 상비합동군사령부는 전 세계적으로 일어나는 우발사태와 위기에 대응하여 신속한 각 군 능력의 포괄적 운용을 용이하게 할 것이다. 선택적으로, 보충, 훈련, 장비된 이들 상비합동군사령부는 어떤 우발사태에서도 효과적으로 작전 할 수 있는 수단을 가지게 될 것이다. 동시에, 합동국가훈련 능력은 합동군으로 하여금 전술 및 작전적 차원에서 전쟁 경험을 훈련 및 습득하게 할 것이다. 그것은 합동군에게 실제적인 훈련을 제공하고, 전장판단 기능을 지원하게 될 것이다. 이들 새로운 훈련능력은 합동군으로 하여금 비대칭적인 도전과 다양한 위협에 더 준비하게 할 것이다.

유관기관 통합과 정보공유. 다섯개 지역과 두개의 범지구 전쟁사령관의 대테러 합동유관기관협조단(JIACG) 운용은 유관기관의 통합을 용이하게 한다. JIACG는 유관기관들 간에 정보공유를 획기적으로 증대시켜 왔다. 계속적인 실험 절차를 통하여 전쟁전구 사령관이 직면하는 수많은 초국가적 이슈들에 대비하는 다국적 전문가들 돕는 '전방위' JIACG를 개발 및 배치하려는 군의 목표를 지원한다. 단기적으로 군은 화상으로 동시작업을 가능하게 하는 국방부 표준 동시 작업 도구 세트와 JIACG 사이에 정보공유와 상황판단을 용이하게 할 것이다. 유관기관 통합은 공공업무와 공공외교 요소를 가진 전략적 통신을 가능하게 할 것이다. 군사 첩보작전에 추가하여, 이 전략적 통신 계획은 주제와 전문의 통일성을 보장하고, 성공을 강조하며, 정확하게 미국 작전에 대한 내부 보고를 확인하거나 거부한다. 전쟁전구 사령관은 이런 전략적 통신 전역 개발, 실시, 지원에 적극적으로 관여해야 한다.

범지구정보망. 국방부는 더욱 더 완전하게 상호운용이 가능하고, 유관기관 지원범위를 가지는 범지구정보망을 개발 중이다. 범지구정보망은 정보와 결심우세에 가장 중요한 단일 능력이 될 가능성을 가진다. 범지구정보망은 정보공유, 효과적이고 상승적인 계획수립 그리고 동시적이고 중첩되는 작전수행을 용이하게 하는 정보환경 조성을 지원한다. 그것은 일종의 범지구적으로 상호 연결된, 끝에서 끝까지의 정보능력의 집합으로, 연합된 절차이고, 국방정책 담당자, 전투원 그리고 지원 인원에게 소요되는 정보를 수집, 처리, 저장, 전파 그리고 관리하는 인력이다. 다른 계획들에 작전정량분석(ONA) 개념, 다국적정보공유(MNIS), 변혁변화패키지(TCP) 그리고 몇 가지 첨단기술시연(ACTDs)이 포함되는 전장판단 변혁이 포함되어 있다. 그들은 각각 결심수립을 위한 정보와 지식, 기술, 정책 그리고 편성 관련 이슈 그리고 혁신 능력에 대비한다. 이 활동들은 연합국 파트너들 사이에 정보 공유 개선에 관련된 진행 중인 노력들이다.

정보 전역계획 수립. 역동적인 환경에서 결심우세 달성을 위해서는 국방부, 비국방부 기관, 준법단속과 다국적 파트너 등을 포함하는 모든 출처의 정보와 첩보의 동시화와 통합이 요구된다. 정보 지원은 또한 모든 범주의 분쟁을 포괄하고 그리고 매일 이루어지는 안보 협력과 테러와의 전쟁 요구로부터 나오는 모든 군사작전에 걸쳐 지속적이어야 하고, 적대 이전, 위기 그리고 주전투작전, 전후 안정작전을 지원해야 한다. 분쟁예방을 지원하고, 기습공격을 완화시키며, 정보를 전투 요구에 즉각 응하도록 준비하는 정보작전 전략은 이 지원의 핵심 요소다. 정보 전역계획은 모든 출처에 대한 정보 분석과 생산, 다방면수집, 처리훈련 그리고 지원 첩보구조를 포함하는 모든 단계의 작전과 전역에 요구되는 종합적인 정보를 정하여 이들 전략을 이행한다. 이런 계획은 또한 국가적 및 국제적인 안보의 약화 없이 관련 정보를 광범위하게 전파 및 공유하게 한다. 모든 정보작전 측면에 대한 대비로, 이 계획은 국방부와 기타 광범위한 정보 집단의 정보 능력을 결심우세로 이끄는 결정적인 첩보를 제공하는 데 중점을 둔다.

해외주둔 태세 강화. 통합된 범지구 배치와 기지 설치 전략은 미국의 파트너십 네트워크를 강화하고, 확대하는 한편 전투능력을 강화시키는 방안에 틀을 제공한다. 이런 전략은 영구 및 교대 주둔, 사전 물자배치, 이런 목표를 지원하는 범지구 자원지원과 능력 집중 제공, 조정에 대한 근거를 제공한다. 배치 조정은 영구적인 평화를 보장하는 상황을 조성하는 한편, 테러와의 전쟁 승리를 지원해야 한다. 미국 해외주둔과 범지구적인 군수지원망 강화를 위해서는 지역 부대가 지역 및 범지구적인 우발사태에 동시에 대응하도록 하는 해외작전 접근 방법을 운용하는 능력을 개선해야 한다. 그들은 위기 발생 시 요구되는 시간과 장소에 전력을 집중하는 '계측적인(scaleable)' 지원 계획을 유지해야 한다. 미군 해외주둔과 태세 변경은 군의 불확실성을 다루는 능력을 강화하고, 신속한 작전을 가능하게 하며, 과거 보다 더 빠르게 대응 할 수 있게 하는 것이어야 한다. 미군 해외주둔은 또한 핵심 지역의 상황을 개선하고, 분쟁 예방을 지원하는 것이어야 한다. 통합된 범지구 해외주둔과 기지 설치는 새로운 파트너십을 돕는 한편, 기존의 동맹을 강화하는 역할을 한다. 지역 동맹과 연합 강화는 적대적 또는 비우호적인 체제에 압력을 가할 수 있는 지역적으로 유리한 세력균형의 조성을 돕는다. 다국적 파트너십은 합동 훈련, 실험과 변혁을 통해서 연합을 형성하는 기회를 확장한다. 통합된 범지구적 배치와 기지 설치 전략은 지속적인 평화 유지 상황을 부여하면서 침략을 억제하고, 분쟁 확산을 통제하는 등의 분쟁 이전의 방안들의 선택 범위를 확장한다.

합동 지휘자 개발. 우리는 전사들 즉 고급 및 초급 장교 그리고 준사관들을 위해 좀 더 양호한 합동경험, 교육, 훈련을 제공하는 합동전문 군사교육을 계속적으로 개선한다. 고급장교들 차원에서는, 수정된 기본 교육과정에서는 고급장교들이 합동군과 기타 합동작전을 이끄는 데에 대비한 합동성에 대한 강조가 증가될 것이다. 초급장교와 준사관들에게는, 합동교육과 훈련을 경력 초기에 통합하여 미래 지휘자들이 더욱 효과적으로 전술작전과 유관기관 및 다국적 구성요소와 통합하게 할 것이다.

VI. 결   론

이 전략은 군이 테러와의 전쟁에서 승리하고 전방위우세의 합동, 네트워크 중심의, 분산부대 능력을 만들어 내는 방안을 지원하는 합동전투능력의 강화에 중점을 둔다. 전장 너머에서 달성하는 결심우세와 맞춤형 효과 창출은 합동군이 어떤 상황에서도 전방위작전을 통제 할 수 있게 한다. 성공을 위해서, 군은 새롭고 혁신적인 방법으로 각 군의 능력을 통합하고, 전쟁전구 사령관 사이의 틈을 감소시키며, 국내외의 파트너와 좀 더 동시적인 협조 관계로 발전시켜야 한다.

국가군사전략은 지휘관으로 하여금 군사 및 전략적 위험을 평가하면서 특정 합동군 과업을 정의 할 수 있게 한다. 그것은 합동능력을 생산, 운용, 지속하는 계획과 프로그램 조정을 지도한다. 추가적으로, 그것은 작전적 과업, 제도적인 이슈, 전력관리 프로그램, 미래의 도전에 대한 통찰력을 제공하고, 위험을 완화시키는 방책을 권고한다.

이런 요구들을 충족시키기 위해 전 세계적으로 여러 곳에서 교전을 하게 될 때, 미국의 군대는 전력의 질을 유지해야 하고, 합동전투 능력을 강화하며, 21세기 도전에 대응하여 변혁을 해야 한다. 이 전략을 시행하기 위해서는 혁신 문화에 깊게 뿌리를 내린 진정한 합동의 전방위 부대-현역과 예비역, 국방부 민간인과 용역부대가 빈틈없이 혼합된-가 필요하다. 그것은 최고수준의 잘 훈련되고, 잘 교육되며 잘 양육된 인력-훈련되고, 헌신되며, 전문화된-을 필요로 한다.

군의 임무

국가국방전략을 지원하기 위해 군은 범지구적으로 아래의 군사 활동을 한다.

- 외부의 공격과 침략으로부터 미국 방호
- 분쟁과 기습공격 예방
- 적을 압도적으로 격파

적절하게 자원만 배분되면, 이 전략은 장기적으로 군사적 및 전략적 위험에 효과적으로 균형을 맞추는 국가군사 및 국방전략의 목표를 달성 할 수 있을 것이다. 그것은 우리들로 하여금 오늘의 위협에 대처하고, 합동군으로 하여금 미래의 도전에 능숙하게 대처하도록 변혁시킬 것이다.

미국의 대량살상무기전 전략

양완식 · 박기련 역

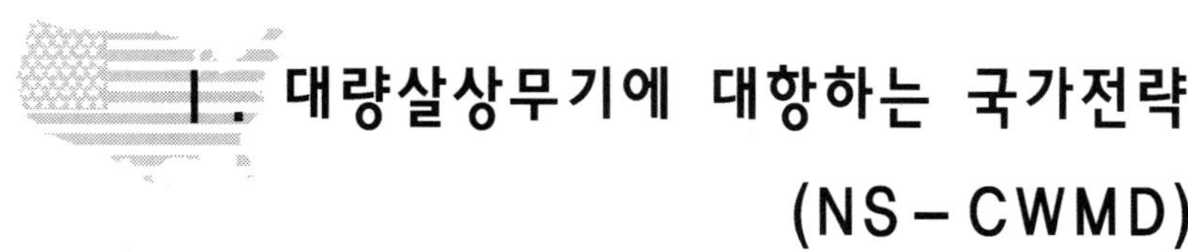 Ⅰ. 대량살상무기에 대항하는 국가전략 (NS-CWMD)

우리나라가 당면하고 있는 가장 심각한 위험은 극단주의와 기술의 교차점에 놓여 있다. 우리의 적들은 그들이 대량살상무기를 찾고 있다고 공공연하게 선언하고 있고, 그들이 결연히 그렇게 하고 있는 증거들이 나타나고 있다. 미국은 이런 노력들이 성공되도록 결단코 허용하지 않을 것이다…… 역사는 이같이 다가오는 위험을 보고서도 조치에 실패한 사람들을 냉엄하게 심판 할 것이다. 우리는 새로운 세계에 접어들었고 평화와 안전을 위한 유일한 길은 조치를 취하는 길 밖에 없다.

대통령 부시 - 미국의 국가 안보전략 - 2002. 9. 17.

1. 서 론

미국이 당면할 가장 큰 안보 도전은 대량살상무기(WMD) 즉 핵, 생화학 무기가 적대국가나 테러리스트들의 손에 들어가는 것이 될 것이다. 이 같은 모든 차원의 위협에 대응하기 위하여 우리는 포괄적인 전략을 추구해야 한다.

대량살상무기의 사용과 차후 확산을 포함한 대량살상무기에 효과적으로 대응하는 것은 미국 국가전략의 핵심이다. 테러와 전쟁, 우리 본토의 안보전략 그리고 우리의 새로운 억제전략 개념에서와 마찬가지로, 대량살상무기전에 접근하는 방식이 과거와는 근본적으로 변화되었다. 성공하기 위해서 우리는 새로운 기술의 응용, 증강된 정보화 국가의 강조, 국내외에 있는 우리 군사력 그리고 우리의 친구와 우방을 포함하여, 오늘날 우리들이 가진 기회의 장점을 최대한 활용해야 한다. 테러리즘을 지원했거나 테러리즘 지원을 계속하고 있는 몇몇 나라들은 이미 대량살상무기를 확보하고, 강압정치와 협박의 수단으로 활용하기 위해 보다 큰 능력을 찾고 있다. 그들에게 있어서 대량살상무기는 최후의 무기가 아니다. 재래식 무기 부문에서 우리의 장점을 극복 할 의도로 선택하는 군사적으로 유용한 무기이다. 또한 핵심적인 이해 관계가 걸린 지역에 위치한 우리의 친구들이나 우방들에 대하여 공격을 감행 할 때 우리의 대응을 격파하려는 무기들이다. 이에 더하여, 테러리스트 그룹들은 공언한바와 같이 주저함이나 경고 없이 우리 국민들과 친구들 및 우방들의 국민을 대량 살상 할 목적으로 대량살상무기의 획득을 추구한다. 대량살상무기로 우리를 위협하는 가장 위험한 정권이나 테러리스트의 세상을 우리는 용인하지 않을 것이다.

2. 우리 국가 전략의 기둥(Pillars)들

대량살상무기에 대항하는 우리의 전략은 세개 지주로 구성되어 있다.

1) 대량살상무기의 사용과 대항하는 확산대응
(counter - proliferation)

  현재 안보환경에서 적대 국가들이나 테러리스트들에 의한 대량살상무기의 소유나 사용 가능성이 현실화되고 있다. 그러므로 군과 관련된 민간 기관이 대량살상무기 운용의 모든 분야에 대하여 억제하고 방어 할 준비를 하는 것이 대단히 중요하다. 우리는 대량살상 전투무기 대응에 필요한 모든 능력들이 방어계획으로 반영되어 통합되고 본토의 안보태세로 확실하게 결합되도록 할 것이다. 또한 확산방지는 대량살상무기를 장비한 적들을 결정적으로 격멸하기 위한 작전 지속력을 보장하기 위하여 기본교리, 훈련 그리고 모든 군의 장비에 통합되어 반영될 것이다.

2) 대량살상무기 확산 대항하는 강화된 비확산(non proliferation)

미국, 우방과 동맹들 그리고 보다 넓은 의미의 국제사회는 국가들이나 테러리스트들이 대량살상무기와 미사일을 획득하는 것을 방지하기 위하여 모든 노력을 경주하지 않으면 안 된다. 우리는 확산 국가들이나 테러리스트들의 네트워크를 단념시키거나 혹은 방해 또한 그들이 민감한 기술과 물자 그리고 전문지식에 접근하는 것을 지연시키거나 더 많은 비용이 들도록 강요하는 전통적인 수단들, 예컨대, 외교, 군비통제, 다자협력, 위협감소 지원 그리고 수출 통제 등을 향상시키지 않으면 안 된다. 우리는 핵확산금지조약(NPT), 화학무기협약(CWC) 그리고 생물학무기협약(BWC)을 포함한 관련 국제조약을 준수하도록 보장해야 한다. 미국은 인가되지 않은 대량살상무기와 미사일 기술, 전문지식 그리고 물자들의 이전을 방지하는 다른 나라들의 능력을 향상시키기 위하여 그들과 계속해서 같이 일 할 것이다. 우리는 확산활동의 범죄화와 같은 새로운 방지 방법을 찾아내어 추진하고, 안보와 안보 수단을 확장해 나갈 것이다.

3) 대량살상무기 사용에 대응하기 위한 결과 관리
(consequence manesement)

마지막으로, 미국은 미국의 시민과 군대 그리고 우방들과 동맹들의 시민 및 군대에 대하여 대량살상무기가 사용될 경우에 대응 할 준비가 되어 있어야 한다. 우리는 본토와 해외에서 대량살상무기 공격의 가공 할 결과를 가능한 최대한 감소시킬 능력을 개발 및 유지해야 한다.

대량살상무기에 대한 미국 국가전략의 세 지주는 빈틈 없는 포괄적인 접근이다. 지주들을 통합시키기 위해 우선 순위를 두고 추진해야 할 필요가 있는 요소들은 다음 4가지이다. 대량살상무기, 운반시스템 그리고 관련시스템에 대한 정보수집과 분석, 위협에 관련된 대응 능력 향상을 위한 연구개발, 상호 및 다자간의 협력, 적대적 국가들이나 테러리스트들을 겨냥한 전략들이 그것이다.

3. 확산대응(counter - proliferation)

우리는 대량살상무기의 확산을 방지하고 고착시키는 데 항상 성공하지 못하였다는 점을 경험을 통해 알고 있다. 그러므로 미군과 적절한 민간기관들은 미국, 우리의 군대 그리고 우방 및 동맹에 대하여 국가들이나 테러리스트들에 의한 대량살상무기 위협과 사용에 대응 할 모든 분야의 작전능력을 갖추어야 한다.

1) 차 단

효과적인 차단은 대량살상무기와 운반수단에 대항하는 미국의 전략의 핵심 부분이다. 우리는 대량살상무기 물자, 기술 그리고 전문지식이 적대적인 국가들이나 테러리스트 조직들에게 넘어가는 것을 방지하기 위하여 우리의 군사, 정보, 기술 그리고 법집행 능력을 향상시켜야만 한다.

2) 억 제

오늘날 위협들은 과거보다 훨씬 다양하고 예측하기 어렵다. 미국과 미국의 우방들 및 동맹들에게 적대적인 나라들은 그들의 목적을 달성하기 위하여 고도의 위기를 감수하겠다는 의지를 과시해 왔고, 공세적으로 대량살상무기와 핵심 수단인 운반수단 확보를 추구해 왔다. 결과적으로 우리는 새로운 억제 수단이 필요하게 되었다. 강력한 정책 표명과 효과적인 군대가, 적대자들이 대량살상무기를 갖거나 사용하지 못하도록 설득하는 다양한 정치적인 수단들과 더불어, 현재 억제태세의 필수적인 요소다.

미국은 미국, 해외주둔 미군 그리고 우방들과 동맹들에 대하여 대량살상무기의 사용에 대하여 모든 방안을 동원하는 것을 포함하여 압도적인 군사력으로 대응할 권리를 가지고 있다는 점을 계속해서 천명 할 것이다.

우리들의 재래식과 핵 그리고 방어 능력에 추가하여 대량살상무기에 대한 우리의 전반적인 대응태세는 효과적인 정보, 감시, 차단 그리고 국내 법 집행으로 보강된다. 그와 같이 연합된 능력은 적의 대량살상무기와 미사일의 가치를 절하시키고 그와 같은 무기의 어떠한 사용에 압도적인 대응 자세를 취함으로서 억제 능력을 증가시킨다.

3) 방어 및 완화

억제는 성공할 수도 못 할 수도 있고, 우리 군이나 국민에 대한 대량살상무기사용은 삶을 황폐화시키는 재앙을 초래함으로 미국의 군대와 민간당국자들은, 선제공격을 포함한 대량살상무기를 장비한 적들을 방어 할 능력을 가져야 된다. 이것에는 이런 무기들이 사용되기 전에 적의 대량살상무기 자산을 탐지 및 파괴하는 것이 포함된다. 이에 더하여 미군과 해당 민간기관들은 그들의 임무를 수행하면서 대량살상무기가 사용되었을 경우, 친구나 우방을 도울 수 있도록 대담한 적극적, 소극적인 방어와 완화 수단을 가지고 있어야 한다.

적극적인 방어를 통하여, 대량살상무기가 표적에 도달하는 것을 파괴, 무능화 혹은 파괴해야 한다. 적극적인 방어는 오늘날의 위협들에 대하여 다양한 방공과 효과적인 미사일 방어를 포함한다. 소극적인 방어는 다양한 대규모 살상무기의 고유 특성에 맞게 해야 한다. 또한 미국은 전개된 군사력에 대한 대량살상무기 공격의 효과를 신속하고 효과적으로 경감시킬 능력을 가져야 한다.

생물학 무기의 위협 방어에 대한 우리의 접근은 이 무기들의 근본적인 차이는 있지만 화학 위협에 대한 접근에 근거하고 있다. 미국은 우리와 우리의 친구들 및 우방에게 생물학 무기에 대하여 효과적인 방호를 제공하기 위하여 새로운 접근을 하고 있다.

마지막으로 미군과 관련 국내의 법집행기관들은 대량살상무기 공격 근원에 대응 할 준비태세가 되어 있어야 한다. 대응의 가장 우선적인 목표는 임박한 공격 혹은 진행 중인 공격을 무력화시키고, 차후 공격 위협을 제거하는 것이다. 억제와 예방 그리고 효과적인 대응에는 신속한 권한행사와 대담한 타격능력이 요구된다. 대량살상무기 관련 자산들을 물리치는 새로운 영역의 능력을 채우는 노력을 가속화해야 한다. 미국은 적대적 국가나 테러리스트 네트워크의 잔여 대량살상무기를 파괴 혹은 해체하는 분쟁 이후 작전을 수행 할 준비가 되어야 한다. 효과적인 미국의 대응은 대량살상무기 공격의 근원을 제거 할 뿐 아니라 대량살상무기나 혹은 미사일을 보유하거나 추구하는 다른 적들에 대하여 강력한 억제 효과도 가져야 된다.

4. 확산 방지

1) 적극적인 확산 방지 외교

미국은 우리의 확산 방지 목표를 추구하기 위하여 양자와 다자간을 조합한 외교적인 접근을 적용 할 것이다. 우리는 확산시키는 나라들이 다른 확산하는 나라들과 협력하는 것을 단념시키고 확산시키는 나라들이 그들의 대량살상무기와 미사일을 끝내도록 유도 할 것이다. 우리는 그들의 개입에 따른 책임을 지도록 할 것이다.

이에 더하여, 우리는 우리의 노력을 지지 할 연합을 형성하고, 또한 비확산과 위협을 감소시키는 협력에 그들이 더 많은 지지를 보내도록 할 것이다. 그러나 만약의 경우 광범위한 비확산 노력들이 실패 할 경우를 대비하여, 우리는 가능성 있는 대량살상무기 운용을 방어하는 데 필요한 가용한 모든 작전능력을 갖추어야 한다.

2) 다변적인 통제체제들

기존은 비확산과 군비통제를 위한 통제체제들은 우리의 전반적인 전략에 중요한 역할을 한다. 미국은 현재 힘을 가진 이들 정권들을 지원 할 것이며, 이들 정권들의 효율성과 준수를 향상시키는 일을 할 것이다. 그들의 정책 우선 순위에 맞추어서 우리는 새로운 합의와 우리의 비확산 목적을 지원하는 합의를 향상시킬 것이다.

전반적으로, 우리는 비확산에 보다 도움이 되는 국제적인 환경 조성을 추구할 것이다.

- 핵
- NTP 당사국들에 의한 IAEA 협약 비준을 통하여, 모든 나라들이 IAEA 안전 협정에 들어오도록 보장하는 것과 그 기구에 적절한 기금 증가를 포함한 핵 비확산조약과 국제원자력기구(IAEA) 강화
- 미국의 안보 이익을 증진시키는 핵분열 물질 차단 협상
- 핵 공급자들 그룹과 핵물질 수출 통제위원회(Zangger Committee)
- 화학과 생물학
- 화학무기 확산 방지를 위한 조직의 효과적인 기능 발휘
- BWC를 강화시키는 건설적이고 현실적인 대책의 식별과 향상과 그로서 생물학무기의 위협 대응에 도움을 주는 것
- Australia Group(화생무기 확산방지를 위한 비공식 조직) 보강
- 미사일
- 범세계적인 준수 지원을 통해 대륙간탄도탄확산대응헌장(ICCABMP) 포함한 미사일기술 통제체제 (MTCR) 강화

3) 비확산과 위협 감소 협력

미국은 구소련이 남긴 대량의 대량살상무기와 미사일에 관련된 전문기술과 물자들로

부터 초래되는 확산을 다루기 위해 계획된 넌-루가(Nunn-Lugar) 프로그램(러시아 및 구소련국가들에서 발원하는 대량살상무기 확산 방지)을 포함하여 광범위한 분야의 프로그램을 추진한다. 러시아와 다른 구소련 국가들에 대하여 광범위하고 효과적인 일련의 비확산과 위협 감소 지원 프로그램에 높은 우선 순위를 두고 지속 할 것이다. 또한 우리는 친구들과 우방들에게 이 프로그램들에 기여하도록 격려할 것이며, 특히 대량살상무기와 물자에 대항하는 G-8을 통하여 그렇게 할 것이다. 이에 더하여, 우리는 그들의 대량살상무기에 관련된 물자의 보안을 향상시키기 위해 다른 나라들과 같이 일 할 것이다.

4) 핵 물질 통제

구소련 국가들에 대한 핵분열 물질 감소와 잔존한 그 물질들의 안전을 향상시키는 프로그램들에 추가하여, 미국은 계속하여 전 세계적으로 분산된 플루토늄의 수집을 단념시킬 것이며, 농축 우라늄의 사용을 감소시킬 것이다. 국가 에너지 정책에 수록된 개요와 같이, 미국은 재활용과 더 끼끗하고, 더 효율적이며, 덜 낭비적이면서 확산을 더 잘 방지할 수 있는 연료처리 기술 개발을 위해 국제적인 파트너들과 협업 할 것이다.

5) 미국의 수출 통제

미국의 사업이 점증하는 국제화된 시장과 직면하고 있는 현실을 인식하지만, 우리는 미국의 수출통제 시행이 우리의 비확산과 다른 국가안보 목적을 촉진시키도록 보장해야 한다. 우리는 당국을 통하여 기존의 무역통제를 최신화시키고 강화시킬 것이다. 또한 우리는 비확산과 상거래 이윤 양자 모두에 비중을 두는 수출 통제 능력을 향상시키기 위해 새로운 입법을 모색 할 것이다. 국제 시장에서 불필요한 장벽을 제거하면서, 적대 국가들이나 혹은 당면한 확산 개입 가능 국가에 대한 우리 자원의 민감한 수출에 초점을 맞출 것이다.

6) 비확산을 위한 제재들

제재는 대량살상무기 확산에 대한 전반적인 우리 전략의 매우 가치 있는 요소들이 될 수 있다. 그러나 때로는 제재가 융통성이 없고 비효율적일 수 있다. 우리는 전반적인 전략에 제재를 더 잘 통합시키는 포괄적인 제재 정책을 개발 할 것이며, 기존의 제재법을 구체화하고 개선하는 일을 의회와 같이 해나갈 것이다.

7) 대량살상무기 결과 관리

미국의 본토를 방어하는 것은 우리 정부의 가장 중요한 책무다.

방어의 일부로서, 미국은 적대국가에 의하여서든 혹은 테러리스트에 의해서든지 미 본토에 대한 대량살상무기 사용결과에 대하여 대응 할 수 있도록 완전히 준비되어야 한다. 또한 우리는 해외에 주둔한 군과 친구 및 우방들에 대하여 대량살상무기 사용효과에 대응 할 수 있도록 준비되어야 한다. 본토 안보를 위한 국가 전략에서 화학, 생물학, 원자 혹은 핵무기를 미 본토에 사용한 결과를 처리하는 미국정부의 프로그램을 논하고 있다. 이 프로그램의 몇 가지는 주 정부와 지역 정부들에 대한 훈련, 기획 그리고 지원에 관한 것이다. 그들의 효과를 극대화시키기 위해서 이 노력들은 통합되고 포괄적이 되어야 한다. 우리 국토 내에서 대량살상무기 사건에 대하여 우리 측의 대응들은 전폭적인 방호, 의료 그리고 복구 수단들을 식별, 평가하여 신속히 대응하는 것이다. 백악관의 본토안보사무국은 대량살상무기 관련사항을 포함하여 미국 내에서 테러리스트 공격에 대응하고 준비하기 위하여 모든 연방의 노력을 조정 할 것이다. 또한 본토안보사무국은 각 주와 지역정부와 긴밀하게 협조하여 그들의 기획, 훈련, 장비 요구들을 다루게 될 것이다.

본토안보사무국 역할을 포함한 이런 이슈들은 본토 안보를 위한 국가전략에서 상세하게 취급될 것이다. 국가안보회의의 테러와 전쟁 사무국은 미국 외에서 테러리스트 공격으로부터 복구를 대응 및 관리하는 미국의 노력을 향상시키기 위해 협조하고 돕는다. 테러와 전쟁 사무국과 협조하여, 국무성은 우리의 친구들 및 우방들과 그들의 비상준비태세와 관리 능력 결과를 개발하기 위하여 같이 일하는 기관 간의 노력을 협조한다.

8) 기둥들의 통합

핵심적인 가용 기능들이 대량살상무기 전투에 대한 국가전략의 세 개의 지주, 즉 확산 대응, 비확산 그리고 결과 관리를 통합하는 데 기여한다.

9) 향상된 정보 수집과 분석 능력

우리가 확산을 방지 할 수 있게 하고, 이 능력을 우리를 향하여 사용하려는 자들을 억제 혹은 방어하기 위한 대량살상무기 위협 범위에 대한 보다 정확하고 완전한 이해는, 현재는 물론 앞으로도 가장 높은 미국의 정보 우선 순위로 남아 있을 것이다. 적들의 공격과 방어 능력, 계획 그리고 의도에 대한 적시적이고 정확한 지식을 획득하는 우리의 능력 향상은 확산 대응, 비확산 정책들과 능력들을 개발에 핵심이 된다.

특별히 강조할 것들은 다음 사항 개선과 맥을 같이해야 한다. 대량살상무기와 관련된 시설과 활동들에 대한 정보: 미국의 정보, 법 강제 집행 그리고 군사 기관들 간의 협조: 그리고 친구들과 우방들 간의 정보 협조.

10) 연구 개발

미국은 대량살상무기의 결과를 신속하고 효과적으로 탐지, 분석, 차단, 용이하게 하고, 방어, 격멸 그리고 완화시킬 수 있는 첨단 기술을 위한 핵심적인 필요를 가지고 있다. 많은 미 정부부서들과 기관들은 현재 대량살상무기 확산에 대항하는 우리의 전반적인 전략을 지원하는 핵심 연구개발에 관여하고 있다. 모든 관련 기관들의 요소로 구성된 새로운 확산대응 기술 협력위원회가 미국정부의 확산대응 연구개발 노력들을 통합조정을 향상시키는 역할을 할 것이다. 위원회는 기존 프로그램들의 우선 순위, 갭(gap) 그리고 중첩을 식별하고 장차 개발 전략을 시험하는 것을 도와줄 것이다.

11) 강화된 국제적 협력

대량살상무기는 단지 미국에만 위협이 되는 것이 아니고, 우리의 친구들이나 우방들, 더 나가서 국제사회에 대하여 위협이 된다. 이 같은 이유로 우리의 확산전략의 모든 요소들에 대하여 같은 생각을 가진 나라들과 긴밀하게 일하는 것이 중요하다.

12) 확산에 대한 표적화된 전략

대량살상무기와 대항하는 미국의 전반적인 전략의 모든 요소들은 대량살상무기 확산에 관여한 모든 것을 공급하고 받는 나라들 그리고 대량살상무기를 찾는 테러리스트 그룹에 대항하는 표적화(targeted) 전략에서 창출되어야 한다.

몇몇 확산국가와 그들의 지도자들은 미국과 해외 미군 그리고/혹은 우리의 친구들과 우방들을 직접 위협하는 대량살상무기와 운반능력을 개발, 유지 그리고 개량시키기로 결단하고 있다. 이 정권들이 각각 다르기 때문에 우리와 친구들 그리고 우방은 각자의 대량살상무기와 미사일의 위협으로부터 방호, 억제, 방어를 가장 잘 할 수 있는 전략을 추구 할 것이다. 이러한 전략들은 확산하는 나라들 간에 점증하는 협력을, 소위 2차적인 확산을 고려해야 하는데, 이것들이 특정한 국가의 전략은 다시 생각하게 하는 도전이다.

우리가 당면한 가장 어려운 도전 중 하나는 테러리스트 그룹의 대량살상무기 획득과 사용에 대응하는 것이다. 현재와 장차 가능성 있는 테러리스트 그룹들과 테러 지원 국가들 간의 연계는 특별히 중요하므로 우선적인 관심이 요구된다. 광범위한 확산

대응, 비확산 그리고 결과를 관리하는 수단들은 최대의 확산 관련 국가들에 대응한 것처럼 대량살상무기 테러 위협에도 성과를 맺어야 한다.

5. 결 론

대량살상무기에 대항하는 우리의 국가 전략은 우리 거의 모두에게, 즉, 행정부, 의회, 각 주와 주정부, 미국 국민 그리고 우리 친구들과 우방들에게 요구된다. 오늘날의 대량살상무기 위협을 방지, 억제, 방어 그리고 대응하는 것은 복잡하고 도전을 주는 것이다. 그러나 그것들은 위압적이 아니다. 우리는 이 전략에 펼쳐진 과업들에 성공할 수 있으며 반드시 성공해야 한다. 우리는 다른 선택이 없기 때문이다.

II. 대량살상무기에 대항하는 국가군사전략 (NMS-CWMD) : 요약

서 문

대량살상무기는 미국과 국제사회에 심대한 위협을 준다. 대량살상무기를 수중에 지닌 적들은 우리의 국내와 군사력과 우방 및 동맹국을 포함하여 미국에 막대한 피해를 입힐 수 있다. 이러한 공격에 대한 충분치 못한 준비의 대가는 심각 할 것이다.

2001년 9월 11일 이후 국방부는 대량살상무기전에 대한 진전을 이루었으나, 아직도 할 일이 많다. 이 문서는 대량살상무기전에 대한 국가전략문서로 기존 및 점증하는 대량살상무기 위협으로부터 미국, 우리군, 우맹과 동맹국을 방호하기 위한 대통령의 구상을 수행함에 있어서 그의 역할을 이행하는 국방부의 접근방법을 개관한다. 그것은 국가전략에서 설정한 대량살상무기전에 대한 삼대 지주인 대응대량살상무기 확산, 비대량살상무기 확산, 대량살상무기 사용에 대비한 사후관리를 보충한다.

대량살상무기 국가군사전략은 전략적 최종상태, 군사전략 목표 그리고 그들을 달성하기 위한 임무와 수단을 정의한다. 이 틀은 국방부에 정밀계획수립, 협조활동, 작전 그리고 능력 개발에 바탕이 되는 구조를 제공한다.

추가적으로, 그것은 국방부가 대량살상무기전에서 중요한 역할을 한다 하더라도, 국방부의 노력을 타 국가기관 요소, 동맹, 파트너와 통합해야 하거나 할 것이라고 결론을 내린다.

나는 대량살상무기전 국가군사전략을 전 국방부에 적용하도록 강조한다.

국방부장관 도날드 럼스펠드

개   요

대량살상무기전에 대한 국가군사전략은 대량살상무기의 사용 또는 위협으로 미국에 해를 끼치려는 자들을 단념, 억제 및 격퇴시키고, 일단 공격을 받았을 시에는 그 효과를 완화시키고, 억제를 회복시키기 위한 국방부의 임무로부터 나온다. 이것의 목적은 국방부 구성원들에게 대량살상무기 전투에 대한 지침과 전략적 틀을 제공하는 것이다. 이 전략은 계획, 실시 및 자원제공에 "목표, 방법, 수단" 접근방법을 사용하고, 군이 중요한 역할을 하는 대량살상무기 전투 임무를 강조한다.

안내원칙. 6개의 안내원칙은 NMS-CWMD를 떠받친다. 이 원칙은 모든 대량살상무기 작전과 계획의 개념 발전의 기초로 사용되어야 한다.

적극적, 다층, 종심방어. 미국을 방호하고 침략자를 격파하기 위해서 미국은 군사계획수립, 태세, 작전 그리고 능력을 필수 임무과업과 일치시켜 국가, 동맹국, 파트너 그리고 이익의 적극적, 추진 및 다층 방어에 집중 할 것이다.

상황판단과 통합 지휘 및 통제. 동시적인 작전에서 전문화된 대량살상무기 전투를 운용하기 위한 결심에서는 적시적이고, 신뢰성 있으며, 실제적인 정보로 뒷받침되는 고도로 융통성과 적응력 있는 지휘 및 통제절차가 요구된다.

범지구 전력 관리. 우리가 미래에 개발하려는 대량살상무기전투 능력은 어떤 것이라도 전쟁전구 기획자가 볼 수 있어야 하고, 신속한 과업 편성이 가능하고, 부여된 임무수행을 위해 장비될 수 있도록 즉응적이고 민첩해야 한다.

능력에 기초한 계획. 우리는 위협에 대응하여 운용 가능한 능력을 계획 및 개발하

여야 하고 기존의 대량살상무기 확산자를 겨냥하는 전략적 소요와 균형을 맞추어 관련된 능력도 개발하여야 한다.

효과에 기초한 접근. 우리는 우리의 대량살상무기 전투관련 자원은 물론이고 효율적인 결과 달성과 임무와 전역목표 위험 감소를 위한 계획수립, 실시 그리고 평가의 효과에 기초한 접근방법을 사용 할 것이다.

보장. 가능한 한, 우리는 같은 생각을 하는 국가의 행동을 지원하고, 우리의 국제동맹과 파트너와 동역하며, 대량살상무기전에 적극적인 지역 국가를 통해 작전 할 것이다.

6개 안내 원칙

적극적, 다층, 종심 방어
상황 판단과 통합 지휘 및 통제
범지구 전력 관리
능력에 기초한 계획수립
효과에 기초한 접근
보장

---

1. 군사전략적 틀

대량살상무기전을 하기 위한 군사전략적 틀은 목표(군사전략 목적과 이에 대한 최종상태), 방법(군사전략 목표들) 그리고 수단(전쟁전구 사령관, 각 군성 그리고 전투지원 기관)을 대량살상무기전투의 세개축(비확산, 반확산, 사후관리)에 적용하는 것으로 구성된다.

목표(군사전략 목적과 최종상태). 우리의 군사전략 목적은 미국, 그의 군대, 동맹, 파트너와 이익, 대량살상무기를 사용한 적에 의해 강압당하지도, 공격당하지도 않게 하는 것이다. 구체적인 최종상태는 효과성을 측정 할 수 있는 기준으로 표현된다.

1. 미군은 타 미국의 국력 요소와 협조하여, 대량살상무기 사용을 억제한다.
2. 미군은 대량살상무기를 사용 위협하는 적을 격파하고 후속 사용을 억제 할 준비를 한다.
3. 기존의 전 세계 대량살상무기는 안전하고, 미군은 그것을 경계, 감소, 역전 또는 제거하는 데 일정 범위에서 기여한다.
4. 현재 또는 잠재적인 적의 대량살상무기 생산을 단념시킨다.
5. 현재 또는 잠재적인 적의 대량살상무기는 탐색되고, 성격이 규명되며, 제거가 시도된다.
6. 현재 그리고 / 또는 잠재적 적의 대량살상무기 확산은 단념, 예방, 격파 또는 되돌려진다.
7. 만약 대량살상무기가 미국과 그의 이익에 사용된다면, 미군은 대량살상무기 환경에서 작전을 계속 하기 위하여 효과를 최소화할 수 있는 능력이 있고, 미국 민간 당국, 동맹 그리고 파트너를 지원 한다.
8. 미군은 공격자원을 지원하고, 결정적으로 대응하며 그리고 / 또는 미래공격을 억제한다.
9. 동맹과 미국 민간 기관은 대량살상무기 전투수행을 동반 할 능력이 있다.

방법(군사전략 목표). 군사전략목표(MSOs)는 대량살상무기 전투수행 전반에 걸쳐 수행되는 8개의 임무를 통해 달성된다.

대량살상무기 사용과 계속사용을 ***억제와 격파.*** 적이 대량살상무기 사용을 위협하거나 집착한다면, 심각한 결과로 고통을 당하고, 그들의 목표가 거부될 것이라는 것을 믿게 해야 한다.

대량살상무기 사용으로부터 ***방호, 대응과 회복.*** 이 목표의 목적은 전장 또는 미국의 전략적 이익에 대량살상무기를 사용한 적에 대응하기 위한 것이다. 대량살상무기 사용으로부터 방호 및 회복을 위해서, 미군은 수동적인 방어방법을 실시하고, 대량살상무기 사후 결과를 관리할 준비를 한다.

대량살상무기 확산 및 보유 ***방어, 단념 또는 거부.*** 대량살상 무기 보유 및 확산으로부터 적 또는 잠재적인 적을 예방, 단념, 거부하기 위해서 미군은 공세적인 작전을 수행 할 준비를 할 것이다. 군은 또한 차단 노력, 안보협력 그리고 비확산노력을 지원 해야 한다.

대량살상무기 보유를 ***감소, 파괴 또는 되돌림.*** 대량살상무기 계획을 되돌리고, 대량살상무기와 관련물질 비축을 감소시키기 위해서 미군은 비축 파괴활동 협력 지원 준비는 물론이고 위협감소 협력을 지원 할 것이다.

군사전략 목표
격파, 억제
방호, 대응, 회복
방어, 단념, 거부
감소, 파괴, 되돌림

수단(전쟁전구, 각 군성 그리고 전투지원 기관) 전쟁전구사령부, 각 군성 그리고 전투지원 기관은 군사전략 목표를 달성하는 수단이다. 이 중 미 전략사령부 사령관은 대량살상무기전 수행에서 국방부를 통합하고 동시화할 주 사령관이다. 전략사령부는 교리, 편성, 훈련, 물자, 리더십, 인력, 시설에 걸쳐 전 방위에 적용되는 각 부서의 노력을 통합하고, 동시화할 것이다. 각 지역 전쟁전구 사령관은 그들의 작전지역 안에서 대량살상무기 전투 임무를 계속 수행 할 것이다. 군사 노력에는 임무에 기여 할 수 있는 능력, 자원 또는 첩보를 보유한 타 조직 및 국가와 통합이 요구될 것이다.

2. 전략적 가능요소(strategic enables)

전략적 가능요소는 군사전략 실시를 용이하게 하는 포괄적인 능력이다. 그들은 군사적인 대량살상무기전 수행 임무 능력의 효과성과 통합성을 강화한다. 사령관은 계속적으로 전략적 가능요소를 평가하고, 개선소요를 식별해야 한다. 세개의 전략적 가능요소가 대량살상무기전에서 국방부의 노력을 용이하게 한다. 정보, 파트너십 능력, 통신지원이 그것이다.

정보. 정보는 직접적으로 계획수립과 의사결정을 지원하고, 작전적 능력 개선을 용이하게 하며, 계획수립과 위험관리에 첩보를 제공한다. 불확실성을 감소시키기 위하여, 우리의 정보 능력은 다양한 출처를 이용해야 하고, 정보공유를 용이하게 하며, 상황판단을 개선해야 한다.

파트너십 능력. 양자 또는 다자적인, 파트너십 능력 구축은 대량살상무기전 능력을 강화시킨다. 우리는 미국정부, 비정부기구, 조합적 및 국제적인 파트너십 능력을 구축

하고 이용해야 한다. 안보협조 노력은 미사일 방어 협력이나 확산방지구상(PSI)뿐만 아니라 수동적 방어, 제거, 대량살상무기 사후결과 관리, 협조에도 동일하게 집중해야 한다.

전략 통신지원. 군은 우리의 결의를 전하고, 시위하기 위한 정부의 광범위한 노력 가운데서 중요한 지원역할을 한다. 전략 통신은 범지구, 지역 그리고 국가 차원에서 인식을 조성한다. 미국의 말과 행동은 동맹과 우방을 재확신시키고, 잠재적인 적에게는 대량살상무기 획득과 사용에 따른 비용과 위험을 강조한다.

3. 군사임무 분야

군사임무는 대량살상무기 사용 또는 위협을 통하여 미국, 그의 동맹 그리고 파트너를 해치려는 자들을 단념, 억제, 격파하는 것이다. 이 임무는 대량살상무기전 수행을 위한 국가전략의 세개 지주(비확산, 대확산 그리고 사후관리)를 직접 지원한다.

미군은 네개의 군사전략 목표 달성을 위해서 8개 임무 수행이 요구될 것이다: 공세작전, 제거, 차단, 능동적 방어, 수동적 방어, 대량살상무기 사후관리, 안보협력 그리고 협력과 파트너 활동 그리고 위협감소가 그것이다.

공세작전은 대량살상무기 위협 또는 대량살상무기의 계속적인 사용을 억제 또는 격파하기 위한 에너지 그리고 / 또는 비에너지(예, 우주 및 정보작전 요소) 방안들을 포함하게 될 것이다.

제거작전은 국가 또는 비국가 행위자들의 대량살상무기 프로그램과 관련 능력들을 조직적으로 탐색, 규명, 경계, 무능화 그리고 / 또는 파괴하기 위한 작전이다.

차단작전은 군사 또는 타 정부기관(예를 들면 법률 단속)에 의해 취해지는 관심국가 간, 국가와 비국가 간의 대량살상무기, 운반체계, 관련 및 2중 기술, 물자 그리고 전문가의 이전으로부터 오는 확산을 중단시키기 위해 구상되는 작전이다.

능동적 방어수단은, 제한되는 것은 아니나, 전통 및 비전통적인 수단으로 운반되는

대량살상무기에 대항하여 방어하기 위한 미사일방어(탄도 및 크루즈), 방공, 특수작전 그리고 경계 작전을 포함한다.

8개 임무 분야
공세작전
제거작전
차단작전
능동적 방어
수동적 방어
대량살상무기 결과 관리
안보협력과 파트너십 활동
위협 감소 협력

수동적 방어는 취약점을 최소화 및 거부하고 미 군사 이익, 시설, 파트너 그리고 기반시설은 물론이고, 미국 파트너 그리고 동맹국 군대에 대항하여 대량살상무기를 사용한 효과를 최소화하는 수단을 포함한다.

사후결과 관리는 독성화학물질(TIC)과 독성산업물질(TIM)을 포함하여, 대량살상무기 공격 또는 사건 효과를 감소시키기 위하여 취한 조치들을 포함한다. 미군은 국내에서 대량살상무기 사태 대응 시 지원 할 준비를 해야 하고, 지시가 있을 때, 동맹국과 파트너를 지원한다.

안보협조와 파트너 활동은 대량살상무기전에 국제적인 노력을 지원하는 군사 활동들이다. 군은 그들 자신을 위하고, 연합작전 동안 지원할 목적으로 대량살상무기전 파트너십을 확대하고 행사해야 한다.

위협감소협력 활동은 물리적 안보를 강화하기 위해 주재국 당국의 동의와 협력을 구하는 활동이고, 탐지 장비를 설치하며, 한 국가의 기존 대량살상무기 프로그램, 비축 그리고 능력이 방호를 감소, 해체, 재지시 그리고 / 또는 개선하는 활동이다.

4. 결　론

　미국, 그의 군대, 동맹국, 파트너 그리고 이익이 대량살상무기에 의해 위협받지도 않고 공격받지도 않도록 보장하기 위해, 미군은 대량살상무기 사용을 격파 및 억제하고 차후사용을 억제하며, 대량살상무기 확산 또는 보유를 예방, 단념 또는 거부하고, 대량살상무기 보유를 감소, 제거 또는, 가역(可逆)하도록 준비되어야 한다. 우리는 이들 군사전략목표들을 8개의 대량살상무기 전투 임무를 통해서 달성하게 될 것이고, 이 모든 것들은 전략적 가능요소에 의해 지원을 받게 될 것이다.

전략적 목적
미국, 그의 군대, 동맹국, 파트너 그리고 이익이 대량살상무기를
사용하는 적에 의해 강압도 공격도 당하지 않도록 보장

최종상태
전략적 목적에 대한 효과성을 측정할 수 있는 기준

군사전략 목표
격파, 억제―방호, 대응, 회복―방어, 단념, 거부―감소, 파괴, 가역(可逆)

전략적 권능자
정보―파트너십 능력―전략적 통신지원

8개 임무분야
공세작전, 제거, 차단, 적극적 방어, 수동적 방어, 대량살상무기
사후결과 관리, 안보협력과 파트너 활동, 위협감소 협조

미 2006 4개년 국방 검토 보고서(QDR 2006)

김재엽 · 김종하 역

국방장관 보고

2006년 2월 6일

2006년도판 『4개년 국방검토보고서』(이하 QDR)를 다음과 같이 제출하는 바입니다.

본 보고서는 미 국방정책의 현황과 더불어, 미국 국민들에 대한 우리의 책무를 충실히 이행하기 위해 나아가야 할 전략, 정책방향에 대한 고위급 국방당국자들의 상세한 설명을 담고 있습니다.

이번 2006년도판 QDR은 지난 2001년도판 QDR이 발간된 이후 최근 수년 동안의 변화 과정을 반영하고 있습니다. 전 지구적 차원에 걸친 전쟁이 5년째를 맞는 오늘날 본 보고서에 담긴 생각과 제안들이야말로 미국을 이 전쟁에서 승리로 이끌어나갈 변화의 길잡이가 될 것입니다.

도널드 럼스펠드

서언(序言)

미국은 장기전이 될 수도 있는 전쟁을 치르고 있는 나라이다.

지난 2001년 9월 11일의 테러 사태를 기점으로 미국은 테러리즘을 무기로 하면서 우리의 '생활양식의 자유'를 파괴하려는 폭력적 극단주의자들을 상대로 한, 전 지구적 차원의 전쟁을 벌이는 중이다. 적들은 대량살상무기(이하 WMD)[1]를 확보하려 하고 있으며, 만일 그러한 시도가 성공한다면 그들은 WMD를 전 세계 어느 곳의 자유 시민들을 겨냥해서든지 사용할 가능성이 크다. 현시점에서 이와 같은 대결은 아프가니스탄과 이라크를 중심으로 계속되고 있으나, 우리는 향후 몇 년에 걸쳐 국가 방위와 세계 전체에 걸친 국익 보호를 성공적으로 수행하기 위한 준비 및 조정을 필요로 하고 있다. 이번 2006년도판 QDR은 이와 같은 장기간의 전쟁 오년째를 맞은 시점에서 제출된 것이다.

이번 4개년 국방검토보고서[2] 작성을 위해 국방부의 고위 지도자들(문민, 군부 포함)은 지난 2005년을 통틀어 다음 사항에 대하여 협력했다.

- 2001년도판 QDR에서 도출된 결론들의 검증
- 지난 사년여에 걸친 폭력적 극단주의 세력과의 전쟁을 통해 얻은 중요 교훈들의 적용
- 계속적으로 변화하고 있는 세계질서의 특징에 관한 가정(假定)들의 검증

오늘날 본 보고서에서 '새로운 시작'이라고 지칭하고자 하는 경향은 존재하고 있다. 단언하건대 본 보고서의 내용이 그 '새로운 시작'이라고 할 수는 없다. 오히려 국방당국은 지난 20세기의 종반 이후 큰 폭으로 변화하고 있는 세계에 관한 최대한의 정확한 이해를 반영할 수 있는 연속성에 따른 변혁을 지속 중에 있다. 본 연구는 바로 국방부가 지난 5년 동안에 걸쳐 연속적인 변화의 시기에 놓여져 왔다는 현실을 반영한 것이다.

실제로 부시 현 대통령이 지난 2001년 취임했을 당시 미국은 여러 면에서 과거 여러 세대에 걸친 오랜 사투 끝에 이루어낸 냉전에서의 승리를 향유하고만 있었다. 그러나 부시 대통령은 우리가 불확실성과 비예측성의 시대에 접어들고 있다는 점을 잘 이해하고 있었으며, 국방부에 대한 재검토를 지시했을 뿐만 아니라 군 전력을 새로운

---

1) 대량살상무기: 통상적인 무기체계보다 훨씬 대규모의 물리적 파괴와 인명 살상을 유발하는 무기의 총칭. 흔히 핵, 생물학, 화학무기 그리고 이들을 탑재하는 각종 발사수단(예: 미사일)을 일컫는다.
2) 4개년 국방검토보고서(QDR): 1996년 탈냉전 이후의 새로운 안보환경을 반영한 체계적 국방전략 수립을 요구한 미 의회의 '공법 104-201'에 의거하여 미국의 새 행정부 출범시기와 맞추어 제출되는 국방부의 정기보고서. 미 국방장관 명의로 작성되고, 미 합참의장의 검토 의견을 첨부하여 상하 양원에 제출되며, 정기화된 미 국방태세 전반의 재검토를 통해 중장기적 국방전략, 정책 그리고 군사력 건설방향을 제시하는 역할을 한다. 지난 1997년을 시작으로 2001년 그리고 금년까지 총 3차례 작성되었다.

세기에 더욱 적합할 수 있도록 변혁시킬 것을 촉구한 바 있다.

9·11 테러사태는 국방부의 변혁이 시급함을 강력히 부각시킨 계기였다. 그날의 비극 이후 많은 일들이 성취되어 왔다. 미국은 군 병력의 이동 신속성과 해외투입 능력을 향상시키기 위한 조치를 개시했다. 정보관리 능력과 무기체계의 정밀성을 비롯한 기술적 발전으로 기존 수준과 같거나 적은 수의 무기체계 및 병력으로도 훨씬 향상된 전투수행 능력이 가능하게 되었다. 아울러 미국은 해외 군사력 배비태세 조정에 착수하여 냉전 시대의 고정기지 배치에서 벗어나 세계 어느 곳으로든지 신속히 이동 할 수 있는 능력을 강조하고 있다.

변혁: 20세기에서 21세기로의 중심 이동

QDR은 일정 계획화되거나 예산 부문을 포함하는 문서가 아니다. 대신 다음의 주제들에 대한 고위 문민, 군부 지도자들의 생각을 반영한다.

- 새롭고 은신에 능한 적들을 상대로 한 '발견(Find), 고착(Fix), 격멸(Finish)' 전투작전의 필요성
- 실시간으로 이루어질 수 있는 행동계획을 마련하기 위한 향상된 정보 및 작전의 융합 필요성
- "국방당국의 모든 정책성과는 합동 전쟁수행 능력에 기여해야 한다."는 점의 실현
- "성공은 현역 병력의 헌신과 전문성 그리고 능력에 달려 있다."는 점의 인식

미 국방부의 변혁이 갖는 특징과 변혁에 대한 국방부 고위 지도자들의 시각을 규정하고자 한다면, 이를 '새로운 전략 환경에 맞는 중심 이동'이란 측면에서 보는 것이 유용하다. 불확실성과 충격으로 특징지어질 수 있는 현시대에서 중심 이동의 사례로는 다음의 경우들을 포함 할 수 있다.

- 평화 시의 템포에서 전쟁 시의 급박함
- 합리적 예측성의 시대에서 충격과 불확실성의 시대
- 단일 위협에서 다중, 복합적 위협
- 주권국가 주도 위협에서 비국가 주체에 의한 분권화된 네트워크 형태의 위협
- 주권국가에 대한 전쟁 수행에서 비(非)교전 당사국 내부(안전한 은신처)에서의 전쟁수행

- 일률적 억제에서 무법세력, 테러 네트워크 그리고 잠재적 경쟁세력에 대한 맞춤형 억제
- 사후 대처 위주의 수동적 위기 관리에서 예방 중심의 능동적 위기 관리
- 위기대응에서 미래 조성으로
- 위협기반 기획에서 능력기반 기획으로
- 평화 시 기획에서 신속적응형 기획으로
- 활동 중심에서 효과 중심으로
- 20세기의 과정 위주에서 21세기의 통합접근 방식으로
- 정적이고 방어 위주의 고정병력에서 동적이고 해외 투사 작전 위주로
- 완비가 덜 된 대기병력에서 완비 태세의 전투준비 병력으로
- 평화 시의 전투대기 전력에서 전쟁 시의 전투단련 전력으로
- 대규모의 군수지원(꼬리) 보다 강력한 전투(이빨)로
- 대규모 통상전투 작전에서 다중, 비정규, 비대칭 작전으로
- 개별 군종 개념의 작전에서 합동 및 통합작전으로
- 군종 간 갈등 완화에서 군종 간 결합 및 상호의존 지향으로
- 전방 병력노출에서부터 원정전력을 지원하는 본토 중심 전력으로의 회귀
- 군함, 대포, 탱크, 전투기 강조에서 정보, 지식 그리고 적시에 활용 가능한 정보 강조로
- 병력 집중에서 효과 집중으로
- 각개 기동 및 집중에서 민첩성과 정확성으로
- 단일 군종 획득체계에서 합동 포트폴리오 관리로
- 광범위 기반 산업 동원에서 선택적으로 집중하는 상업적 해결책으로
- 군종 및 기관별 정보에서 진정한 합동 정보작전 센터로
- 수직적 구조 및 과정(파이프)에서 보다 투명하고 수평적인 통합(매트릭스)으로
- '사용자 → 자료'에서 '자료 → 사용자'로!
- 파편화된 본토 지원에서 통합화된 본토 방어로
- 정적인 동맹에서 동적인 동반자 관계로
- 미리 결정된 병력 형태에서 맞춤형, 융통성 있는 병력 형태로
- 미군 위주 수행에서 공동수행 능력 배양 위주로
- 정적인 사후 분석에서 역동적인 진단 및 실시간 학습
- 투입(노력) 집중에서 산출(결과) 추적으로
- 국방부 위주 해결안에서 부처상호 간 접근으로

2006 QDR에 나타난 변화의 연속성

다른 어떠한 것보다도 이번 2006년도판 4개년 국방검토보고서가 갖는 의의는 지난 2001년도의 QDR 이후 일련의 변화 과정들을 반영하고 있다는 점이다. 그 외에도 여러 가지가 진행 중이며, 모두가 현재 계속되고 있는 전 지구적 차원의 '테러와의 전쟁' 한 가운데 들어 있다. 이 기간 동안에 이루어졌던 일부 성과와 국방부에서 추진하고자 하는 구상의 간단한 요약 내용은 아래와 같으며, 이번 2006년도판 QDR이 작성된 배경을 현성한 것이라고 할 수 있다.

- 5천만 명 이상의 아프가니스탄인, 이라크인들이 폭정과 테러리즘 그리고 독재에서 해방되었으며, 건국 이래 처음으로 자유선거를 치를 수 있었음.
- 알 카에다[3] 테러네트워크에 대한 공격을 수행하여 다수의 고위 지도층을 사살, 감금하는 성과를 거두었음
- 전 지구적 차원의 '테러와의 전쟁' 수행을 위해 세계 75개국과 공조 중
- 절실하게 요구되는 부문에서의 변혁 실천. 최근의 전투 경험으로 오늘날의 미군 전력은 지난 수십 년 동안과 비교해서 전투 숙련도, 전투 준비태세가 더욱 향상되었음
- 우발계획,[4] 전략 수준의 정찰, 배치 및 재배치 관리, 군수지원, 위험 평가를 비롯한 국방부 내 여러 기능 및 활동에 대한 변혁 달성
- 전 지구적 '테러와의 전쟁' 과정에서 얻은 수백 건이 넘는 실전 교훈을 통합하고, 군 병력을 현재와 미래의 작전에 적응시킴
- 9·11 테러 이후 세계 각지의 병력 주둔태세에 관한 전면 조정에 착수하여 냉전 시대의 고정적 주둔 형태를 축소하면서 해외전개, 파견이 보다 용이한 전력으로의 개편을 추구함
- 작전담당 전력의 구조를 재조정하면서 본토 방어의 중요성에 따라 북부사령부를 신설했으며, 우주사령부와 전략사령부를 단일 전략사령부로 통합했음
- 새로운 개념의 육군 조직을 제시하여 현역, 주 방위군, 예비병력 등을 새로운 여단전투팀(BCT) 구조에 결합시킴
- 특수전부대의 전력 향상을 위해 인원 확충, 새로운 기술의 반영, 신형 항공기의 획득 등

---

3) 알 카에다: 오사마 빈 라덴이 지휘하는 반미, 이슬람 과격주의 성향의 국제 테러리즘 단체. 1979년 말 소련의 아프가니스탄 침공을 계기로 창설되었으나, 1991년 제1차 걸프전쟁 이후 반미 세력으로 전환했다. 빈 라덴의 막강한 자금력과 네트워크화된 점조직을 통해 세계 34개국에 걸친 3천~5천여 명 규모의 조직원들이 활동 중이다. 지난 1998년 아프리카의 미 대사관 폭탄테러, 2001년 미국 9·11 테러사태 그리고 2004년 스페인 마드리드 지하철 테러사건 등을 자행한 바 있다.

4) 우발계획: 자연재난, 테러 및 전복활동을 비롯하여 사전에 예측하지 못한 돌발적인 위험 상황에 대한 군사적 요구에 대처하거나, 이를 위한 계획을 발전시키는 일련의 과정. 보통 평시, 분쟁 시, 전시에 정밀하게 또한 위기조치기획의 제 조건에 따라 수행된다.

이 이루어졌으며, 해병대 에도 특수전부대 추가
- 북대서양조약기구(NATO)의 개편을 본격화하면서 가입 대상국을 확대시켰으며, 소속병력의 신속투입이 가능해졌고, 아프가니스탄과 이라크에서의 NATO 역할도 확대되었음
- 전력 향상을 위해 새로운 장비, 기술 그리고 기동수단 획득에 투자하여 전투능력을 향상시킴. 스트라이커 여단, 신형 연안전투함, 순항미사일발사 잠수함의 개조, 무인 무기체계 및 신형 전술기 등이 대표적 사례이며, 이들은 모두 네트워크 중심전 수행 체계와 연관됨
- 온라인화된 초기형 탄도 미사일 방어체제를 도입했으며, 관련 연구 및 개발도 계속 진행시켜 초보적 수준이나마 해당 방공능력을 확보하게 됨
- 역사상 최대 규모의 기지조정 및 폐쇄(BRAC) 조치에 들어가면서 국가 하부구조를 미래 필요에 맞도록 조절하고자 함
- 허리케인 카트리나, 리타 구호를 위해 국토안보부를 지원함
- 남아시아 지진해일(쓰나미)과 파키스탄 대지진에서 대규모 구호활동을 수행함
- 국방장관실 구조개편을 실시하여 국방정보담당 차관, 본토방위담당 차관보, 네트워크 및 정보통합담당 차관보, 억류자 문제 담당 부차관보 등의 직책을 신설함. 성과 기준 보상제와 반응형 국가안보인사제도를 실시함. 광범위한 잠재 임무권역에 걸쳐 국토안보성과 강한 협력관계를 구축하고 있음

결 론

미국정부 내의 나머지 다른 부서들로부터 가시적인 협력을 얻지 못하고서는 국방부가 이루고자 하는 것들을 확실하게 달성 할 수 없다. 행정부 내에서 미 국방부는 국무부, 재무부, 법무부, 국토안보국 그리고 중앙정보국(CIA)을 위시하여 전 지구적 차원의 '테러와의 전쟁'에 동참하고 있는 동반기관들과 더욱 큰 효율성과 통합을 추구하고자 한다. 비록 여전히 남아 있는 냉전 시대의 조직과 심리적 타성에 가로막히는 일도 있지만, 국방부는 예산, 재정, 획득 그리고 인사 부문에서 새롭고 보다 유연한 형태를 추구할 것이다. 지금이야말로 21세기에서 요구되는 보다 폭 넓은 변화를 실시할 때다.

이번 2006년도판 4개년 국방검토보고서는 미국 방위를 위한 전략과 그 전략을 효과적으로 수행하기 위해 요구되는 능력에 대하여 국방부 제시사항을 요약한다. 앞으로 이어질 내용들을 통해 국방부의 고위 지도자는 국방부의 현황 설명과 더불어 국민

들에 대한 책무를 충실히 이행하기 위해 가야 할 방향을 설명 할 것이다. 이들 목적의 달성을 위해 국방부는 의회, 여타 행정부서들을 비롯한 주요 정책입안 및 집행기관들과 협력, 단결 할 준비가 되어 있다. 현재 미국이 치르고 있는 장기 전쟁에서 이기려면 노력의 통일이 필요하다. 이러한 협동을 통해 달성되는 효과는 미래의 합동 전사들과 대통령 그리고 무엇보다도 미국 국민들에게 돌아갈 것이다.

마지막으로 이번 2006년도판 4개년 국방검토보고서는 국방부 내 일련의 변혁의 일부분임을 명확히 밝혀둘 필요가 있다. 그 목적은 향후 수십 년 동안 미국이 보다 강력하고 건실하며, 효과적인 전투능력을 갖추기 위한 변화 과정을 이루는 것을 돕는 데 있다. 전 지구적 차원에 걸친 전쟁이 오년째를 맞는 오늘날 본 보고서에 담긴 생각과 제안들이야말로 미국을 이 전쟁에서 승리로 이끌어나갈 변화의 길잡이가 될 것이다.

미 국방부는 본질적으로 비정규전 성격을 지닌 장기전이 사년째를 맞는 시점에서 2006년도판 4개년 국방검토보고서를 작성하게 되었다. 이 전쟁에서 미국이 상대하고 있는 적은 전통적인 재래식 군 전력이 아니라 전 지구적으로 분산되어 있는 테러리스트들의 네트워크로서 자신들의 과격한 정치적 목적을 달성하기 위해 이슬람 신앙을 악용하고 있는 자들이다. 이러한 적들은 미 국민은 물론 세계 전역의 수천, 수만 명을 대량으로 살상 할 수 있는 핵무기와 생물, 화학무기를 확보 및 사용하겠다고 공공연히 천명해 왔다. 이들은 이슬람 세계를 과격한 신정 독재체제의 지배 아래에 놓기 위해 테러, 선전선동 그리고 무차별적 폭력을 사용하고 있으며, 미국과 그 동맹, 우방국 사이의 갈등을 조장하려 애를 쓰고 있다. 지금의 전쟁에서 미국의 군사력은 비정규적이며 간접적인 접근의 채택을 요구한다. 현재는 이라크와 아프가니스탄이 결정적인 전쟁터라고 할 수 있으나, 대결은 이들 국경 너머로까지 확장된다. 미국은 동맹 및 우방국들과 함께 여러 장소에서, 동시에, 앞으로 수년 동안에 걸쳐 이 전쟁을 수행 할 수 있도록 준비를 갖추어야 한다. 이러한 적들을 격퇴하기 위한 임무를 맡은 국방부는 지금의 '충격과 불확실성' 시대에서 항상 경계심을 늦추지 말아야 하며, 보다 넓은 범위에 걸친 비대칭적 위협5)을 예방, 억제 그리고 격퇴시킬 수 있도록 대비해야 한다.

본 QDR은 국방부의 근본적 당면 의무를 다음 두가지로 정의하고자 한다.

－오늘날의 전쟁에서 보다 민첩 할 수 있도록, 광범위해진 비대칭적 위협에 대비하며, 향

---

5) 비대칭적 위협: 상대측이 아측으로 하여금 효과적으로 대응할 수 없도록 하기 위하여 다른 수단, 방법, 차원으로 가하는 안보 위협. 예를 들어 대량살상무기의 개발, 전력화를 통해 재래식 무기에 우위를 점한 국가를 상대로 위협을 가하거나, 대규모의 정규군을 보유한 상대에게 비정규전과 테러리즘을 통해 맞서는 것을 들 수 있다.

후 20년 동안의 불확실성에 맞설 수 있는 방향으로 국방부 역량과 군 전력을 재구축하
는 노력을 지속하는 것
- 국방부 내 조직구조, 임무수행 과정 그리고 절차가 전략적 지향점을 효과적으로 지원
할 수 있도록 전 조직 차원의 변화를 도입하는 것

국방부의 조직화 및 운영 방안을 평가하는 것이야말로 본 QDR의 내용에서 가장 핵
심적인 사항 할 수 있다. 미군 전력의 민첩성과 신속대응력 그리고 정보력 우위가 향상
되면서 작전적 효과성이 증대하고 있는 것과 때를 같이하여, 이를 지원하는 주무부처의
조직과 임무수행 과정도 같은 면에서 발전 할 필요가 있는 것이다. 여기서 변화는 대통
령의 요구 그리고 야전 지휘관들이 나타내는 합동 전투력의 필요를 충족시키는 데 집
중되어야 한다. 본 QDR은 대통령 그리고 비대칭적 위협과 맞서는 야전 지휘관들이 필
요로 하는 새로운 능력에 대한 보다 넓은 범위의 군사적 방안 제공을 추구한다. 투명
성, 혁신을 제고하기 위한 건설적 경쟁, 민첩성과 적응성, 협력과 동반자 관계 등의
원칙이 새로운 전략적 과정과 조직편성의 지침이 되어야 할 것이다.

고도로 적응력이 있는 적들을 격퇴하려면 국방부도 반드시 연속적인 변화와 재평가
라는 모형을 채택해야 한다. 이런 측면에서 QDR은 그 자체로 최종적인 산물이 아니
며, 심대한 변화를 겪고 있는 작금의 최선의 사고, 계획 그리고 의사결정을 포착하고
자 하는 중간 보고서라고 할 수 있다. 국방부는 앞으로 수년 동안 주기적인 갱신을
통해 연속적인 재평가 및 개선 과정을 계속해 나갈 것이며, 이것은 QDR상의 몇몇 특
정 강조 분야에 대한 후속 '안내지침' 개발을 통해 이루어질 것이다. 여기서 구체적으
로 강조하는 분야는 아래와 같다.

- 국방부 차원의 기구개혁과 관리
- 비정규전
- 동반자관계 구축 능력
- 전략적 의사소통
- 정보

이들 안내지침은 QDR상의 핵심 제안을 도입하는 데 지침 역할을 해야 하며, 이들
중요 영역에서의 국방부 차원 접근을 개선하는 노력이 이어지도록 기능해야 할 것이다.

오늘날 국방부가 직면하고 있는 도전들의 복잡성과 언급되지 않을 수 없는 변화들은 정부 내 행정부서와 입법부 사이의 긴밀한 동반자 관계 그리고 연속적인 대화 필요성을 말해준다. 의회의 지원 없이는 국방부가 본 보고서에서 설명한 변화조치들의 대부분이 실행되기 어렵다. 여기서 나타난 생각과 제안들은 그러한 대화의 출발점을 나타낸다. 국방부는 이들 사항에 대한 의견에 근거한 것이나 보다 나은 정책 대안을 제시 할 수 있는 의회, 동맹국 등 여타 주체들의 색다른 관점이나 혁신적 제안을 환영 할 것이다.

본 QDR은 대통령이 지도하고 종전의 2001년도판 QDR에서 명시된 국방변혁 의제에 근거하여 작성된 것으로 미국의 해외병력 주둔태세 변화, 기지조정 및 폐쇄 연구 그리고 가장 중요한 내용인 지난 4년 동안의 작전적 경험을 담고 있다. 아프가니스탄과 이라크에서의 작전 외에도 미군은 인도양 지진해일(쓰나미)과 남아시아 지진에서의 구호 활동과 같은 인도적 구호 활동에서부터 허리케인 카트리나와 같은 자연 재해 대처와 같은 다른 임무의 수행에도 참가했다. 위의 임무를 통해 얻은 교훈들은 본 QDR의 심의와 결론에 반영되었다. 이들은 다음과 같은 중요성을 가진다.

- 동반자관계 구축을 위한 권한과 자원을 확보하며, 노력의 통일을 달성하고, 공동의 적들을 격퇴하기 위해 여타 주체들과 협력하는 간접접근 방식을 채택하는 것. 이를 통해 미군 단독의 활동전담에서 다른 동반세력의 자체 수행 확대를 가능하도록 함
- 사후대처에서 충돌 및 위기로의 악화 이전에 사태를 저지하도록 조기에, 예방조치가 가능하도록 하며, 행동 속도를 증대시킴
- 21세기에서의 안보적 도전을 충족시키면서 미국과 동맹 및 우방국이 취할 수 있는 행동의 자유를 증대시킴
- 미국의 희생과 비용은 최소화하는 한편으로 적에게 희생과 비용을 강요하고, 특히 잠재적 경쟁세력에 대한 미국의 과학기술 우위를 유지해 나감

위와 같은 교훈들을 적용함으로써 군 전력은 '충격과 불확실성'에 대응하는 데 필요한 적응력을 증대 할 수 있을 것이다. 습득한 교훈을 식별하기 위한 합동 과정을 유지하는 것은 연속적인 변화와 개선 과정을 지원하는 데 있어서 중요하다.

본 QDR은 지난 2005년 3월 발간된 국가국방전략6)에 그 기반을 두고 있다. 이 전

략은 보다 넓어진 범위에서의 도전을 맞아 국방부의 지속적인 능력 재구축을 요구한다. 비록 미국의 군사력은 전통적인 재래식 전력에서 압도적인 우위를 차지하고 있지만, 새로운 세기에서의 비전통적, 대칭적 도전을 상대하기 위해서는 개선이 필요하다. 이들 도전은 비정규전(정규군 및 주권국가 소속의 군대가 아닌 적을 상대로 한 무력충돌)이나 대량살상무기(이하 WMD)를 사용한 가공할 수준의 테러리즘 그리고 미국의 질적 우위와 무력투사(投射) 유지 능력을 저해 할 수 있는 위협 등을 포함한다.

이 전략을 실천하기 위해 국방부의 민간, 군부 지도자들은 본 QDR의 4대 우선과제를 다음과 같이 설정했다.

- 테러리즘 네트워크의 격퇴
- 종심 깊은 본토 방어
- 전략적 교차점 놓인 국가에 대한 대안 마련
- 적성 국가 및 비국가 세력의 WMD 확보, 사용 예방

비록 위와 같은 우선 과제들이 미군에서 수행해야 할 작전활동 전체를 나타낸다고 할 수는 없지만, 특별히 염두에 두어야 할 영역을 나타낸다는 점은 분명하다. 이들에 초점을 맞춤으로써 국방부는 스스로와 미군이 비정규적, 재난적, 파괴적 도전에 맞서기 위한 능력 증대를 지속 할 것이다. 이러한 도전들과 맞서는 국방부와 군의 능력을 향상시킴으로써 미군은 다른 위협과 우발상황에 대해서도 총체적인 적응력과 융통성을 높일 수 있다.

본 QDR에서 제시된 4개 중점 영역의 평가에 근거하여 국방부의 고위 지도자들은 국방부의 전략을 군 전력의 규모 및 형태에 대한 지침으로 반영시키기 위해 필요한 1순위의 전력기획 구성을 논의했다. 이후 본 보고서에서 자세한 내용이 나오겠지만, 이 전시 구성은 다음의 내용들을 통해 현재 장기전에서의 현실을 보다 잘 파악 할 수 있

---

6) 국가국방전략(NDS): 미국의 국가안보에 대한 미 국방부 차원의 공식 전략구상을 담은 정례보고서. 백악관의 국가안보전략(NSS)과 미 합참의장의 국가군사전략(NMS)의 중간급에 해당하는 비중을 차지하며, QDR에 그 구체적 기조가 반영된다. 지난 2005년 3월에 발표된 첫 NDS 보고서에서는 직접적 공격으로부터의 미국 보호 ▲핵심지역에 대한 전략적 접근과 전 세계적인 행동의 자유 확보 ▲동맹·협력 관계 강화 ▲유리한 안보여건 구축 등 4가지를 국방전략 목표로 설정하고 있다.

도록 하는 데 조정 기능을 했다.

- 국방부의 본토방위 책임을 보다 넓은 국가적 틀 안에서 정의함
- '테러와의 전쟁'과 더불어 장기적인 비정규전, 대테러 작전, 대폭동 작전 그리고 안정화 및 재건지원과 같은 비정규전 활동에 대하여 보다 큰 강조점을 둠
- 향후 수년 동안에 걸친 정상 상태의 수요와 긴급 활동을 담당하거나, 서로 구분을 지음

동시에 이러한 전시 구성은 다수의, 중복되어 벌어지는 전쟁을 수행 할 수 있는 능력을 요구한다. 이와 더불어 종전의 일률적 억제에서 벗어나 보다 진보된 수준의 군사력이나 지역별 WMD 보유국 혹은 무국적 테러리스트를 각각 억제 할 수 있도록 보다 맞춤화된 억제능력과 전력을 요구한다.

2006년도판 QDR은 국방부에 대한 변혁이 야전 지휘관들의 요구에 보다 집중하면서 개별적 프로그램보다 합동능력의 발전을 가속화 할 수 있도록 하는 새로운 방향을 제공한다. 2001년에 국방부는 '위협기반 기획'7)에서 '능력기반 기획'8)으로의 전환을 실시하여 전투수행 필요에 대한 정의 및 우선 순위 설정 방식을 바꾼 바 있다. 능력기반 기획의 핵심은 적이 확보 할 수 있으면서 미국을 겨냥해 사용될 수 있는 능력을 식별하고, 한정된 위협 시나리오에 따라 합동전력 활용을 지나치게 극대화하기보다 이들의 상호작용을 평가하는 것이다. 본 QDR은 야전 지휘관들의 요구를 사업 및 예산 우선순위에 대한 기초로 설정하여 이러한 전환을 이어갔다. 목적은 국방부 관리에서 합동전력 기준의 이용을 늘리는 데 있다. 이를 통해 국방부는 대통령과 야전 지휘관들의 필요를 충족시키는 능력을 향상시켜야 할 것이다. 보다 '소요 주도적'인 접근법으로 옮겨가면서 불필요한 사업 과잉을 줄이며, 합동 상호운용성9)을 향상시키고, 획득 및 예산 과정을 합리화 할 수 있다. 미군 운영이 합동 차원에서 이루어지는 만큼 국방부의 투자와 조직차원 기능의 조직 원칙도 수평적인 통합으로 나아가야 한다. 이러한 개혁은 하루 아침에 이루어질 수 없으며, 이러한 조정의 이행 과정에서 효과

---

7) 위협기반 기획: 자국에 위협이 되는 특정 국가, 세력의 군사력 규모, 유형, 형태, 운용개념을 기준으로 하여 이에 대처할 수 있는 방향으로 국방, 안보전략을 기획해 나가는 것.
8) 능력기반 기획: 외부 위협세력이 불확실한 상태에서, 예상할 수 있는 어떠한 형태의 안보 위협에도 대응할 수 있도록 자국의 국방, 안보능력을 강화해 나가는 형태의 기획.
9) 상호운용성: 서로 다른 무기체계, 군부대 또는 부대 간에 상호근무를 제공하거나 받을 수 있고 또한 상호 효과적으로 운용토록 교환된 근무를 활용할 수 있는 체계 또는 부대의 능력을 의미한다.

적으로 운용되는 기존 기능이 약화되지 않도록 하는 주의도 필요하다. 그러나 21세기의 복잡한 전략적 환경은 군 전력과 조직 및 과정들의 통합 그리고 각종 활동의 더욱 긴밀한 동시화를 요구한다.

또한 이와 같은 환경에서는 국방부의 군 전력 전체에 대한 개념에서도 새로운 소요를 설정한다. 비록 지난 수십 년 동안 지원병 중심 부대가 미국의 군사작전 수행 성공에 핵심적인 역할을 해 왔지만, 이것이 앞으로도 성공 할 것이라는 보장은 없다. 현역군과 예비병력, 민간 그리고 용역업체를 비롯한 군 전력 전체는 반드시 야전 지휘관의 요구에 맞는 적합한 기술을 갖춘 최적 인력구성이 이루어지도록 하는 노력을 계속해야 한다. 이에 따라 본 QDR은 국방부의 인력관리정책을 갱신하여 군 전력투자에 대한 지침을 세우고, 새로운 도전들에 대한 적응력을 높이기 위한 인적 역량의 개선을 추구한다. 예를 들어 비정규전 소요를 충족시키고 다른 행정부서 및 동맹, 우방국과의 효과적인 공조활동 수행을 위해 국방부는 적정 수준의 언어, 문화, 정보기술 역량을 발전, 유지하는 데 투자를 늘릴 것이다. 아울러 국방부는 장기근무 보다 성과 위주의 보상에 중점을 두는 새로운 인사제도를 채택하고 있다. 군사 당국이 현역과 예비전력 사이의 균형 추구를 계속하고 있는 추세에 따라 새로운 합동훈련구상도 군 전력 전체 차원에서 새로운 도전들에 적응하는 것을 도울 것이다. 21세기의 도전들에 부합되는 올바른 지식과 기술을 획득해야 한다는 점은 인력충원, 유지, 훈련, 배속, 경력개발 그리고 진급 등에 대한 새로운 강조점이 될 것이다. 권한과 정책 그리고 관행에 대한 조정도 군 전력 전체 차원에서 새로운 소요를 충족시킬 수 있는 최적의 결과를 도출 할 것이다.

본 QDR은 이번 검토 안을 관할하는 법령 내용의 변화로 인해 수혜를 받은 바 있다. 제출 시한이 대통령의 회계연도 2007년 예산 요구서와 일치시키도록 바뀌었으며, 그 결과 의회는 국방부가 추후의 전체 예산주기까지 기다리지 않고서도 제한적인 숫자의 구상안들을 회계연도 2007년에서의 예산안 제출에 반영시키도록 허용한 것이다. 이에 따라 본 QDR은 방위구상, 정책 그리고 사업들을 대통령의 회계연도 2007년 예산안 내의 '선도적' 조치 맥락에서 보다 넓은 전략적 방향성에 맞추어 정렬시킬 수 있는 여러 조정안을 권고한다. 이들 제시안들은 국방부가 향후 수년 동안 개시 할 변화들의 선도적 조치일 뿐이다. 본 보고서에 나타난 전략적 방향에 근거하여 국방부는 이후 추가적인 제시안들을 개발 할 것이며, 여기에는 회계연도 2008년 예산안제출을 위한 권고도 포함된다.

본 QDR에서 회계연도 2007년 이내에 개시 할 것을 제안하는 핵심적 사업상 결정들은 다음과 같다.

- 테러리스트들의 네트워크를 격퇴시킬 전력 증강을 위해 국방부는 특수전부대 규모를 15% 확대하며, 대대급 특수전 부대도 1/3을 증가시킨다. 미 특수전사령부(U.S SOCOM)에 해병대 특수전 사령부를 신설한다. 공군은 특수전사령부의 지휘를 받는 무인비행대대를 신설한다. 해군은 SEAL 특수전 병력을 확충하여 특수전사령부를 지원하며, 강변 지역 전투능력 개발에 힘쓰도록 한다. 아울러 국방부는 심리전 및 민사담당 부대소속 인원을 33% 수준인 3,700명까지 확대한다. 다목적 육군부대 및 해병대 육상전 담당부대는 비정규전 임무수행에 필요한 능력을 증대시킨다.
- 본토안전 및 방위력을 강화시키기 위해 국방부는 앞으로 5년 동안 15억 달러를 확보하여 유전공학을 이용한 생물학 테러 위협에 맞서기 위한 광범위한 의학대응체계를 구축한다. 더불어 발전된 탐지 및 억제기술 개발, 총체적 민군 훈련을 촉진하여 복합적인 본토안전 긴급사태에 대한 부처 간 기획력을 개선시킨다.
- 전략적 교차로에 놓인 국가들에 대한 선택 안 수립을 지원하고, 억제력 강화와 미래의 전략적 불확실성에 맞서기 위해 국방당국은 보다 광범위한 재래식, 비활동적 억제수단을 개발할 것이며, 한편으로는 핵 억제능력을 튼튼히 유지하도록 한다. 트라이던트 잠수함발사 핵탄도미사일 가운데 소수를 재래식 탄두로 교체하여 전 지구적 타격 임무에 투입한다. 또한 국방당국은 지속적인 정찰능력 향상을 위해 무인항공기의 획득을 늘릴 것이며, 그 규모는 현재의 거의 2배 가량이 될 것이다. 아울러 차세대 장거리 타격체계 개발에 착수하여 20년 안으로 첫 실전 투입이 가능하도록 추진속도를 가속화한다.
- 대량살상무기를 보유한 국가 혹은 테러리스트 세력에 의한 위협에 대처 할 수 있는 국가적 능력을 개선하기 위해 국방부는 해당 우발사태에 대한 능력과 병력을 대폭 확대 할 것이다. 미 전략사령부는 WMD에 대한 전투 수행에서 전력통합과 동시화를 주도하며, 국방당국의 업무에서도 초점을 제시하는 역할을 한다. 또한 국방당국은 WMD 제거 임무에 투입 할 수 있는 합동 임무군 본부들을 설치하여 해당 임무의 수행을 위한 지휘 및 통제를 제공해야 한다.

본 보고서가 설명하는 이러한 비전의 달성은 미국이 지속적으로 기존 동맹관계를 유지, 적응시킬 때에만 가능 할 것이다. 동맹은 분명 국력의 최대 원천 가운데 하나인 것이다. 지난 4년 동안 북대서양조약기구(NATO)[10]와 호주, 일본, 한국을 비롯한 타국과의 쌍무적 동맹관계는 국제안보에 대한 새로운 위협이라는 측면에서 지속력과 타당성을 유지하기 위한 적응 노력을 기울였다. 이들 동맹은 자유민주국가들 사이의 확고한 전략적 단결을 형성했으며, 공유가치를 파급시키고, 세계 전역에 걸친 군사 및 안보상의 비용분담을 촉진시켰다. 미국은 이라크와 아프가니스탄을 비롯한 여러 작전에 동참하고 있는 영국, 호주와의 특수한 관계에 큰 가치를 부여한다. 이러한 밀접한 군사적 관계는 미국이 세계 각지에서 다른 동맹 및 우방국들과 함께 하고자 하는 협력의 폭과 깊이에 대한 모범이다. 본 QDR의 의제 이행은 이러한 지속적인 관계를 강화하는 데 도움이 될 것이다.

2006년도판 QDR은 보다 민첩하고, 보다 신속배치력이 높고, 광범위해진 위협들에 보다 잘 맞설 수 있는 진정한 합동전력을 만들기 위한 국방부의 연속적인 적응 및 재구축을 촉진시키기 위한 촉매 역할을 하도록 되어 있다. 연속적인 개선과 지속적인 재평가 및 습득교훈의 적용 과정들을 통해서 본 검토 안에 근거한 변화는 지속될 것이다. 종합적 측면에서 그리고 의회의 협력과 더불어 이러한 변화들은 국방부가 갈수록 위험성이 더해가는 21세기의 안보 도전들에 맞설 수 있도록 보장할 것이다.

---

10) 북대서양조약기구(NATO): 지난 1949년 미국과 서유럽 국가들을 중심으로 창설된 집단방위기구. 본래 냉전 시절 소련 등 공산주의 세력의 군사적 위협에 맞서기 위해 결성된 군사동맹기구였으나, 냉전이 막을 내린 1990년대 들어서는 유럽 지역 차원의 집단안보기구로 전환 및 확대되고 있다.

　이번 전쟁은 10년 전 이라크를 상대로 했던 결정적 영토 수복이나 신속한 종결을 보았던 경우와는 다를 것입니다. 코소보에서와 같은 공습 위주의 전쟁과도 다를 것입니다. 우리의 대응은 즉각적인 보복과 제한된 타격 이상의 것들이 동원될 것입니다. 미국 국민들은 단 한 차례의 전투만이 아니라 이제껏 본 적이 없었던 오랜 대전투에 대비해야 합니다. TV에서 볼 수 있는 극적인 타격작전 뿐만 아니라 성공하더라도 공개되지 않는 비밀작전도 포함될 것입니다. 우리는 테러리스트들의 자금줄을 고갈시키고, 그들을 서로 파괴시키면서 더 이상의 숨을 곳을 찾지 못할 때까지 뒤쫓을 것입니다.

-2001년 9월 20일 부시 미 대통령-

　2001년 이후 미군은 줄곧 전쟁을 치르고 있지만, 무력충돌의 양상은 과거에 수행했던 전쟁들과는 명확하게 다른 형태를 보인다. 미국이 상대하는 적은 주권국가가 아니라 분산된 비국가 네트워크이다. 여러 경우에서 이들의 행동은 많은 대륙에 걸쳐서, 그것도 미국과 전쟁 상태에 놓이지 않은 많은 나라에서 벌어진다. 많은 이들이 생각하는 전쟁의 이미지와는 달리 현재의 충돌은 대부분 군사력만으로는 승리하기 어려운 성격의 것이다. 그리고 이와 같은 충돌은 수년 이상을 끌 수 있다.

　현 시점에서 35만 명의 미군 장병들이 약 130여 개국에 배치 및 주둔하고 있다. 이들 병력은 지난 4년에 걸친 작전수행으로 전투에 단련되었으며, 지금도 장기전으로 자유의 적들에 맞서 싸우는 중이다. 이들은 미국의 조약상 의무와 국제적 책임 유지

에도 공헌한다. 이들은 미국의 이익과 가치를 보호, 증진한다. 이들은 종종 평화 수호
와 구호제공 참여를 요청받기도 한다. 이들은 선한 목적을 위한 전력인 것이다.

1. 아프가니스탄

9·11 테러사태가 발발한 지 수주일 만에 미국과 동맹국 병력은 비밀리에 아프가
니스탄에 잠입했으며, 현지 아프가니스탄 부대(북부동맹)[11]와 연대했다. 지상병력은
합동 항공병력을 인도 및 지원하면서 신속하게 탈레반의 강압적인 신정 독재정권을
축출해냈다. 탈레반과 그 외부 지원세력, 즉 알 카에다 테러리스트 및 동조세력들의
격퇴는 신속하게 이루어졌다. 아프가니스탄에서의 전쟁은 전 지구적 범위에 걸친 미
군의 신속한 전력투사 능력, 깊숙한 내륙에서의 전투수행 능력, 지상과 항공 및 해양
그리고 특수전 병력의 합동전력 통합능력, 인도적 지원의 제공능력 그리고 최소한의
현지지원에 입각한 작전능력 등을 보여주었다. 아프가니스탄에서의 조치들은 적응성,
실행속도, 통합된 합동작전, 전력의 경제성 그리고 공동목표 달성을 위한 현지 세력과
의 협력이 갖는 가치 등의 원칙을 강화시켰다.

2001년 이후 미국은 아프가니스탄의 자체 건설을 지원하면서 처음 치러진 자유선
거 실시와 아프가니스탄에서의 항구적인 자유를 위한 치안여건 조성에 기여해 왔다.
핵심적인 국제 지원 덕분에 다음과 같은 성과들이 이루어졌다. 지난 2003년부터
NATO가 주도하는 국제치안지원군(ISAF)[12] 소속의 인력 9천여 명이 카불에서 임무를

---

11) 북부동맹: 아프가니스탄 내부의 반군단체. 1996년 이슬람 과격주의를 내세우는 탈레반이 아프가
　　니스탄의 정권을 장악한 지 1년 후인 1997년 6월, 이에 맞선 7개 종족분파들의 연맹으로 세워
　　졌다. 탈레반 정권이 지난 2001년 9 월 11일 테러사태 이후 그 배후세력인 알 카에다를 비호,
　　은닉한 것으로 알려지면서 개시된 미국 주도의 다국적군에 적극 협조하여 1만 5천여 명의 병력
　　을 동원했다. 그 결과 아프가니스탄 전역의 50%를 점령하는 등 다국적군의 승리와 탈레반 정권
　　붕괴에 크게 기여했다.
12) 국제치안지원군(ISAF): 2001년 말 탈레반 정권의 붕괴 이후 NATO의 주도로 세워진 아프가니
　　스탄 내 다국적 평화유지군. 2001년 12월 UN 안전보장이사회의 승인을 받아 창설되었으며,
　　NATO 회원국 26개와 기타 10개국 병력 총 9,000명 이상이 활동하고 있다. 현재 병력증원이

수행하고 있으며, 점차 아프가니스탄 영토 내에서의 활동을 증대하고 있다. 금년 이후에는 그 범위를 보다 많은 아프가니스탄 내 지역들로 확대하려는 계획을 가지고 있다. 지역 재건팀도 각 지방에서 활동하면서 현지 아프가니스탄 당국자들과 함께 재건사업에 착수했으며, 이는 카불의 중앙정부 권한을 전국적인 범위로, 보다 장기간에 걸쳐 확대시키도록 해줄 것이다.

2. 이라크

지난 2003년 미국 주도의 다국적군이 사담 후세인의 독재 정권을 축출하여 이라크인들을 해방시킨 이래 많은 성과를 이루었다. 자유선거가 실시되었으며, 헌법을 비준하고, 수십 년 동안 방치되어 온 국가기반 시설을 개선하며 이라크 보안군을 훈련 및 무장시키고, 이라크인들이 적들로부터 자신의 자유와 방위를 책임질 능력을 증대시키고 있다. 비록 아직 많은 도전들이 남아 있지만 이라크는 공포와 폭력 그리고 잔혹성에서 출발한 지난 수십 년 동안의 사악한 폭정으로부터 꾸준히 회복해 나아가고 있다. 국제적 공조는 민주화된 이라크가 스스로의 방위를 책임질 수 있는 안보 여건을 구축하는 데 성공하고 있으며, 그 결과 이라크가 테러리스트들의 은신처가 되어 주변국을 위협하지 못하도록 하면서 동시에 중동 지역에서의 모범적 자유국가의 역할을 할 수 있도록 할 것이다.

아프가니스탄처럼 이라크는 장기간에 걸친 '테러와의 전쟁'의 핵심적인 전쟁터라고 할 수 있다. 알 카에다와 그에 동조하는 세력들은 이라크를 '이 시대의 이슬람 최대 전투를 위한 공간'으로 인식한다. 자유와 민주주의가 이라크에 뿌리를 내리면 이라크인들에게는 극단주의자들의 주장이나 메시지와는 다른 매력적인 대안을 제공해 줄 것이다. 안전하고 자유로운 이라크 건설에 성공하는 것이야말로 적에게 궤멸적인 타격을 주는 것이 될 것이다.

추진 중이다.

"군대의 승리는 보병들의 점령이 이루어지지 않으면 달성될 수 없다. 마찬가지로 세계를 상대로 한 이슬람 운동의 승리도 아랍 지역의 심장부에 이슬람 운동의 근거지를 확보하지 않고서는 불가능하다"

−2001년 아이만 알 자와히리[13] −

지난 4년에 걸쳐 합동부대는 장기간에 걸친 비정규 작전에 대한 소요에 적응해 왔다. 이라크에서의 노력은 후세인 정권의 이라크군 격퇴와 이라크인들을 해방으로 부터 이라크 보안군과 지방기구의 창설 그리고 이라크인들에게로 안보 책임을 이양에 이르기까지 변화해 왔다.

이라크 보안군과 군인 그리고 경찰은 그 규모와 능력 면에서 계속성장하고 있다. 이라크 내 다국적 치안이양사령부(MNSTC −I)의 도움으로 창설된 125개 이상의 이라크 전투 대대들은 현재 미군과 다른 동맹군 부대와 더불어 적군의 수색 및 소탕에 참여하고 있다. 보다 많은 이라크인 부대가 신뢰성과 작전 경험을 얻으면서 치안작전에 대한 주도권이 늘어나는 추세다. 이는 미래에 '해당 지역이 자체적인 책임 역량을 증대하도록 지원하는 것이야말로 장기전에서 승리하는 데 결정적으로 공헌한다.'는 사실에 대한 모범적인 사례가 될 전망이다.

미군이 직면한 가장 큰 도전들 가운데 하나는 정보에 근거한 적 탐지 및 신속행동이다. 이라크에서 겪고 있는 이 도전에 따라 국방부는 이라크에 전구[14] 합동정보작전센터를 세웠다. 이 센터의 영상, 신호첩보와 인간첩보를 비롯한 모든 출처에서의 첩보를 통합하고, 이를 기획 및 실행 할 기능과 융합하여 정보 수신 이후 몇 시간 혹은 몇 분 이내로 이루어지는 작전들을 지원하는 데 쓰인다.

---

13) 아이만 알 자와히리: 알 카에다의 제2인자로 알려진 인물. 이집트에서 이슬람 과격주의 단체를 주도하다가 1998년부터 빈 라덴과 함께 알 카에다의 국제 테러리즘을 지휘하고 있다. 2001년 9월 11일 테러사태를 실질적으로 주도한 인물로 추정된다.
14) 전구(戰區, Theater): 단일의 군사전략목표 달성을 위해 지상, 해상, 공중작전이 실시되는 지리적 영역.

3. 아프가니스탄과 이라크 이외의 전투

테러리즘 네트워크에 대한 장기전은 이라크와 아프가니스탄 국경에 제한되지 않고 확대되고 있으며, 많은 작전들이 주권 국가의 정규군이 아닌 적을 상대로 벌어지는 소위 비정규전 형태로 이루어지고 있다. 최근 수년에 걸쳐 미군은 여러 국가에서 테러리스트들과 맞서 싸우고 있으며, 현지에서의 정찰 및 관리를 위하여 해당 국가와 협력하고 있다. 이들 작전의 성공을 위해 미국은 수시로 간접접근을 취하며 다른 나라들과 공조해야 할 것이다. 간접접근은 적이 가장 강력한 위치에 있거나 공격받으리라고 예상하는 방식보다 이들을 물질적, 정신적으로 혼란시키는 방안을 추구한다. '최소저항선'을 택함으로써 적을 물질적으로 혼란에 빠뜨리고, 민감한 취약점과 인지된 약점을 공략하도록 한다. '최소대비선'을 공략함으로써 적을 정신적으로 혼란에 빠뜨리고 적이 연속적으로 무너지도록 하는 여건을 조성한다. 이들 두 개념을 잘 보여주는 사례는 지난 1917년 제1차 세계대전의 주전장과는 다소 먼 아랍 지역에서 벌어졌던 영국군 대령 T.E 로렌스[15]와 베드원 부족의 경무장 부대가 오스만 튀르크의 아카바 항구를 점령한 경우인데, 당시 이들은 연안 포병 부대를 바다에서 공격하지 않고 무방비 상태의 사막을 통해 공격해 들어가서 성공했다. 오늘날 5개 대륙에서 진행되고 있는 크고 작은 노력들은 우방국과의 공조 그리고 작전수행의 은밀성 그리고 지속적이면서 눈에 띄지 않는 상태에서의 임무수행 유지 등이 갖는 중요성을 보여준다. 이러한 노력들은 장기적인 간접접근 효과를 노리는 것이다.

동아프리카에서는 현재 아프리카의 연합합동기동부대(CJTF-HOA)가 케냐, 에티오피아, 지부티에서 해당 주둔국의 능력 배양을 지원하고 있다. 광범위한 지역 내에서 소수의 파견병력만으로 작전을 수행하면서 CJTF-HOA는 분산 작전과 전력의 경제성

---

15) T. E 로렌스(1888~1935): 영국의 고고학자, 군인. 옥스퍼드대학 재학 중에 중동의 조사여행을 하였고, 졸업 후 1910~1914년 메소포타미아의 유적발굴에 종사하고 일대를 여행하였다. 제1차 세계대전이 일어나자 육군 정보장교로 카이로에 파견되어 투르크의 후방파괴에 임하였다. 파이살과 제휴하여 스스로 아랍인으로 분장하고는 사막의 유목민인 베두인족(族)의 유격대를 지휘하여 철도 폭파·게릴라 활동을 벌였으며, 1917년 아카바를 기습하여 점령하였고, 터키군(軍)에 체포되었다가 탈출하여 1918년에 다마스쿠스를 공격하여 점령하는 등 세칭 '아라비아의 로렌스'로서 그 이름을 떨쳤다.

에 대한 중요 사례라고 할 수 있을 것이다. 군인, 민간인 그리고 동맹국 인력이 함께 치안훈련과 공공업무, 의료지원 사업을 하는 것은 노력통일 효과를 보여준다. 주둔국 내 관리능력을 보다 효과적으로 만들기 위한 조치들은 현지 여건을 개선시켰으며, 종족, 인종, 종교 갈등의 여지를 최소화하고, 극단적 테러리스트들의 은신처 내지 소굴로 악용될 수 있는 실패 국가와 무정부 공간의 등장 가능성을 감소시키는 효과를 가져온다.

범사하라 지역에서는 미국 유럽사령부의 대테러리즘 구상으로 해당 지역 국가들이 내부 치안 유지 전력뿐만 아니라 자국 영토 경비를 위해 필요한 절차 등을 발전을 돕고 있다. 이러한 구상은 극단적 테러리스트들의 위협 등장에 맞서기 위해 북부와 서부 아프리카의 우방국들과 함께 군사, 민간 차원의 개입을 실시하는 방식으로 이루어지고 있다. 예를 들어 니제르에서는 소규모의 미군 전투 항공 자문 팀이 이 나라의 동부지역이 초국가적 테러리스트들의 은신처가 되는 것을 예방하기 위한 임무에 투입될 니제르 공군을 지도한 바 있다.

4. 인도적 지원과 조기예방수단

미군은 세계 전역에서 인도적 지원 및 재난구호 활동 수행을 계속하고 있다. 위기 악화 예방과 고통 감소를 지향하는 이 활동의 목적은 미국이 지향하는 가치와도 양립한다. 그들 역시 미국의 국가 이익에 포함되는 것이다. 미군은 고통을 감소시키고 위기 초반에 대처함으로써 미군은 무질서가 광범위한 분쟁 내지 위기로 악화되는 것을 예방한다. 아울러 이들은 미국의 선의와 온정을 보여주는 효과를 나타낸다.

미군은 2004년 12월 동 인도양에서 발생한 재앙적 지진 해일(쓰나미) 피해자들에 대한 구호를 제공하기 위한 국제적 노력에서 선도적인 역할을 한 바 있다. 미 태평양 사령부와 미 수송사령부는 신속한 대응에 착수하여 사태가 발생한 지 5일 동안에 태국, 인도네시아, 스리랑카 등지에 합동기동부대를 파병했다. 전략 공수지원, 항공모함을 통한 물자지원 추가, 상륙함 그리고 의료지원 선발 등이 긴급 구호에 투입되었다. 이들 전력은 24시간 동안 임무수행을 유지했으며, 다양한 국제구호 노력을 조정하는 것을 도왔다. 6주일이나 되는 기간 동안 미군 전력은 8,500톤의 긴급 구호물자를 고립되고 접근이 어려운 지역에 공중수송 했으며, 수색 및 구조활동과 10,000명이 넘는 환자들을 치료했다.

마찬가지로 지난 2005년 10월 북부 파키스탄에서 발생했던 대지진의 경우 미군은 18시간 만에 대처에 나서면서 그 적응 능력을 입증했다. 사건의 첫 단계에서 미군 항공기는 피해지역에 대한 인도적 물자의 수송과 분배를 맡았다. 파키스탄과 미군의 연합 민군 재난 지원 센터는 국내외 지원 단체들로부터 온 지원활동을 빈틈없이 통합시켰다. 미군 전략공수는 세계 전역에서 구호 인력과 물자를 파키스탄으로 수송하여 우방국들의 수용용량을 증가시켰다. 배치 가능한 미군 야전병원들이 재빨리 설치되어 손실된 파키스탄 의료시설들을 보충했고, 미군 공병들은 수백 마일 거리의 도로를 재개통하는 것을 도와 벽촌 지역으로 구호품 전달을 가능하게 했다.

뿐만 아니라 미군은 지난 4년에 걸쳐 위기 악화 예방에도 결정적인 역할을 수행해 왔다. 2003년 라이베리아에서 내전이 발생하고 정부가 해체되면서 질서를 회복하고 총체적 인도주의 위기를 막기 위한 다국적 차원의 개입을 촉발시켰다. 미 유럽사령부의 합동 기동부대는 서아프리카 경제공동체(ECOWAS)[16]의 병력과 임무 전반에 걸쳐 동참했다. 미군은 해당 지역 내 우방국과의 협력 하에 라이베리아의 주요 해상항구를 방어 및 재개방시켜 인도적 지원이 전달될 수 있도록 지원했다. 미국과 ECOWAS는 라이베리아 안정화 임무를 성공시켜 신임 과도정부의 지지와 더불어 인도적 지원의 책임 주체를 국제연합(UN)으로 신속히 전환시킬 수 있도록 했다.

마찬가지로 2004년 초 아이티에서 증폭된 정치적 폭동에 대한 대응으로 미 합동군은 신속히 다국적 안정화군의 일부 자격으로 투입되었다. 이러한 초기단계에서의 조

---

16) 서아프리카 경제공동체: 1975년 서아프리카 15개국이 모여 발족한 경제공동체. 회원국은 세네갈, 기니, 시에라리온, 라이베리아, 코트디부아르, 가나, 토고, 나이지리아 등 16개국이며, 본부는 나이지리아 아부자에 있다.

치는 아이티에서 정치, 사회적 구조 붕괴발생을 예방했으며, 보다 안전하고 안정된 환경을 구축하여 아이티 과도 정부에 대한 지원 책임의 주체를 UN으로 신속히 이양하는 것을 가능하게 했다.

'콜롬비아 계획'을 위한 미 남부사령부의 지원은 예방 활동의 또 다른 사례이다. 미국은 불법 마약의 생산과 밀수와 맞서 싸우기 위해 콜롬비아 정부와 협력해 왔다. 2002년 정부의 요청으로 의회는 마약과 더불어 테러리즘에 맞서 단일 작전을 수행하는 콜롬비아 정부를 돕기 위한 권한 확대를 승인했으며, 그 결과 콜롬비아 영토 전체에 걸친 효과적인 통제가 이루어졌다. 이와 같은 임무 범위 확대로 콜롬비아 정부가 불법 무장단체를 상대로 주도권을 잡는 것을 도왔으며, 수천 명의 불법 준군사조직을 해산시키고, 폭력을 감소시켰을 뿐만 아니라 수십 년 동안 마약 연계 테러리스트 네트워크의 통제 아래 놓였던 지역들에서 정부의 권한을 회복시켰다.

태평양 지역에서의 분쟁 억제와 안정 유지에도 통합된 합동작전이 핵심적 역할을 해냈다. 병력의 전진배치와 신속억제방안(FDO)[17]은 이 지역의 잠재적 적들의 도발의지를 성공적으로 단념시켰으며, 동맹과 우방국들을 안심시켰다. 2003년 봄, 이라크에서의 작전수행 동안에도 지역 내 억제능력과 전 지구적 자원의 합동전력 및 정밀물자재배치 등은 한반도에서의 휴전체제 유지에 대한 미국의 의지와 책임을 보여주었다.

지난 수간 미군은 태평양, 인도양, 중앙아시아, 중동, 코카서스, 발칸 반도, 아프리카 그리고 남아메리카 등지에서 고도로 분산된 전 지구적 범위의 작전을 수행해 왔으며, 이를 통해 지역별 상황에 특화된 임무 수행을 위한 소규모 팀의 중요성을 확고하게 했다. 또한 이들 작전은 전진 배치된 미군 병력이 억제에서 인도적 지원에 이르는 각종 요구작전을 수행하기 위해 해당 지역 내부와 인근으로 신속히 움직일 수 있는 민첩성을 보여주었다. 한편으로 미군은 빈곤지역 내 주민들의 생활을 향상시키거나 여러 국가 내부치안 유지를 위한 치안병력의 능력 개발을 위해 일해 왔다. 이들 분산작전에서는 거의 모든 경우에 있어서 변경된 권한과 과정 그리고 실행에 따른 '노력

---

17) 신속억제방안: 특정 지역에서의 정치, 군사적 위기가 고조될 경우 취해지는 정치, 경제, 외교, 군사적인 긴급대응책으로 주로 감시 및 정찰전력의 증강이 수반된다. 전쟁억제 유지를 위한 미군의 3단계 방안 가운데 첫 단계에 해당하는 것으로, 이것이 실패할 경우 대대적인 전력증원이 뒤따른다.

의 통일'이 보장될 필요가 있었다. 또한 미국 정부가 비용 대비 효과를 극대화하는 방향으로 목적을 달성하려면 추가적인 협조권한이 요구될 수밖에 없다.

최근의 작전들은 미군 내에서 어학 능력과 문화 인심에 대한 필요성이 재강조되는 계기가 되었다. 미군에게는 적군이 활동하는 지역에서 통용되는 언어를 구사할 수 있다면 매우 유리한 점으로 작용할 것이다. 2004년에 국방부는 우방국들과의 협력을 보다 효율적으로 수행할 수 있는 능력을 향상시키기 위해 '국방 어학 변혁구상'을 시작한 바 있다. 군 당국도 집중적인 문화 및 어학훈련을 개시했으며, 이는 시간이 갈수록 군의 문화적 인식 수준과 어학 구사력을 강화시켜 현재의 장기전에서 승리를 촉진하는 데 기여할 것이다. 국방부는 상대적으로 어학에만 강조점을 두었던 과거의 관행을 극복해야 하며, 전술제대에서 작전급 사령관에 이르기까지 모든 수준의 군 인력 개개인에 대한 어학 능력을 배양하는 노력을 확대해야 한다.

5. 본토에서의 역할

현대미군이 치르고 있는 장기전에 있어서 본토의 역할이 더욱 커졌다. 9·11 테러 사태가 발발한 직후 미군은 즉각 본토 안전을 지원하기 위해 투입된 바 있다. 다른 연방 부서들과 함께 국방부는 국가적인 부름에 응했던 것이다. 대통령의 지도에 따라 추가적인 테러 공격을 막기 위해 주요 도시 상공에서의 초계권투비행에 현역 및 예비병력이 투입되었으며, 지상 국경을 강화하고, 선박 항로를 방어하고, 항구 보호에 나섰으며, 핵심 사회 기간시설을 방어하고, 교통안전국(Transportation Security Administration)이 설치될 때까지 공항과 다른 교통 근거지들을 방어했다. 2001년의 탄저균 공격사건에서는 전문화된 대테러리즘 작전과 화학, 생물학 테러리즘 대응을 위한 병력이 워싱턴에 투입되기도 했다.

국방부는 본토 방어와 민간 차원 당국에 대한 지원을 위한 능력을 강화하기 위해 여러 주요한 조치를 하였다. 2002년에 새로운 전투사령부, 즉 북부사령부(NORTHCOM)를 신설하여 본토 방어 임무를 통합, 지휘하는 책임을 맡겼다. 본토 방어에 대한 노력을 조정하고, 강조하기 위해 당국은 본토방어 담당 국방차관직을 신설하기도 했다.

국방부는 생물학 테러리즘의 위협을 방어하기 위한 연방 차원의 노력 지원에 적극적인 역할을 수행하고 있다. 바이오쉴드(BioShield)라는 사업명으로 알려진 백신 개발을 지원하고 있는데, 이는 잠재적인 생물학적 공격으로부터의 의학적 대응력 발전을 발전시키는 노력을 가속화하려는 국가적 노력의 일환이다. 바이오워치(BioWatch) 사업의 경우 국방부는 다른 연방부서들과 함께 생물학적 공격의 탐지 및 식별을 위한 기술과 절차를 개선하는 데 협력하고 있다. 2004년에는 국방당국이 포트 데트릭, 매릴 랜드에서의 국립 생물학 방어학교 설립을 주도하여 의학 차원의 생물학적 방어를 연구, 개발하기 위한 정부기관 사이의 업무 조정을 제공하도록 했다.

각 주 차원에서는 주 방위군이 55개의 WMD 민간지원팀(CSTs)을 각 주와 콜롬비아 특별구에서 운영하고 있다. 22명으로 구성된 이들 팀은 지역, 주 그리고 연방 기관에 대해서 어떠한 WMD 공격과 사후관리에 대해서도 중요한 의사소통 연결, 신속한 피해평가를 제공할 수 있다. 주 방위군은 화학, 생물학, 방사성, 핵 그리고 고열 폭발 등의 공격에 대한 12개의 강화된 포괄적 대응부대를 창설하고 있다. 이들 부대는 WMD로 오염된 환경으로부터 피해자들을 격리, 인도하거나 사상자에 대한 제독(除毒) 임무 그리고 치료 등을 수행할 수 있다. 긴급사태와 주요 공공행사에서의 지휘 및 통제기능을 개선하기 위해 주 방위군은 각 주마다 합동전력 사령부를 설치 중이다.

이미 해외 재난 대처 임무에서 그 적응력을 입증한 바 있는 미군은 미국 내에서 발생한 자연재해에 대한 대응을 요청받았다. 허리케인 카트리나 사태가 발생했을 당시 사전 배치된 병력이 폭풍 상륙 4시간 만에 멕시코 만 인근 마을에 도착하여 구조작전에 나섰다. 5만 명이 넘는 주 방위군 인력이 재난지역에 투입되었다. 현역 병력 22,000명도 추가로 투입되었는데, 이 가운데는 아프가니스탄과 이라크에 배치되었던 부대도 들어 있었다. 이들은 연안 경비대와 협력하면서 수색 및 구조, 철수, 의료공수 임무 등을 바다와 육지 그리고 바다에서 수행했다. 허리케인 카트리나를 비롯한 다른 민간지원 작전에서 나타난 국방부의 대응은 대규모의, 복합적인 부서들 사이의 작전에서 병력 통합과 지휘통제력을 개선하기 위한 귀중한 교훈을 제공했다.

6. 도출된 작전 교훈

아프가니스탄과 이라크를 비롯해서 '테러와의 전쟁'의 일환으로 수행된 작전들, 인도적 구호임무, 예방조치 그리고 본토에서의 임무 등을 통한 작전적 교훈들은 이미 국방부에 중요한 교훈과 원칙들을 제공했다. 이러한 소중한 교훈들은 현재 국방부가 직면하고 있는 많은 도전들에 대해서 광범위하게 적용될 수 있다. 이들은 본 QDR을 작성하면서 개발된 새로운 접근방식들이 군사적 역량에 대한 재조정의 연속 그리고 전투임무를 지원하기 위한 구조 및 과정을 보장하려는 국방부 전체에 걸친 개혁을 이행하려는 목적에 따른 것임을 알렸다. 그 교훈에 포함된 것들은 아래와 같다.

첫째, 동반자 관계 역량을 강화하기 위한 권한과 재원을 확보한다. 최근의 작전은 다른 사람과 조직화된 임무의 공동수행 그리고 임무의 독자수행에서 상대의 능력을 배가시키는 것이 강조되는 경향을 보여주었다. 또한 이들은 공동목표의 달성을 위해 보다 많은 간접접근의 선택 필요성을 나타냈다. 국방부는 대내외의 동반자 세력들이 그들의 역할과 임무를 수행하는 데 필요한 능력을 개선하는 것을 도와야 한다. 여기에는 자국민에 대한 보다 정당하고 효율적인 통치 및 치안을 위해 노력하는 외국 정부 그리고 국내의 지방 및 주 정부 그리고 연방 정부부서까지 포함한다. 외국군과의 상호작용은 미군이 해당국과의 신뢰와 관계를 구축하는 것은 물론 동반자관계 역량을 확장하는 가치 있는 기회를 제공할 수 있다. 동반자관계 역량을 구축하기 위한 최근의 노력들은 융통성 있는 재원조달 경로의 중요성을 부각시키기도 했는데, 이라크와 아프가니스탄에서 실시된 사령관 긴급대응 프로그램(CERP)과 훈련 및 설비관련 권한이 그 예이다. 이라크와 아프가니스탄에서 얻은 교훈들을 적용한 권한 확대는 테러리스트 네트워크가 어디에 위치해 있든지 이를 격퇴할 수 있도록 해줄 것이다. 의회는 국방부와 더불어 '테러와의 전쟁' 수행을 위한 안보 동반자관계 구축에 필요한 권한을 제공할 것을 촉구 받은 바 있다. 최근 법제화된 '외국군 역량구축 및 주 정부의 재건, 안정화를 위한 조정업무 담당 긴급권한 이양' 권한 수정안에 추가하여 다음과 같은 권한들이 추가될 필요가 있다. 1) 세계 전역에서의 고유 우발 작전계획을 위한 CERP를 제도화할 것. 2) 긴급상황에서 가장 임무에 적합한 연방 기관을 대상으로 하는 대통령의 임무부여 및 지원 권한을 확대할 것. 3) 미국과 '테러와의 전쟁'을 함께 치르고 있는 우방국을 위해 군수지원을 확대하고, 이들 병력에 대한 보다 넓은 비용 상환 권한을 확대 할 것.

둘째, 초기에 예방조치를 취하도록 한다. 최근에 수행되었던 작전들로부터 도출된 교훈에 따라 본 QDR은 문제가 위기로, 위기가 충돌로 악화되는 것을 예방하기 위한 조기 대책의 중요성을 강조했다. 아이티와 라이베리아에서의 작전은 무질서가 정치, 사회구조 붕괴로 이어지기 전에 즉각적인 행동에 나설 경우의 이점을 보여준 사례다. 이들 작전은 치안과 사회 안정 회복을 위한 여건을 조성하는 것을 도왔다. 조기 대책의 실행은 보다 고도의 행동속도 그리고 잠재적 적대세력의 의사결정 방식을 포함한 명확한 상황 이해를 요구한다. 최근의 여러 대테러리즘 작전에서 테러리스트들을 붙잡는 데 가용한 시간은 단 몇 분에 불과했다. 마찬가지로 2001년 9월 11일, 테러 사태처럼 사전 경고가 거의 없거나 전무한 항공, 미사일에 의한 본토 공격에 대한 방어를 위해서도 매우 짧은 경고로 행동에 나설 수 있는 능력이 요구된다. 미군은 다시 한번 위기에 대하여 신속히 대응할 수 있는 민첩성을 보여준 바 있다. 그러나 작전적 민첩성은 아직 전투수행을 지원하기 위해 필요한 확대된 권한이나 과정 및 절차의 충분한 확보 여부와 여전히 격차를 보이고 있는 실정이다. 최근의 여러 작전들에서 필요 권한의 부족은 미군 전력이 신속히 활동할 수 있는 능력을 제약해 왔으며, 적절한 권한을 얻기 위한 과정은 그 실행에 수개월이 걸리는 경우가 다반사였다.

셋째, 행동의 자유를 증대하도록 한다. 최근의 작전들은 미국이 동맹 및 우방국들과 더불어 21세기의 안보 도전을 맞아 행동의 자유와 선택 범위를 증대시켜야 할 필요성에대한 인식을 강화시켰다. 미국과 동맹국이 9·11 테러 사태로부터 불과 수주일이 지나서 산악지형의 아프가니스탄에서 작전을 수행한 것은 작전적 준비태세와 전지구적 범위의 활동 역량이 갖는 가치를 보여주었다. 테러리스트 네트워크를 격퇴하기 위해 동반자관계 역량을 구축하고 동맹을 하는 것은 전략적 차원에서 미국의 행동의 자유를 강화시키는 것이다. 본 QDR은 보다 많은 간접접근과 은밀성, 지속성, 융통성 있는 배치 그리고 전략적 이동의 결합을 통해 전략과 작전 차원 모두에서 행동의 자유를 증대하는 조치를 제안한다.

넷째, 비용 균형의 조정을 이룬다. 지난 2001년 9월 11일 테러 사태 당시 알 카에다는 불과 수십만 달러와 19명의 자살 테러리스트들만으로 약 3천여 명의 인명을 살상하고 미국 경제에 막대한 타격을 입혔다. 21세기를 맞아 대치하게 될 안보 도전의 범위에서 미국은 인명과 재정의 측면에서 그 비용을 최소화하도록 지속적으로 노력해야 하며, 한편으로 적에게는 감당하기 어려운 비용 부담을 강요해야 한다. 미국과 NATO, 기타 동맹 및 우방국들은 적의 의사결정을 어렵게 만들거나 자멸을 촉진할 수 있는 조치 및 투자에 동참하는 방식으로 이를 실행할 수 있다. 효과적인 비용 강요 전략은 적들로 하여금 불안감을 고조시키고, 잠재적으로 내부 지도력의 균열을 가져올 수 있다. 미국은 잠재적 경쟁세력에 대한 과학, 기술적 우위를 유지하여 미래의 군사적 경쟁 가능성을 단념시킬 수 있는 능력에 기여할 것이다.

국방부는 현재의 장기전 수행을 위해 필요한 '합동 능력' 및 '부서 전반에 걸친 개혁'의 혼합에 대한 변화를 인식하고 위와 같은 교훈들은 본 QDR에 적용하였다.

본 QDR은 지난 2005년 3월에 출간된 국가국방전략에 근간을 둔다. 이 전략서는 전통적인 형태의 전쟁에서 미국이 상당한 우위를 유지하고 있음을 인정하지만 머지않아 적들은 미국을 상대로 이 분야에서도 도전을 시도할 가능성이 있다. 적들은 비정규적, 재앙적 그리고 파괴적 도전을 포함하는 비대칭적인 위협을 강요할 가능성이 높다. 그 가운데 비국가 세력의 경우는 테러리즘, 폭동, 게릴라전과 같은 비정규전으로 충돌을 연장시켜 미국의 의지를 꺾으려 들 것이다. 일부 국가 및 비국가 세력들은 WMD를 확보하여 위협 내지 수십만 명 이상의 대량살상을 감행하려 들 것이다. 결국 일부 국가들이 미국의 전통적인 군사력 우위를 파괴 내지 무력화할 수 있는 능력 확보에 나설 것이다.

국가국방전략의 내용을 실천하기 위해서 국방부의 고위 문민, 군부 지도자들은 본 QDR 수립과정에서 점검해야 할 4가지의 핵심 영역을 식별했다.

- 테러리스트 네트워크의 격퇴
- 종심 깊은 본토방어
- 전략적 갈림길 위에 놓인 국가에 대한 선택 안 마련
- 적성 국가 및 비국가 세력의 WMD 확보, 사용 예방

서로 연관되어 있는 이들 분야들은 국가국방전략에서 기술하는 도전들에 맞서기 위해 필요한 역량과 전력의 유형을 보여주었다. 이들은 국방부의 전략을 평가하고 전력에 대한 기획을 구성하는 것을 도왔다.

비록 이러한 핵심 영역들이 국방부에서 수행해야 할 군사활동의 모든 영역을 포함

한다고는 할 수 없지만, 고위 지도자들은 이들을 국방부가 반드시 다루어야 할 가장 절박한 과제들이라고 본 것이다. 이들 모두가 단기, 장기 양쪽에서 함의를 갖는다. 4개 영역 모두에는 단기적인 위험을 줄일 수 있는 즉각적인 조치가 존재하며, 한편으로는 미래에 선택의 폭을 늘릴 수 있는 조치들이 개발되고 있는 중이다. 또한 이들 영역에서의 능력을 강화하는 것은 미군이 오늘날 보다 넓은 범위의 군사작전을 수행할 수 있는 융통성을 향상시킬 것이다.

고위 지도자들은 각 문제들의 속성을 고려하면서 개별 영역마다의 의도하는 목표를 식별했으며, 이들 목표를 달성하기 위한 접근방식을 개발했다. 이들 핵심영역들은 앞으로 합동전력의 재적응시키는 노력을 지속하는 데 필요한 역량들을 식별하는 데 기여했다. 이러한 변화들은 하루 아침에 이루어지지는 않겠지만, 계속적인 변화 과정의 한 부분이 될 것임이 분명하다.

이들 핵심영역에 대한 공통점은 다른 정부부서와 동맹, 우방과의 협력이 갖는 필수불가결함과 이들 동반자 세력들의 능력 향상에 대한 기여 그리고 이들과 협력할 수 있는 능력 등이다. 모든 경우에서 4개 핵심영역들은 여러 국력요소들의 적용과 국제사회의 동맹 및 우방과의 협력을 요구한다. 국방부는 혼자만의 힘으로는 이들 과제들을 해결할 수 없다. 따라서 본 QDR은 미국이 기존 동맹과의 유대를 강화하면서 새로운 우방관계를 발전시켜 공동 위협에 대처하도록 할 것을 제안한다. 이러한 동반자관계를 통해 국방부는 다른 나라들이 자국 국민의 보호와 영토 내 치안을 담당할 수단을 발전시키는 한편으로, 집단적 안전보장을 촉진할 수 있는 전력의 건설 및 유지할 수 있는 전력을 발전시키는 데 기여할 수 있다.

본 장은 이들 4개 핵심영역들에 대한 개략적 설명을 다루고자 한다. 다음에는 이러한 새로운 도전들에 맞서면서 전방위적 군사작전을 수행하는 데 필요한 미군 전력의 형태 및 규모를 보다 잘 조정하기 위한 국방당국의 전력기획구성 정리를 설명할 것이다.

1. 테러리스트 네트워크의 격퇴

지난 10년간의 특징을 대표하는 것 중의 하나가 바로 전 지구적인 비국가 테러리스트 네트워크의 등장이다. 미국이 상대하고 있는 적은 통상적인 군사 병력이 아니며, 여러 국가에 걸쳐 여러 인종들로 나뉘어 있는 테러리스트들의 네트워크이다. 이들 네트워크는 미국과 함께 싸우고자 하는 나라의 국민들을 직접적인 공격대상으로 삼아 해당 국가의 의지를 꺾으려 한다. 테러리스트들의 네트워크는 협박, 선전 그리고 무차별적 폭력을 통해서 이슬람 세계를 과격한 신정독재의 지배 아래 두고자 한다. 이들 네트워크들의 목적 가운데는 자신들을 상대로 한 미국과 그 동맹 및 우방국의 의지를 소모시키려 하는 것도 들어 있는데, 그 대상에는 이슬람 세계의 국가들도 포함된다. 테러리스트들의 네트워크는 대량 살상을 저지르기 위해 핵, 화학무기와 같은 보다 치명적인 수단까지 확보하려 든다.

> *"지하드(성전(聖戰)) 운동은 이슬람 세계의 심장부에서 통제권을 확보하여 기반을 구축해야 하며, 그곳에서 이슬람 국가를 세우고 지킬 뿐만 아니라 선지자들의 전통에 입각한 이성적 칼리프(군주)의 지위를 회복하기 위한 전투를 벌여야 한다."*
> *—아이만 알 자와히리. 2001년—*

지난 수십 년 동안 알 카에다와 그 동조 세력들은 '보다 가까이에 있는 적'들, 다시 말해 중동 지역에 걸친 온건파 정부들에 자신들의 노력을 집중해 왔다. 1990년대에 들어서 '보다 멀리에 있는 적'인 미국과 다른 서구 세계로 공격대상을 바꾼 것으로, 이를 통해 분쟁의 성격을 바꾸고 범이슬람 세계의 지지를 부추기며, 지난 1980년대 아프가니스탄에서 무자헤딘[18]이 소련을 상대로 했던 것처럼 미국의 피해를 강요하고, 마침내는 기존의 중동 정부들에 대한 서구 세계의 지원을 약화시키고자 한다. 이들은 테러리즘 공격을 통해 국제사회의 불안을 가중시키고, 자신들의 입지를 강화시키는 행동을 촉발시켜 의도하는 바를 달성하고자 한다.

---

18) 무자헤딘: 아프가니스탄 내 이슬람 무장단체의 총칭. '이슬람 자유전사'라는 뜻으로 1979년 아프가니스탄을 침공한 소련에 맞서 게릴라 활동을 수행하면서 장기 저항전을 펼쳤다. 1989년 소련군이 철수한 뒤에도 종족, 종파 간 내분이 벌어지면서 아프가니스탄에서의 내전 장기화를 야기했다.

이러한 테러리스트 네트워크는 세계화와 그에 따른 자유의 확산을 반대한다. 역설적으로 그들이 선호하는 공격 수단의 상당수는 무제한적인 정보와 지식, 상품, 서비스, 자본, 인력 그리고 기술의 흐름을 비롯한 세계화의 산물들이다. 그들은 민간 항공기를 미사일처럼 사용하여 현대화의 상징인 고층건물을 공격대상으로 삼는다. 그들은 인터넷을 가상의 성역으로 활용하여 자금을 보내고, 지리적으로 고립된 세포조직들과 교차훈련(cross-training)을 하고 있다. 이들은 휴대전화와 문자 메시지로 공격을 명령하고, 차량폭탄을 폭발시킨다. 이들은 미리 촬영된 영상 메시지를 자신들에 동조하는 언론매체에 보내서 '공짜로' 선전선동을 유포시키고, 증오의 이념을 퍼뜨린다. 이들은 세계 곳곳에 테러리스트 '창업'을 부추겨 자신들과 유사한 수법의 테러리즘 공격을 수행하도록 한다. 이들은 새로운 지원자들을 끌어들이기 위해 24시간 뉴스 주기에 의존한다. 이들은 지구 반대편에 떨어진 안전한 은신처에서 테러리즘 공격을 꾀한다. 이들은 초국가적 확산 네트워크를 통해 대량살상무기를 얻고자 한다.

현재로서는 이라크와 아프가니스탄이 전쟁의 가장 핵심적인 전쟁터라고 할 수 있지만 이들 국경 너머에서도 엄연히 대결은 확장되어 있으며, 앞으로 수년 동안 다른 더 많은 국가에서 동시에 전투를 치러야 할지도 모르는 일이다. 알 카에다와 그 동조세력들은 80개국 이상에서 활동 중이다. 이들은 뉴욕, 워싱턴 자카르타, 발리, 이스탄불, 마드리드, 런던, 이슬라마바드, 뉴델리, 모스크바, 나이로비, 다 에스 살람, 카사블랑카, 튀니스, 리야드, 샤름 엘 셰이크 그리고 암만을 비롯한 세계 곳곳에서, 다양한 신앙을 믿으며 동족인 무고한 이들을 상대로 공격을 벌였다. 이들은 세계에서 국가의 치안능력과 의지가 부족하여 공권력이 허술한 지역들을 은신처로 악용한다. 이란, 시리아와 같은 국가 차원의 지원세력들도 이들에게 안전한 은신처를 제공하고 있다. 점점 더 많은 세계 각지의 개발 도상국에서 테러리스트 네트워크는 외부 위협들보다 더욱 큰 위협을 가해오고 있다.

극단주의적 이념에 젖어 있는 사람들과 암묵적 지지자들과의 전쟁에서는 그 이념이 불신을 받거나 진부해진 것으로 인식될 때 승리가 가능해진다. 나치즘이나 공산주의와 같은 이념이 이런 몰락한 길을 걸었다. 이를 위해서는 전 세계적으로 테러리즘에 비우호적인 환경을 만들어내야 한다. 여기에는 테러리스트들에게 은신처와 자금 제공을 거부할 수 있도록 자체 치안능력을 갖춘 합법적인 정부가 필요하다. 또한 세계 각지에 효과적인 대의(代議) 시민사회가 성립할 수 있도록 하는 지원이 필요하다. 이것은 자유에의 호소야말로 과격주의자들에 대한 최선의 장기적 대응책이기 때문이다. 궁극적인 목적은 테러리스트 네트워크가 더 이상 전 세계를 상대로, 재앙적인 타격을 감행할 수 있는 능력과 지원을 받지 못하도록 하며, 지역 차원에서의 타격능력 조차도 해당 정부의 능력과 의지에 따라 제압되도록 하는 것이다.

적들이 미국을 군사적으로 이길 수 없는 것과 마찬가지로, 미국 또한 군사력만으로는 그들을 이길 수 없다. 동맹 및 우방국과의 협력 없이 미국은 이 거대한 장기적인 섬멸전에서 승리하지 못한다. 승리는 오직 조용한 성공의 꾸준한 축척 그리고 국내외적인 힘의 모든 요소들을 조직화할 때 이루어질 수 있다. 미국의 군사력은 본토 방어, 테러리스트 네트워크에 대한 공격 및 파괴 그리고 테러리즘에 대한 반이념 지원 등을 위한 보다 넓은 정부 및 국제적 노력에 기여해 왔으며, 앞으로도 기여할 것이다. 그러나 여기에는 미국정부 전체와 사회, NATO를 위시한 다른 동맹 및 우방국을 망라한 광범위한 협력이 필수적이다.

이 전쟁은 무기와 사상 양측에 관한 것으로 '테러리스트 네트워크'와 그들의 '잔인한 이념'에 대한 투쟁인 것이다. 비록 관련 활동들을 위한 역량이 대부분이 미 정부 내의 다른 행정부서들과 민간 부문에 들어 있지만, 국방부는 테러리즘에 대한 이념적 대응을 위한 노력을 전폭적으로 지원하고자 한다. 하지만 국방부가 여론 대상자들을 이해, 동참시키고자 하는 노력을 계속하는 것은 중요하다. 국방부는 부처상호 간 협력 당사자들과 긴밀히 협력하여 미국의 국가안보정책 기획과 실천으로의 전략적 의사소통을 통합시켜 나갈 것이다. 사상의 전투는 온건 이슬람교도 지도층이 폭력적인 과격주의자들과의 대결에서 승리할 수 있도록 할 때 궁극적으로 가능해질 것이다.

미국과 그 동맹, 우방국들은 전 세계의 테러리스트 네트워크를 가차 없이 찾아내고, 공격하며, 파괴시킴으로써 이들에 대한 공세 태세를 유지해 나가야 한다. 테러리스트 네트워크에 대한 물리적, 정보적 영역에서의 성역 제공을 거부하여 세계적인 차원에서 압력을 가중시켜야 하는 것이다. 적들의 전 지구적 네트워크를 수색, 침투, 공격하여 혼란을 부추기도록 한다. 이러한 노력들은 은폐되어 있던 적의 네트워크를 노출시키면서 군사적 □비군사적 조치가 통합된 후속 활동에 사용될 수 있는 유효한 정보 확보를 가능하도록 한다. 하지만 '일률적' 접근이나 '만병통치적'인 해결책은 없다. 국가와 지역 그리고 집단들에 걸친 전 지구적 효과를 거두려면 미국은 과격 테러리스트들의 세포조직들을 세계 각지의 여건에 맞춤화, 차별화된 접근들을 통해 이들의 세력을 지역 내에서 고착시키면서 격퇴해야 한다. 이것은 전 지구적 네트워크를 분해시키면서 초국가적 연결까지 갈라놓는 효과를 가져 올 것이다.

　미군과 다른 행정부서들 그리고 국제사회의 우방들은 전 세계 여러 나라에서 동시적으로 장기간에 걸쳐 복합적인 작전을 수행할 것이며, 여기서는 직접(가시적인)접근과 간접(비밀의)접근의 혼합된 방식에 의존한다. 무엇보다도 이들은 적의 능력과 인력을 파악해내기 위한 지속적인 수색과 정보우세를 필요로 할 것이다. 아울러 전 지구적 차원의 기동성, 신속타격, 일련의 비정규전, 타국에서의 내부방위, 대테러 작전, 폭동대처 능력 등을 요구할 것이다. 전통적으로 미군이 작전을 수행하지 않던 세계 여러 곳에서의 장기적이고, 눈에 띄지 않는 활동 수행의 유지도 요구될 것이다. 동반자관계 능력의 구축 및 활용도 이러한 접근에서 절대적으로 필요한 부분이며, 대리인의 기용도 여러 목표를 달성하는 데 필요한 방법이 될 것이다. 다른 이들과의 간접적인 협력과, 이를 통해서 적의 대중적 지원을 거부하는 것은 대립의 성격을 바꾸는 데 도움이 될 것이다. 여러 경우에 미국의 우방국들은 해당 지역에 대한 지식과 자국민들에 대한 정당성을 갖추고 있으며, 그리하여 테러리스트 네트워크를 상대로 보다 효과적으로 싸울 수 있다. 시민사회와 법치 체제 확대를 위한 치안 여건의 조성은 이러한 접근과 연결되는 요소다.

　　"대중적인 지지가 없으면 무자헤딘(자유투사) 운동은 그림자 속에서 무너질 수밖에 없다"

－아이만 알 자와히리 2005년 7월－

　이러한 접근들과 같은 맥락에서, 테러리스트 네트워크의 격퇴는 다음과 같은 유형들의 능력 필요성을 부각시킨다.

　　－적의 의도를 식별해내는 인간첩보[19]

---

19) 인간정보(人間情報, Human Intelligence; HUMINT): 인적 자원에서 도출해 내는 정보범주. 이는 전술적으로 접촉에 의한 적접관찰부대, 첩보원, 기만, 포로획득, 서류, 관측소, 군사 및 준군사부대와 접촉 그리고 최전선에 있는 우군부대의 보고에 의해 얻어지는 정보

- 거부 지역 내에서 적의 능력을 정확히 포착, 타격할 수 있는 지속적인 감시
- 가상공간을 비롯한 모든 영역에서 적을 탐색, 추적할 수 있는 능력
- 직접 작전, 타국에서의 내부방위, 대테러 작전, 비정규전 등을 수행할 수 있는 특수임무 병력
- 지역토착 부대를 훈련, 무장, 지도할 수 있으며, 우방국 내에 배치 및 교전이 가능하고, 비정규전을 수행하며, 치안지원과 안정화, 재건 등의 작전을 수행할 수 있는 다목적 부대
- '시간에 민감한 정보에 입각한' 활동을 가속화하기 위한 정보 및 작전의 융합을 지원하는 능력, 조직
- 동반자관계 능력 확대를 촉진하기 위한 어학 및 문화인식
- 비살상 능력
- 시가전[20] 능력
- 이동 중인 적 표적을 재빨리 공격할 수 있는 신속한 전 지구적 타격능력
- 테러리스트 집단의 수로(水路) 활용을 거부하기 위한 우방국 치안전력과의 협력능력을 개선하는 강변 전투능력
- 적 선전선동에 대한 즉각적인 대응과 더불어 이루어지는 다수 여론 대상자들과의 효과적인 의사소통 능력
- 합동 조정, 절차 체계 혹은 필요한 경우 복합적인 부처상호 간 작전의 기획 및 수행을 위한 지휘통제
- 미국이 테러리스트 네트워크의 파괴, 격퇴를 위해 참여하는 다른 나라들의 능력을 효과적으로, 신속히 발전시킬 수 있도록 하는 광범위하고 유연한 권한

2. 종심 깊은 본토 방위

역사상으로 미국은 지리적 위치에 따른 전략적인 차단성으로 이득을 보아왔다. 동서 양쪽으로 대양(大洋)을 만나고 국경 상에서는 특별한 대립국이 없었던 덕분에 미국은

---

20) 시가전: 도시 내의 시가지에서 행하는 지상전투. 건물이나 구조물이 인원이나 화기에 은폐(隱蔽)와 엄폐(掩蔽)를 제공하며, 기계화 부대의 기동에 제한을 줄 뿐만 아니라 부대의 통제가 곤란하다. 따라서 공격부대는 여러 소부대로 편성되고, 전차와 포병 화력으로 건물을 순차적으로 파괴하면서 전진하게 되며 지하실 등에서 저항하는 적군에 대해서는 수류탄·화염방사기·최루탄 등으로 소탕하는 방식으로 수행된다. 제2차 세계대전에서의 스탈린그라드와 베를린에서 실시된 공방전, 1990년대 말 체첸 지역에서 벌어진 러시아군과 체첸 반군 사이의 전투가 대표적이다.

외부 위협으로부터 본토를 방어하는 데 큰 비용을 들이지 않으면서 빠른 경제성장을 이룰 수 있었다. 장거리 폭격기와 미사일, 핵무기의 등장 그리고 최근 전 지구적 범위에 이르고 있는 테러리스트들의 활동은 미국의 지리와 안보 사이의 관계를 근본적으로 바꾸었다. 지리적인 차단성은 더 이상 미국의 안전을 위한 담보 수단이 되지 못한다.

세계화는 자본과 재화, 용역, 정보, 인력 그리고 기술의 자유로운 이동과 같은 여러 긍정적 발전을 가능하게 하면서도, 한편으로는 질병 전염이나 첨단무기의 전파, 과격 이념의 확산, 테러리스트들의 활동 그리고 주요 경제구역에 대한 취약성을 가속화하기도 한다. 미국의 인구, 영토, 사회 하부구조와 우주 공간의 자산들도 대량살상무기와 미사일 및 여타의 항공 위협 그리고 전자 혹은 사이버 공격과 같은 다양한 위협들에 점점 취약해질 수 있다.

세계화는 개인과 소규모 집단의 힘을 강화시키기도 한다. 주권국가만이 재앙적인 수준의 폭력을 독점하는 시대는 지나갔다. 오늘날에는 소규모 집단이나 개인조차도 화학, 생물 혹은 조잡한 형태의 방사성 내지 핵폭발 장치를 무기화해서 수십만 명을 살상하는 데 사용할 수 있다. 느슨하게 조직되고 지켜야 할 대상이 없는 비국가 세력 형태의 적들은 주권국가에 비해 전통적인 군사적 수단만으로는 억제하기가 어렵다. 비국가 세력 형태의 적들은 정부시설, 상업 및 금융체계, 역사 및 문화적 명승지, 식량 및 수도, 전기공급시설, 정보와 교통 그리고 에너지 네트워크를 포함한 광범위한 표적들을 노린 공격을 시도할 수 있다. 그들은 본토 방어망을 뚫기 위해 비전통적인 수단을 사용할 것이며, 서구 사회의 특성인 개방성을 악용하여 시민들과 경제기구, 물리적 하부구조 그리고 사회조직을 공격할 것이다.

> *"우리는 아무리 많은 시간과 노력이 요구될지라도 적들에게 최대한의 피해를 가해야 할 필요가 있으며, 그것이야말로 서구인들에게 통할 수 있는 방식이기 때문이다."*
>
> *—아이만 알 자와히리. 2001년—*

하지만 미국 본토에 대한 위협은 테러리스트보다 더욱 넓은 범위에 걸쳐 존재한다. 적성 국가들 역시 미사일이나 상업선박 및 일반 항공기를 이용하여 미국에 WMD 공격을 가할 수 있다. 그들은 대리자들을 통해 은밀히 공격할 수도 있다. 일부 적성국가들은 보다 발전된 수준의 대량살상무기를 확보하려 하고 있으며, 여기에는 기존의 방어능력을 깨뜨릴 수 있도록 유전공학적 조작을 가한 생물무기도 포함된다. 또한 일부 국가들의 WMD 능력이 테러리스트들의 손에 넘어가 미국을 직접 공격하는 데 사용될 수도 있다.

국방부의 『국가해양안보정책』과 『본토방어 및 민간지원을 위한 전략』에 나왔듯이, 본토 방위에 있어서 국방부의 전략적 목적은 미국을 직접적인 침공으로부터 안전하게 하는 것에 있다. 이를 달성하기 위해 국방부는 부서상호 간 협력의 맥락에서 국토안보국과 같은 다른 연방, 주, 지방 기구들과 협력하여 본토에 대한 위협에 맞설 것이다. 국방부는 잠재적 침공세력들로 하여금 본토공격을 통해 이루고자 하는 목표를 거부할 것이며, 미국 영토, 국민, 핵심 하부구조(사이버공간 포함), 군 전력을 상대로 한 어떠한 공격도 압도적인 반격으로 귀결될 것임을 설득할 수 있는 억제 태세를 유지할 것이다. 미군은 먼 거리의 위협에 대한 격퇴뿐만 아니라 공격 이후에 신속한 수습을 실행할 수 있어야 한다. 미국 본토에 대한 공격 피해를 감소시킬 수 있는 능력은 허리케인 카트리나와 같은 자연재해 대처서도 좋은 역할을 할 수 있다. 이후 다른 행정부서와 주, 지방 정부가 군 전력에 대한 의존을 최소화하면서 내부사고 대응을 위한 충분한 능력을 갖도록 하는 것이 목표가 될 것이다. 이를 위해 국방부는 본토방어에 관하여 안보동반자 관계에 있는 부서를 지원하기 위한 기획, 훈련, 지휘 및 통제 등의 분야에서 자신들의 능력을 활용할 수 있는 작전들의 개념을 발전시켜야 할 것이다.

미국 본토를 방어하기 위해서는 적극적이고 다층적인 전략이 요구된다. 이 전략에서는 연방 부처나 주, 지방 정부기관 뿐만 아니라 주변국 및 동맹과의 동반자 관계가 강조된다. 『본토방어 및 민간지원을 위한 전략』은 다음의 세가지 역할을 설정하고 있는데, 우선 국방당국의 특정한 설정 임무들을 '주도'하며, 다른 정부부서들을 '지원'하고, 다른 동반자들의 '능력발휘'를 도와준다.

 1. **주도:** 대통령과 국방장관의 지도에 따라 국방부는 미국과 그 국민 그리고 중요 하부구조에 대한 외부의 공격을 억제, 포기, 격퇴하는 임무를 수행한다.

국방부는 위협을 식별 및 유형화해서 가능한 한 초기에 예방, 파괴, 저지, 격퇴하는 데 중요한 역할을 한다. 공중의 영역에서 국방부는 미국의 하늘을 지키고 항공접근을 보호하는 우선적 책임을 진다. 해상 접근에서도 국방부는 국토안보국과 함께 해군, 연안경비대 사이의 상호지원 능력을 최적화하여 통합적인 해양방어를 수행한다. 전진 배치된 해군 자산들은 다른 정부부서들과 함께 각종 위협들이 미국을 직접 위협하기 전에 식별, 추적하여 저지하도록 한다. 국방부는 대통령이 지탄할 경우 미국에 대한 지상 접근에 대한 방어를 위해서도 준비를 갖추고 있다.

국방부는 자체적인 억제 태세 및 능력을 통해서 적들이 미국 본토에 대한 공격으로 의도하는 목적을 이룰 수 없으며, 어떠한 공격도 대가를 치르게 될 것임을 주지시키고자 한다. 미군은 영해와 영공은 물론 먼 거리로부터 미국 영토를 겨냥하는 위협을 저지 및 격퇴하고, 어떠한 공격에 따른 피해든지 보호 및 감소시키고자 하며, 어떠한 공격에 대해서도 대응할 수 있는 군사작전 수행을 위해 준비하고 있다. 국방부는 미국 본토를 탄도 미사일로부터 지키기 위한 요격용 전력을 배치하기 시작하고 있다. 이들 전력은 공격 동안이나 그 이후에 맡겨진 임무 수행의 지속성을 보장하기 위한 단계를 밟고 있다. 이로써 군 전력과 향후 전력의 투사 및 작전유지에 필수적인 방어상의 하부구조를 보호하여 적의 공격에 대응할 수 있는 능력을 보장해 줄 것이다.

2. **지원:** 대통령과 국방장관의 지시에 따라 국방부는 테러리스트들의 공격 예방이나 방어 혹은 공격 및 재난으로부터의 복구를 위한 포괄적인 국가적 대처의 일환으로서 이루어지는 지정된 법 집행과 다른 활동들에서의 민간 당국을 지원한다. 이미 언급되었던 허리케인 카트리나, 리타의 피해 이후 국방부에 의한 대규모의 인도주의적 구호활동도 여기에 해당한다. 미래에 다른 재해들까지 민간 차원의 역량을 초과해버릴 경우, 국방부는 미국정부 전체의 노력 차원에서 추가적인 지원을 위해 신속하게 요청에 응할 것이다. 미래의 재해에 효과적으로 대응할 수 있도록 국방부는 북부사령부에 가능할 경우 잠재적인 재해발생 이전에 병력과 장비를 갖추도록 하는 권한을 부여할 것이다. 아울러 국방부는 사건 발생 이전 지출에 대한 기존의 법적 상한선을 철폐하도록 노력할 것이다.

3. **능력 발휘:** 국방부는 본토 방위와 사후관리에 대한 국내외적 동반자 세력의 능력을 향상시키고, 정보와 전문성, 기술을 군과 민간 사이의 테두리 내에서 적절히 공

유함으로써 국방부 스스로의 역량도 개선하고자 한다. 국방부는 기획, 훈련, 지휘 및 통제에서의 비교 우위 활용 그리고 공동훈련과 연습을 통한 신뢰발전을 통해 이를 행하고 있다. 성공적인 본토 방어는 표준화된 작전개념, 호환 가능한 기술적 해결책의 개발 그리고 기획의 조정을 요구한다. 이를 위해 국방부는 국토안보국과 주, 지방정부들과 함께 본토 안전보장 능력과 협력 체제를 개선하기 위해 노력할 것이다. 이런 협력은 부처상호 간의 기획 및 시나리오 개발을 개선시키고, 실험과 시험 그리고 훈련 연습을 통해서 상호운용성을 강화시킬 것이다.

전반적으로 『국가해양안보정책』과 『본토방어 및 민간지원을 위한 전략』 내용과 일치하는 범위에서, 종심 깊은 본토 방위와 공격에 따른 피해 감소를 위해서는 다음과 같은 형태의 능력들을 필요로 한다.

- 본토방어와 민간 지원임무를 위한 합동 지휘 및 통제. 행정부서와 주, 지방정부와 상호 운용성이 있는 통신, 지휘, 통제 체계를 포함한다.
- 신속한 수집 및 융합, 분석을 통해 잠재적 위협들에 대하여 증대된 상황별 인식능력과 정보 공유를 제공할 수 있는 항공, 해양 영역에서의 지각능력
- 주요 재난에 대한 사후관리 능력
- 현재로서는 방어책이 없는 유전공학적 조작이나 자연적 돌연변이로 인한 병원균에 대한 광범위한 의학적 대응책
- WMD 공격에 대응하여 압도적인 형태로 방어, 대응할 수 있는 신속한 전 지구적 타격 능력이나, 미사일 방공능력을 비롯해서 적의 목적을 거부할 수 있음을 과시하여 공격을 억제할 수 있는 맞춤형 억제
- 인위적 혹은 자연적인 재해에 대해서 주 방위군과 예비 전력의 동원을 위한 접근을 개선하는 새로운 혹은 확대된 권한

3. 전략적 교차로상 있는 국가에 대한 선택 대안 조성

주요 강대국과 신흥 대국들의 선택은 미국과 그 동맹, 우방국들의 미래 전략적 위

상과 행동의 자유에 영향을 미칠 수밖에 없다. 미국은 그들의 선택이 협력과 상호 안보이익을 강화하는 방향으로 나아가도록 하는 데 주력할 것이다. 동시에 미국과 동맹, 우방국들은 이들 강대국 및 신흥 대국들이 장래 적성세력이 될 수 있는 가능성을 막아야 한다. 우려할 반란 사태 발전은 이들 세력들이 미국과 그 동맹세력을 겨냥할 수 있는 배타적이며 강압적인 정책을 펼치거나 첨단 군사력을 발전시키는 것이다.

유럽과 아시아-태평양 지역을 넘어서 중동, 중앙아시아 그리고 라틴아메리카는 새로운 전략적 갈림길 위에 놓여 있다고 할 수 있다. 미국은 이들 지역 국가들의 선택뿐만 아니라 이들에 대하여 이해관계와 야심을 갖고 있는 외부 국가들의 선택을 형성시키는 것도 추구할 것이다.

중동의 많은 국가들이 스스로 전략적 교차로에 있음을 인지하고 있다. 이라크에서는 민주주의가 등장하면서 수십 년 동안 무자비한 폭정에 고통 받아 온 사람들이 정치적 목소리를 낼 수 있게 되었다. 레바논에서도 자유가 뿌리를 내리고 있다. 리비아는 핵개발 계획을 포기하기로 결정했다. 이 지역의 여러 나라들이 테러리스트 네트워크와 싸우기 위해 미국과 우방으로서 협력하고 있다. 이러한 긍정적 발전에도 불구하고 이 지역은 여전히 불안정성이 크다. 여러 나라들이 내부적으로 치안 위협에 직면하고 있다. 이란의 대량살상무기 확보 시도는 지역 안정의 저해요인이 되고 있다. 여러 나라에서 테러리스트 네트워크가 활발히 움직이고 있으며, 이는 지역 에너지 수급을 위협하여 세계경제를 곤경에 빠뜨릴 수 있다.

수십 년 동안의 공산주의 치하에서 풀려난 중앙아시아 국가들 가운데서도 일부는 기본적인 정치적 자유와 자유 시장제도를 채택을 향하여 가야 할 길이 먼 경우가 적지 않다. 이 지역의 국가들은 과격 이슬람 테러리스트들의 위협을 받고 있다. 이 지역의 에너지 자원은 경제발전을 위한 기회인 동시에 이들 자원에 대한 영향력을 노리는 외부 강대국들로 인한 위험을 야기할 수 있다.

라틴 아메리카에서는 지난 수십 년에 걸쳐 꾸준히 정치, 경제적인 발전이 꾸준히 계속되어 왔다. 그러나 완만한 경제성장과 빈약한 민주주의 제도 그리고 계속되는 경제적 불평등으로 인해 일부 국가에서는 대중 영합적인 권위주의 정치운동이 재등장하고 있다. 베네수엘라[21]가 그 본보기다. 이러한 움직임은 기존의 정치, 경제적 성공을 위협할 뿐만 아니라 정치, 경제적 불안정의 원천이 되고 있다.

이들 지역을 넘어서 인도, 러시아, 중국과 같은 주요 강대국과 신흥 대국들의 선택은 21세기의 국제안보 환경을 결정할 주요 요소가 될 것이다.

인도는 강대국의 일원이자 중요 전략적 동반자로 급부상하고 있다. 2005년 7월 18일, 부시 미 대통령과 인도 수상은 "미국과 인도 양국의 관계를 상호관심 및 이익분야에 있어서 전 지구적 차원의 동반자 수준으로 전환할 의지가 있음"을 천명했다. 오랜 다인종 민주주의와 가치공유는 양국 사이의 계속적이고 증대된 전략적 협력의 기초를 제공하며, 두 나라 모두에게 중요한 기회를 부여한다.

러시아는 여전히 전환기에 있는 나라다. 러시아가 이제는 과거 냉전 시절의 구소련과 같은 수준의 군사적 위협을 미국과 그 동맹국들에게 가할 가능성은 거의 없다고 할 수 있다. 가능하다면 미국은 대량살상무기 확산의 저지, 테러와의 전쟁 그리고 마약 밀수 근절과 같은 공동이익에 대해 러시아와 협력할 것이다. 미국은 비정부기구(NGO)와 언론 자유에 대한 탄압, 정치권력의 중앙집권화 그리고 경제적 자유의 제한 등 러시아의 민주주의 발전에 손상을 주는 행위에 대하여 여전히 우려하는 입장이다. 국제적으로 미국은 러시아를 건설적 동반자로서 적극 환영하지만, 파괴적 무기기술의 수출, 영토의 통합성과 정치, 경제적 독립 사이에서 타협하는 행동 등에 대해서는 우려하는 시각을 견지한다.

신흥 강대국들 가운데 중국은 미국과 군사적으로 경쟁할 수 있는 잠재성이 가장 높은 국가다. 중국은 미국의 전통적인 군사적 우위를 상쇄시킬 수 있는 파괴적 군사기술을 갖춰나가고 있다. 미국은 중국이 아시아-태평양 지역에서 건설적이고 평화적인 역할을 해나가고, 테러리즘과 비확산, 마약, 해적행위와 같은 공동의 안보도전에 맞서

---

21) 우고 차베스가 이끄는 베네수엘라의 반미주의를 지칭한 것. 차베스는 베네수엘라 육군사관학교를 졸업한 장교 출신으로 1992년 쿠데타 실패로 수감되었다가 1998년 대통령에 당선되었으며, 이후 자국의 석유 생산능력을 기반으로 서방 주도의 신자유주의적 세계화와 미국 주도의 국제질서 구도에 대한 비협조 방침을 공공연히 천명하고 있다. 미국은 베네수엘라의 차베스 정권이 중남미에서의 반미정권 증대를 부추길 가능성을 크게 경계하는 입장이다.

는 동반자로서의 역할을 다하도록 하는 데 역량을 집중할 것이다. 미국의 정책은 중국이 군사적 위협 및 협박보다 평화적 경제성장, 정치적 자유화의 길을 선택하도록 촉구하는 것이다. 미국의 궁주적인 목적은 중국이 경제적 동반자와 더불어 세계의 공공선을 위하여 보다 책임 있는 참여세력으로 계속 남도록 하는 것이다.

중국은 군사 부문에 대규모의 투자를 계속하고 있다. 특히 중국은 국경 너머로 힘을 투사할 수 있는 능력을 개선하는 데 맞춰진 전략적 무기와 역량구비에 집중하고 있다. 중국은 1996년 이후 2003년을 제외하고는 매년 10% 이상 국방 부문의 지출을 늘리고 있다. 또한 중국 내 안보현안 대부분이 비밀에 가려져 있다. 외부 세계는 중국 내부의 군사력 현대화를 지원하는 동기와 의사결정 그리고 핵심 능력에 대해 거의 알지 못하고 있다. 이에 미국은 중국이 스스로의 의도와 자체 군사기획을 보다 명확히 하는 조치를 취할 것을 권고하고 있다.

중국의 군사력 현대화는 1990년대 중반부터 대만의 군사력에 대응하려는 중앙 지도층의 요구에 따라 가속화되고 있다. 중국의 군사력 증강 추세와 폭은 이미 지역의 군사적 균형을 위협하는 수준이다. 중국은 첨단, 비대칭능력에 대규모의 투자를 하고 있는 것으로 판단된다. 특히 전자전 및 사이버전, 대우주 작전, 탄도 및 순항미사일, 첨단 통합방공체계, 차세대 어뢰, 신형 잠수함, 현대화되고 정교해진 지상 및 해상배치 전략핵무기 체계 그리고 중국군용은 물론 수출 목적으로 개발 중인 전구 무인항공기 등이 강조되고 있다. 위의 전력들은 아시아 주둔 및 활동 중인 미군 병력이의 광범위한 전구와 중국의 대륙중심에서의 작전지속 능력에 도전이 될 것이다.

미국은 모든 주요 강대국과 신흥 대국들이 국제체제에서 건설적인 행위자 및 참여자로 통합될 수 있도록 보장하기 위해 노력할 것이다. 또한 어떠한 외부 강대국도 지역 내지 세계 안보를 좌지우지할 수 없음을 확실히 해 두도록 할 것이다. 군사적 경쟁국들이 지역 패권을 장악하거나 미국 및 그 우방국들에 대한 적대행위에 사용될 수 있는 파괴적 능력을 개발하려는 시도를 좌절시키고, 그들의 도발과 강압을 억제하도록 할 것이다. 만일 억제가 실패할 경우 미국은 적성 세력의 전략적, 작전적 목표를 거부토록 할 것이다.

주요 강대국과 신흥 강대국들의 선택을 조성하기 위해서는 한편으로는 협력을 추구하고 다른 한편으로는 그 협력이 장래의 충돌을 막지 못할 가능성을 방지하기 위한 신중한 대책까지를 포함하는 균형 잡힌 접근을 필요로 한다. 성공적인 방지 전략은 우방국들의 능력 개선과 취약성 감소를 필요로 한다. 이러한 측면에서 미국은 국제 우방국들 사이에서 보다 통합된 방어체계를 구축하기 위해 노력할 것이며, 미국과 이들 우방과의 단결을 저해하려는 적들의 어떠한 시도도 저지하도록 한다. 미국은 동맹 및 우방국들과 첩보 센터, 통신망, 미사일 방어체제, 수중전 및 소해전 능력 등을 통합하기 위해 협력할 것이다. 또한 우방국들이 스스로를 방어하거나 불분명한 강압적 위협을 포함한 공격을 견딜 수 있는 능력을 강화할 수 있도록 한다.

주요 강대국과 신흥 강대국들이 지역 안정을 위협할 수 있는 능력을 발전시키는 것을 단념시키고, 분쟁을 억제하며, 억제가 실패할 경우 도발을 격퇴하기 위해, 미국은 주둔 태세를 더욱 다변화하고자 한다. 국방당국의 '해외 방위태세 재검토'[22]에 근거하여 미국은 건설적인 양자관계를 촉진하고, 접근성을 가로막는 위협을 감소시키며, 어떠한 지역에 대한 미국의 접근을 제한하려는 잠재적인 정치적 강압을 상쇄하기 위해 해외준비 태세 적응을 계속할 것이다. 미국은 어떠한 적에게든 복합적이고 다차원적인 도전을 강요하고, 그들의 공세적 계획과 노력을 곤경에 빠뜨릴 수 있는 능력을 발전시킬 것이다. 여기에는 지속적인 정찰, 장거리 타격, 스텔스, 전략적 거리에서 육해공 전력의 작전적 기동 및 지속, 공중우세와 수중전과 같은 주요 분야에서 미국이 누리고 있는 전략, 작전적 우위를 영구화하기 위한 투자를 포함한다. 이들 능력은 미국의 행동의 자유를 보호하고, 미래의 대통령들이 본 QDR에서 언급한 핵심영역과 보다 넓은 범위에서 잠재적인 미래 우발사태에 맞설 수 있는 보다 넓은 선택 수단을 제공할 것이다. 그 목적은 모든 잠재적인 적들에게 미국과의 대결에서 승리할 수 없을 뿐만 아니라, 대결로 인해 군사적 패배 이상의 전략적 위험이 따를 것임을 주지시킬 수 있는 충분한 능력을 확보하는 것이다.

---

22) 해외 방위태세 재검토(GPR): 미국정부가 21세기 새로운 안보환경에 맞추어 추진하고 있는 해외 주둔미군의 전면적인 재배치 계획. 제2차 세계대전 이후 냉전시대에 맞게 서유럽과 동북아시아 지역을 중심으로 배치되어 있는 해외주둔미군을 대량살상무기, 테러 등의 위협이 상존하는 21세기 새로운 안보환경에 맞게 재편하려는 계획을 말한다. 이 정책은 지난 2003년 11월에 공식 발표되었으며, 기본 방향은 해외주둔 미군을 유연하게 배치해 세계 어디에서든 신속하게 대응할 수 있도록 하는 데 있다. 이에 따라 미군의 주둔기지 형태는 전력투사기지(PPH), 주요작전기지(MOB), 전진작전지점(FOS) 그리고 안보협력지역(CSL) 등으로 분류될 예정이다.

이러한 접근과 같은 맥락에서 전략적 갈림길 위에 놓인 국가에 대한 선택안 마련은 다음과 같은 형태의 능력을 필요로 한다.

- 합동 훈련, 고위 참모-장교회담 그리고 외국 내 방위훈련 등과 같은 안보협력 활동을 통해 동맹 및 우방국과의 이해를 증진하고, 미국의 목적과 의도에 대한 정확한 소통을 이루는 것. 이는 새로운 부서상호 교류를 위한 새로운 권한과 21세기형 구조를 요구한다.
- 신흥 대국과 그들의 전략적 선택에 대한 접근을 보다 잘 이해할 수 있도록 보다 향상된 어학, 문화인지력
- 거부 영역에서도 침투, 체류할 수 있는 체계를 포함한 지속적 감시능력
- 접근성 보장을 촉진하기 위해 모든 영역으로부터 합동 전투력을 신속배치, 조합, 지휘, 투사, 재구성 그리고 재투입할 수 있는 능력
- 도발과 강압을 억제하고, 억제가 실패할 경우 대통령에게 보다 넓은 재래식 대응방안 선택이 가능하도록 하는 신속하면서 대규모의 전 지구적 타격능력. 이를 위해서는 의회 로부터 보다 광범위한 권한을 승인받아야 함.
- 침투 가능한 감시 및 타격체계를 지원하기 위한 거부, 대결 지역으로의 광대역의 통신 능력 보호
- 단거리, 중거리, 대륙 간 탄도미사일과 순항미사일 방어를 위한 통합 요격체계
- 보다 발전된 위협을 격퇴하기 위한 공중지배 능력
- 은밀성 활용과 억제능력 강화를 위한 수중전 능력
- 사이버스공간을 형성, 방어할 수 있는 능력
- WMD와 전자전, 사이버 공격으로부터 생존할 수 있는 합동 지휘통제능력

4. 적대 국가 및 비국가 세력의 WMD 확보, 사용 예방

냉전시대에서 미국이 직면했던 주요 위협은 구소련이 미국과 동맹국을 상대로 대량 살상무기를 사용하는 것을 억제하는 데 있었다. 오늘날 미국은 WMD를 확보, 사용하려는 적성 정권과 테러리스트 집단의 수가 더욱 늘어나고 있다는 점에서 보다 큰 위험에 직면하고 있다. 이들 세력들에게는 전통적인 억제수단과 개념이 먹혀들지 않을 수도 있기 때문이다.

여러 잠재적인 적성 국가들이 대량살상무기를 이미 보유하고 있거나, 확보하려고 하는 중이다. 이들 국가에게 WMD, 특히 핵무기는 지역 패권을 요구하거나 다른 나라를 위협하는 수단이 될 수 있다. 이들은 정권의 생존을 보장하고, 미국이 주요 지역에 접근하는 것을 거부하거나, 다른 나라가 자신들을 상대로 도전하는 것을 단념시키기 위해 핵, 화학, 생물무기를 과시하려 할 수도 있다. 설령 이들이 당장 미국에게 직접적인 군사위협이 되지는 않을지라도, 해당 무기들이나 전문기술을 테러리스트들에게 넘겨주어 미국과 동맹국들을 간접적으로 위협하는 일도 가능하다. 북한은 핵과 화학, 생물무기를 확보하려 하고 있으며, 이미 장거리 미사일을 개발하거나 다른 우려 국가들에게 팔아왔다. 이란은 핵능력을 추구하면서 테러리즘을 지원할 뿐만 아니라, 주변국에 대한 위협적인 언사를 일삼으면서 그 의도에 대한 우려를 자아내고 있다. 이란은 빠른 속도로 장거리 전력투사 수단을 개발하고 있으며, 핵무기를 생산할 수 있는 정도의 핵연료 주기를 발전시키고 있다.

"이스라엘은 지도 위에서 사라져야 한다. 그리고 신의 뜻에 따라, 신의 힘으로 우리는 머지않아 미국과 시오니즘 없는 세계를 경험하게 될 것이다."

─이란 대통령 아흐마디네자드[23] 2005년 10월─

무력충돌이 일어날 경우 WMD로 무장한 국가들은 미국과 그 동맹국들을 상대로 선제 목적이나, 후속 안정화 노력을 저지하기 위해 그들의 대량살상무기를 사용할 수 있다. 일부 경우에 해당 국가들은 전투가 끝난 이후 보호, 수색 그리고 압류가 필요한 의심스러운 시설이나 저장소들을 수백 곳 이상 보유하고 있을 수도 있다. 이러한 작전들은 안정화 노력을 압도할 수도 있다.

비록 미국에 대한 적대 국가는 아닐지라도, 여러 다른 WMD 무장국이 내부 불안정으로 인하여 해당 무기에 대한 통제력을 상실할 가능성이 있다. 세계 여러 곳에서 보

---

23) 아흐마디네자드: 현 이란 대통령. 1979년의 이슬람 혁명 당시 미국 대사관 점거 및 인질억류 사건에 가담했으며, 이란─이라크 전쟁에서는 혁명수비대 간부로 참전했다. 이후 테헤란 시장을 거쳐 2005년 이란 대통령으로 당선되었으며, 강경 이슬람 원리주의자로 알려져 있다. 최근의 이란 핵문제에서도 핵개발 포기 거부를 여러 차례 반복했으며, 이스라엘에 대한 극단적인 증오감을 부추기는 발언을 서슴지 않는 등 국제적인 물의를 빚은 바 있다.

이는 효과적 공권력의 부재 현상은 WMD를 확보 내지 은닉하려는 테러리스트 집단에게는 기회를 제공한다. 핵능력을 갖춘 국가가 보유 무기의 일부에 대한 통제력을 테러리스트들에게 잃을 수도 있다는 전망은 미국과 그 동맹국들에게는 최고의 위험 가운데 하나다.

기술적인 추세도 위협을 높인다. 핵무기와 정교하고 유전공학적으로 조작된 생물학 병원체 그리고 비전통적 화학재료는 한동안 대규모의 복잡한 국가차원 무기사업 범주에만 들어갈지 모르지만, 앞으로 수십 년 이내로 보다 많은 세력들의 손에 들어갈 수 있다. 기술적 진보와 광범위한 확산으로 인해 보다 위험한 무기들이 보다 쉽게 생산되고 있는 것이다. 동시에 미국이 첨단 전자기술에 대한 의존도가 커지면서 그 동맹 및 우방국들도 전자기 펄스(EMP), 즉 핵무기의 폭발 중에 일어나는 에너지 파열 현상에 대한 취약성이 점점 커질 수 있다. 핵폭발의 효과는 군사력뿐만 아니라 민간 차원에서도 재앙적일 수밖에 없는 것이다.

철저히 비밀에 부쳐지는 WMD 관련 계획이나 활동에 대해 신뢰성 있는 첩보를 수집하는 것은 지극히 어려운 일이다. 이중용도의 기술이나 합법적인 민간부문 활용이 널리 보급되면서 핵, 화학, 생물 분야의 연구는 은폐하기 쉬우면서 탐지, 추적은 어렵기 때문이다. 비협조적인 국가와 비국가 세력들이 용이하게 WMD 계획과 관련 활동을 은폐할 수 있다는 것이 입증됨에 따라, 미국과 그 동맹 및 우방국들은 보다 큰 첩보 격차와 충격을 대비해야 한다.

취약한 정부와 통치력 공백 상태의 영토 그리고 연약한 주민들과 같은 환경은 오사마 빈 라덴과 그 동조세력과 같은 테러리스트들이 이러한 재앙적 무기, 기술의 확보를 추구할 수 있는 환경을 제공해 준다. 이들은 재앙적인 기술을 거래하고 지원, 선동을 계속하는 신념에 찬 확산 세력과 범죄 집단 덕분에 이득을 보고 있다.

"1999 년 1 월 11 일자 타임지 기사
기자: 미국정부는 당신이 핵, 화학무기를 손에 넣으려 한다고 주장한다.
오사마 빈 라덴: 이슬람교도를 지키는 데 필요한 무기를 손에 넣는 것은 종교적인 의무다.
만일 그러한 무기들을 확보한다면 그것을 가능하도록 해주신 신에게 감사드릴 따름이다.

그리고 만일 내가 그러한 무기들을 확보하려 한다면, 나는 의무대로 하는 것일 뿐이다. 이 슬람교도를 해치려는 이교도들을 예방할 수 있는 무기를 손에 넣으려 하지 않는다면, 그 것은 이슬람교도들에 대한 죄악이다."

미국의 핵심 목표는 적대국가와 비국가 세력이 WMD를 확보하지 못하도록 예방하는 것이다. 이는 외교, 경제적 조치와 연관되지만, 해당 물질에 대한 접근을 거부하고, 그 전달을 저지하며, 생산 계획을 파괴시키기 위해서는 군사력의 사용과 같은 보다 적극적인 조치로도 이어질 수 있다. 예를 들어 지난 2003년 10월 독일과 이탈리아 당국은 확산방지구상(PSI)[24]의 틀 아래에서, 미국이 제공한 정보에 따라 리비아의 핵계획에 사용될 고급 원심분리기 부품의 선적을 막은 사례가 있다. 이러한 리비아 정부의 적극적이고 불법적인 핵 활동에 대한 새로운 증거가 적발된 지 두달이 지나서 리비아는 자발적으로 WMD 및 장거리 미사일 계획을 끝내는 데 합의했다. 그러나 이러한 성공에도 불구하고, 일부 국가들과 테러리스트 집단들은 앞으로도 WMD를 확보하려 들 수 있다.

이러한 위협들에 맞서기 위해 미국은 이들의 공격을 억제할 수 있도록 준비되어야 한다. 구체적으로 WMD 물질의 위치를 포착, 추적하고, WMD 보유국이 특히 무기화된 장치에 대한 통제력을 상실했을 경우에 조치를 취할 수 있어야 하며, 전 영역에 걸쳐서 WMD를 탐지하며, WMD의 공격을 받는 동안에도 작전능력을 유지하도록 하고, 본토 및 해외에서의 WMD 공격 이후의 피해 감소를 지원하며, 평시와 교전 중 그리고 충돌 이후 WMD 물질을 제거하도록 한다. 대량살상무기에 의한 위협에 대응하기 위한 국가적 노력은 예방 차원과 대응 차원 모두를 통합해야 한다.

1. 예방 차원: 미국은 대량살상무기 확산의 예방을 위한 전 지구적 동반자 관계의 구축, 확대를 추구한다. WMD 관련 거래를 중단시키고, 기존 무기와 물질, 전문기술

---

24) 확산방지구상(PSI): 대량살상무기의 확산을 방지하기 위한 국제협력체제. 2003년 6월, 미국의 주도로 스페인 마드리드에서 발족했다. 핵과 미사일 등의 제3국 간 거래를 막기 위해 정보 공유는 물론, 필요한 경우에는 해상봉쇄, 나포 그리고 가입국의 합동작전도 가능하다. 또 인신매매 금지나 마약·위조지폐 등의 밀수와 마찬가지로 대량살상무기의 밀수를 각국의 국내법으로 저지할 수 있는 내용도 포함되어 있다. 그러나 국제법상 대량살상무기의 수출을 포괄적으로 금지하는 규정이 없어 실효성이 약하다는 주장도 제기되고 있다. 현재 PSI에 미국, 영국, 호주, 일본, 싱가포르, 러시아 등 14개국이 참여 중이다.

에 대한 우방국 정부의 통제능력 개선을 도우며, 국력 수단으로서 대량살상무기의 신뢰도를 떨어뜨릴 수 있도록 한다. 적대 및 거부 지역 내의 주요 WMD 자산이나 개발 하부구조에 대한 탐지, 식별, 위치파악, 추적 능력을 개선하고, WMD와 투발수단 그리고 관련 물질의 전달을 저지하는 것은 이러한 접근에서 필수적이다. 아울러 미국은 이러한 위험한 무기와 전문기술 확산을 통해 이익을 보는 범죄 조직망을 식별, 침투 하는 능력을 향상시켜야 한다. PSI와 같은 다국적 노력은 대량살상무기 확산을 예방 하기 위한 전 지구적 협력 확대의 모범이라고 할 수 있다.

2. 대응 차원: 만일 예방 노력이 실패한다면 미국은 대응을 준비해야 한다. 효과적 인 대응을 위해서는 모든 국력 수단을 동원하면서, 뜻이 맞는 국가들과 협력하여, WMD의 위치파악과 압류, 파괴를 한다. 미국은 가능한 한 평화적이고 협력적인 수단 을 사용할 것이지만, 필요할 경우에는 힘을 동원할 것이다. 이것은 보유국가 및 세력 의 WMD 능력, 적대적이며 불확실한 환경에서의 관련 계획에 대한 파악과, 압류, 무 력화, 파괴를 실시하는 WMD 제거 작전을 필요로 한다. 군 당국은 갈수록 중요성을 더 해가고 있는 위 임무를 위한 합동전력을 조직, 훈련 그리고 무장시킬 것이다.

WMD 제거에서는 두 가지의 어려운 작전적, 기술적 도전이 존재한다. 하나는 핵분 열성 물질의 탐지이며, 다른 하나는 안전한 핵, 화학, 생물학 관련 장비의 제공이다. 이를 위해서는 핵분열 물질의 신속한(거부 영역도 포함) 위치파악, 추적능력과 세계 어느 곳에서든지 재빨리 안전하게 핵무기 기술을 제공할 수 있도록 훈련된 전문팀을 투입하는 능력이 요구된다.

마지막으로 WMD 공격을 예방하지 못했을 경우 국방부는 가능한 한 초기에 공격 의 피해감소를 지원하기 위한 요청에 대응하고, 진행되는 사후관리 노력을 개시 및 지원하며, 적극적으로 지역, 주, 연방 그리고 동맹 및 우방국 당국을 지원하도록 준비 해야 한다. 새로운 WMD 위협에 대한 대응이 신뢰성과 합법성을 갖추었다는 점을 확 실히 하기 위해, 미국은 동맹 및 우방국 그리고 다른 국제사회의 구성원들과도 긴밀 히 협력해 나갈 것이다.

이러한 접근과 맥을 같이하여, 국가 및 비국가 세력의 WMD 확보와 사용 예방은 다음과 같은 능력의 필요성을 강조한다.

- WMD의 위치파악, 식별, 압류를 수행할 특수전부대
- WMD와 그 투발 수단, 관련 물질(이들을 이동시킬 물품 포함)의 위치파악, 추적을 수행할 능력
- 원거리 핵장치와 같은 핵분열 물질 탐지를 위한 능력
- 육지, 바다, 공중에서의 WMD 및 투발 수단, 관련 물질의 수송을 막을 수 있는 저지 능력
- WMD 능력과 적 부대의 위치파악을 위한 광범위한 지속적 감시
- 잠재적인 적의 의도와 동기를 보다 잘 이해하고 복구노력을 가속화하기 위한 인간정보, 어학능력 그리고 문화적 인지력
- 안전하고 보안이 된 WMD를 제공할 수 있는 능력과 전문팀
- WMD 기지를 경계하기 위해 해당 물질들이 옮겨지지 못하도록 하는 비살상무기
- WMD 제거임무를 위해 맞춰진 합동 지휘통제
- 적대적 환경에서 특수전부대를 투입, 유지, 보호, 지원 그리고 재투입하는 능력
- EMP의 재앙적 효과로부터 중요, 취약 체계와 기술을 보호할 수 있는 능력

5. 국방부의 전시(戰時) 전력기획구조 조정

위에서 논한 4개 핵심영역은 국방부가 미군 전력의 규모와 형태를 정하는 지침을 제공한다. 이 지침은 '국방부 전력 기획구조'로 나타난다. 이러한 지침은 예상 시나리오 에서 요구하는 적정 수준의 부대규모(용량)와 능력의 형태(병력 및 장비)를 결정하는 데 유용한 분석을 제공한다.

2001년도판 QDR은 국방부가 미국 본토를 방어할 수 있도록 조직, 훈련 그리고 충분한 전력을 갖출 수 있도록 군을 지도하게끔 이끌었다. 여기에는 4개 전방지역 내외에서의 작전수행, 두 곳에서 동시에 벌어지는 주전투에서 적을 신속히 격퇴하면서 대통령이 그중 한 곳에서 결정적 승리를 할 수 있는 선택 안의 유지 그리고 제한된 숫자의 군사적 성격이 약하고 인도주의적인 우발사태의 수행 등이 포함되었다.[25]

본 QDR 작성시 고위 지도자들은 전력기획구성의 주요 요소들이 갖는 중요성을 확인했다. 즉 미국 본토방어 능력의 유지, 전방지역 내외에서의 지속적 작전수행 그리고 무엇보다 공격 경고를 거의 받지 못하는 경우에라도 동시에 발생하는 여러 주전투를 수행할 능력의 유지 등이 그것이다. 이 가운데 특히 후자의 능력은 기습적 도발이나 강압 시도에 대한 강한 억제력으로 남아 있다. 이와 동시에 최근의 작전들로부터 얻은 교훈들은 전시 소요에 보다 잘 부응할 수 있도록 전력 구조 일부의 교정을 제시하였다.

- 본토방어 대응을 위한 국방부의 책임은 다른 정부부서의 것과 명확히 구분이 될 수 있어야 한다.
- 미군은 여전히 전방 지역에서의 작전수행을 계속해야 하지만, 지난 4년 동안 나타난 작전적 소요는 지난 2001년도판 QDR에 언급되었던 4개 지역(유럽, 중동, 아시아 연안 그리고 동북아시아)뿐만이 아닌 세계 전역에서의 작전수행이 필요함을 보여준다.
- 9·11 테러 사태 이후의 세계에서는 비정규전이 미국과 그 동맹 및 우방국들을 상대로 하는 지배적인 형태의 전쟁으로 나타나고 있다. 따라서 지침은 비정규전이나 외국 내 방어, 대테러리즘, 폭동진압 그리고 안정화 및 재건작전과 같이 분산된 장기간의 작전에 대응할 수 있어야 한다.
- 예측 가능한 미래를 위해 테러리스트 네트워크에 대한 장기전의 일부 성격을 띠는 작전을 포함하는 안정화 작전, 관련 순환기지 및 유지 소요들도 미군 전력의 규모를 결정하는 주요 요소가 될 것이다.
- 본 QDR에서 나타난 예방의 강조와 일치하도록, 지침은 억제 및 평화조성 활동에 필요한 전력과 능력을 보다 강조해야 한다.
- 마지막으로 적에 대한 '신속한 격퇴'나 '결정적 승리' 작전적 종결상태의 정의는 미군이 수행하는 일부 작전형태의 경우 유용성이 떨어질 수 있는데, 여기에는 재앙적 사태 관리를 위한 민간지원, 본토에서의 대량살상 사건 혹은 비대칭적 전술을 쓰는 적을 상대로 한 장기간의 비정규전 수행이 그 예이다.

이러한 고려들에 근거하여 국방부는 전력기획구조를 조정하여 다음의 3개 목표 영역으로 나누었다. 첫째, 본토방위. 둘째, 테러와의 전쟁 및 비정규(비대칭) 전쟁. 그리고 셋째, 정규전쟁. 모든 경우에서 국방부는 비대칭적 접근을 시도하는 적들에 대한

---

25) 이를 흔히 1-4-2-1 전략이라고 하는데, 미 본토(1)를 방위하고, 4개의 예상 분쟁지역에서 미군의 전진배치를 통해 전쟁을 억제하며, 2개의 전쟁에서 적을 격퇴하고, 1개의 전쟁에서 결정적으로 승리한다는 개념이다.

작전수행 능력을 증대해야 한다. 이 조정된 전시 전력기획구조는 국방부가 3개의 목표영역에서 투입해야 할 상대적인 노력의 수준을 설명한다. 각 영역에서 국방부가 계속적으로 수행하는 '지속' 활동과 일시적으로 수행해야 할 '긴급' 활동이 함께 설명된다. 일반적인 전력 창출, 유지 그리고 훈련활동에 추가하여 이 전시 전력기획구조는 미군이 다음의 사항들을 수행할 수 있을 것을 요구한다.

1) 본토방위

계속 활동: 미국 본토에 대한 외부 위협을 탐지, 억제하며 필요할 경우 격퇴하고, 동반자 세력들이 미국의 안보에 기여할 수 있도록 한다. 여기에 해당하는 활동은 다른 연방부서 및 주, 지방정부와의 정례적인 본토방위 훈련, 전략적 억제, 미 연안경비대와의 정례적인 해양작전, 영공 내 작전을 비롯한 북미지역 방공 그리고 유사시 사후관리를 위한 지원을 제공할 수 있는 준비태세 등이 포함된다.

긴급 활동: WMD 공격이나 허리케인 카트리나와 같은 재앙적 사태의 사후관리를 위한 국가적 대응에 기여하며, 육해공 및 사이버스공간을 비롯한 모든 영역에서 지시가 있을 경우 방어대응 수준을 높이는 것.

2) 테러와의 전쟁 승리와 비정규전 수행

계속 활동: 외부 초국가적 테러리스트의 공격을 억제, 방어하며, 통합된 안보협력 계획을 통해 우방국들에게 힘을 실어주며, 세계 각지에서의 여러 단/장기적 비정규 작전을 수행한다. 일반목적의 부대로 하여금 계속적으로 동맹국과 상호 작용하고, 우방의 능력을 구축하며, 장기간의 폭동진압 작전 그리고 전방배치를 통한 도발 억제를 수행하도록 한다.

긴급 활동: 폭동진압, 치안, 안정, 과도기 및 재건작전과 같이 대규모의 장기간의 지속 잠재력이 있는 비정규전을 수행한다. 현재 이라크와 아프가니스탄에서 행해지고 있는 수준의 노력이 여기에 해당될 것이다.

3) 정규전의 수행 및 승리

계속 활동: 병력의 전방 배치를 통해 국가 사이의 강압과 도발을 억제하고, 전구 내 안보협력을 통해 우방국에게 힘을 실어주고, 기존의 임무를 수행하도록 한다. 이들 활동은 일상적인 주둔임무와 부대 사이의 교류, 연합훈련, 안보협력 활동 그리고 잠재적인 적에 대한 계절별 훈련 기간 동안의 일반적 대비태세 증대 등이 포함된다.

긴급 활동: 2개 지역에서 거의 동시에 일어나는 정규전쟁을 수행하며(이미 대규모의 장기 비정규전을 치르고 있는 경우에는 1개만 수행), 다른 기습적 도발에 맞서 선택적인 억제태세 강화를 실시한다. 1~2개의 정규전쟁에서 적대 정권을 제거하고, 군사력을 파괴하며, 민간정부로의 정권 이양과 재건을 위한 여건을 조성할 수 있도록 준비를 갖춘다.

이처럼 조정된 전시 전력기획구조는 지난 2005년 3월에 출판된 『국가국방전략』의 전력기획지침을 대신하여 사용될 것이다. 국방부는 이 구조를 소요능력 및 전력의 미래 분석을 위한 기초로 사용할 것이다.

본 지침의 함의를 결정하기 위한 보다 충분한 후속 분석과 평가를 수행함에 있어서 미군의 작전적, 전력 기획에서는 본토방위에서부터 비정규전과 정규전에 이르기까지의 긴급작전에서 다른 연방부서뿐만 아니라 국제사회의 동맹으로부터 보다 높은 수준의 기여를 고려사항에 넣을 것이다. 이러한 가정은 조정된 전력기획구조에서 요구된 '안보협력수준의 증대와 동반자세력 지원을 위한 기타 활동'과도 일맥상통한다. 본 구조는 동원정책이나 전쟁목적과 같은 정책적 결정이 시간이 지나면서 바뀔 수 있으며, 이들이 미군의 형태와 규모를 결정짓는 데 함의를 갖는다는 점을 인정한다. 마지막으로 연속적인 재평가 및 개선과정의 일부로서 본 전시 구조는 앞으로 각 군별로 야전 지휘관들이 이용하기에 최적의 규모의 형태를 도출할 수 있는 차별화된 형태로 보다 발전시킬 것이며, 이는 본 구성이 모든 전력 구조 부문에 동등하게 적용되는 것이 아니기 때문이다.

Ⅳ. 군과 역량의 혁신

　본 QDR의 작성 과정에서 국방부의 고위 지도자들은 4개 핵심영역과 조정된 전력 기획구조의 관점에서 역량과 전력에 대한 잠재적인 조정을 고려한 바 있다. 이들은 추후에 제시할 역량을 개발하기에 앞서, 달성하고자 하는 미래 전력의 특성을 구별했다. 합동 지상력, 특수전 전력, 합동 항공력, 합동 해양력, 맞춤형 억제, 화생방 전투, 합동 기동력, 정보 및 감시, 정찰(ISR)능력, 네트 중심성 그리고 합동 지휘통제 등이 그것 들이다. 연속적인 변화 과정의 일환으로서 국방부의 역량과 전력은 향후 이들이 달성하고자 하는 특징을 반영하는 형태로 혁신될 것이다.

　이 혁신 작업은 이미 진행 중인 합동전력에 대한 다음과 같은 변혁적인 변화들에 근간을 두고 있다. 해외의 대규모, 영구 주둔기지에 대한 의존에서 보다 간소화된 기지들을 이용한 부대대외전개로, 전통적인 전투작전에 대한 우선적 집중에서 비대칭적 도전을 보다 잘 상대할 수 있는 능력의 증대로, 상호충돌을 겨우 피하는 수준의 합동작전에서 통합 내지 상호의존적 작전으로, 합동전력에 의한 축차적 힘의 집결에서 상승효과의 달성으로의 변화 등이 그것이다.

　'기동역량 연구'와 합동참모본부의 '작전적 가용성(OA) 연구'와 같은 일련의 보완적인 분석으로부터 나온 분석결과(insight)가 역량 개발의 정보역할을 했다. '작전적 가용성' 연구는 국가국방전략에서의 우선순위들을 충족시키기 위한 군 전력의 역량과 수용력을 평가하기 위한 4년간의 합동 분석노력이다. 이들 분석은 2001년부터 각 역량의 진척도, 미래전력 비전 실현을 위해 필요한 역량 격차, 잠재적인 잉여의 수용 능력에 대한 분석 그리고 미래 투자를 위한 기회 등을 식별하는 데 도움이 되었다. 예를 들어서 '작전적 가용성'은 일상적 임무와 장기전 수행에서의 증가된 소요 충족뿐만 아니라 현재 및 미래의 주전투작전 이전에 전력 가용수준을 평가할 수 있었다. 그 결과 여러 능력들 가운데 특수전병력과 첩보, 감시, 정찰부문의 능력이 부족한 것으로 드러났다.

작전적 가용성 분석과 다른 관련 평가사항들, 광범위한 고위 지도자들의 토론에 근거하여 국방부는 육해공 3군을 통털어 현역 및 예비병력 양쪽의 규모는 현재와 장래의 작전적 소요를 충족시키기에 적절하다는 결론을 내렸다. 동시에 이들 분석은 합동 역량 및 전력의 배합에 대한 균형 재설정을 계속해야 할 필요성을 부각시켰다. 본 장은 역량 배합과 국방부의 자원 우선 순위에 대한 변화 권고 내용을 요약한 것이다. 대통령의 2007 회계연도 예산안은 핵심영역에서의 역량 배합을 변화시키기 위한 본 QDR의 '최우선적' 우선순위를 반영한다. 본 QDR의 전체적인 예산, 사업상의 함의는 앞으로의 예산 주기에 반영될 것이다.

1. 합동지상전력

비전: 합동 지상전력은 오늘날 특수전부대가 수행하고 있는 상당수 임무의 전담을 계속 할 것이다. 그 결과 자신들의 일차적인 전문기능의 수준을 유지하면서 분산된 여러 임무들 사이로 보다 전환 할 수 있는 새로운 유형의 전사들이 나타날 것이다. 미래 전사들은 현재 수행하는 고강도 전투만큼이나 폭동진압, 안정화 작전을 비롯한 비정규 작전에 능숙하게 될 것이다. 그들은 구조상 모든 수준에서 규격화되고, 자체 지속능력이 확대되며, 전통적 편제뿐만 아니라 보다 작고 자율적인 부대 단위로 분화될 수 있는 능력을 갖춘다. 이들은 투입되지 않은 전력 요소와 연결할 수 있는 능력을 활용하면서, 장기간에 걸친 비정규 작전을 수행할 수 있다. 이들은 외국 문화와 사회를 이해하면서 현지 치안부대를 훈련, 조언, 지도하는 능력을 가지고 폭동진압 작전도 수행이 가능하다. 이들은 분초를 다투는 성격의 작전수행 능력이 증가되는데, 이것은 전술 수준에서의 첩보 및 작전 융합 그리고 보다 높은 수준의 합동 공지 통합을 달성하기 위해 보다 많은 수의 합동 전술항공통제관을 통해 이루어진다.

진척현황: 육군은 이러한 미래 지상전력 특성과 일치하도록 비정규전과 치안지원, 과도적 이양작전 등을 포함하는 전방위적 군사작전을 위한 역량 및 수용능력을 확대해 나가고 있다. 전투 및 지원부대를 여단전투팀(BCTs)과 이들을 지원할 지원여단을 포함한 규격화된 여단기반 부대로 재편하여 장기전 수행을 위한 폭과 깊이를 증대하고 있다. 비정규전 숙달 수준을 증가시켜서 일부 특수전병력은 보다 복잡한 임무에 전념할 수 있도록 한다. 전술 및 작전적 지휘본부는 지리적으로 분산된 여단작전을 지원하고 합동 지휘통제를 제공하기 위해 재설정된다. 2004년에 육군은 코만치 스텔스 헬기 사업을 폐기하고 해당 사업에 대한 자금을 무인항공기를 비롯한 육군 소속 항공능력 혁신으로 돌렸다. 재구성된 미래전투체계(FCS)[26) 사업은 그 발전된 능력을 특수전사령부와 해병대뿐만 아니라 새로운 육군 규격화 전력으로도 확대를 가속화하고 있다.

해병대는 비정규전 수행을 위한 능력과 수용력을 함께 증가시켰다. 2001년부터 해병대는 전력구조를 최근의 작전들로부터 도출된 교훈에 맞도록 개편했으며, 그 결과 보병 규모가 12% 늘어나고, 보병부대 지원을 위한 관련 정보지원과 회전익 항공대대가 추가되고, 경장갑 부대는 25% 증대되었으며, 정찰능력은 38%가 확대되고, 합동 화력요청팀은 50% 늘었으며, 예비 정보조직이 30% 증가했다. 또한 외국 군사훈련부대를 설치하여 세계 각지의 현지 병력을 훈련시킬 수 있도록 했다. 이러한 균형 재설정은 해병대의 잠재적인 기여, 특히 예방활동과 비정규전 작전기여능력을 증대시켰다. 이와 더불어 해병대는 병사 개개인이 분산된 작전을 수행할 수 있는 능력을 증가시켜서 야전지휘관이 원정병력을 전통적 작전뿐만 아니라 하급 수준의 특수전 임무수행에 투입할 수 있도록 했다.

QDR의 결정: 미래 합동 지상전력의 특성을 달성하고 계속적인 발전을 지속시키기 위해 국방부는 다음과 같이 하고자 한다.

−육군의 3대 구성전력에 규격화 여단을 창설하여 능력의 균형 재설정을 계속해 나간다.

---

26) 미래전투체계(FCS): 미 육군이 21세기 전장을 대비하여 개발, 도입하고자 하는 신형 지상무기체계. 정찰 및 운반용 무인장비의 증대, 경량화된 보병전투차량과 야포가 대표적이다. 이들은 대형 수송기에 탑승되어 세계 각지로의 신속한 투입이 가능하도록 구성되어 있으며, 고도의 정보통신 기술을 통해 정보 및 의사결정 구조의 공유가 가능하여 훨씬 효율적이고 신속한 작전수행을 지향한다.

육군 정규군에는 117개(42개의 BCTs와 75개의 지원여단), 육군 주 방위군에는 106개(28개 BCTs와 78개의 지원여단) 그리고 육군 예비병력에는 58개의 지원여단을 창설하는 것이다. 이는 가용 준비태세를 갖춘 전투력을 46% 증대시키고, 전투병력과 지원병력 사이의 균형을 보다 개선하는 효과를 가져온다.

- 육군 부대와 지휘본부도 규격화된 형태로 변혁시킨다.
- 나선형 개발노력, 즉 개발 즉시 새로운 기술을 도입시키는 형태를 통해서 FCS의 개선점들을 규격화 전력으로 통합시키도록 한다.
- 공지 작전에의 합동 인력 훈련과 무인 항공기 사용을 통해 공군의 합동 전술항공통제 사업을 확대해 나간다.
- 2011 회계연도 까지 육군 병력의 한계수준을 현역 48만 2,400명, 예비역 53만 3,000명에서 안정시키도록 한다.
- 2011 회계연도 까지 해병대 병력의 한계수준을 현역 17만 5,000명, 예비역 3만 9,000명에서 안정시키도록 한다.

2. 특수전부대

<u>비전</u>: 미래의 특수전부대는 신속배치가 가능하고, 민첩하며, 융통성 있고, 세계 전역에서 가장 필요한 민감한 임무를 수행하는 데 맞춤화될 것이다. 현재 특수전부대가 수행하는 임무 가운데 일반적인 내용들을 합동 지상전력이 맡게 되면서, 특수전부대는 장기간에 걸친 간접적이고 비밀스러운, 정치적으로 민감하거나 거부받는 환경에서의 보다 소요가 높고 특화된 임무 수행을 위한 수용력이 높아질 것이다. 직접적인 활동을 위해 이들은 전 지구적으로 위험한 개인이나 고가치 표적에 대한 위치파악, 추적을 할 수 있는 확대된 유기적 능력을 보유할 것이다. 또한 특수전부대는 안전한 WMD를 탐지, 위치파악 그리고 양도할 수 있는 보다 큰 능력을 갖게 될 것이다. 비정규전과 외국 부대의 훈련을 위해 미래 특수전부대는 여러 나라에서 동시에 작전을 수행할 수 있는 수용력을 갖출 것이다. 특수전부대는 동반자 세력에 대한 훈련 및 협력의 수행, 대리인 기용, 비밀 작전의 수행, 위치를 은폐하는 가운데 보다 광범위한 태세를 유지하는 능력이 증가될 것이다. 특수전부대는 중동, 아시아, 아프리카, 라틴아

메리카와 같은 주요 지리적 작전영역에서의 지역적 숙달 수준을 높이는 가운데, 현재의 어학 및 문화 기술을 유지할 것이다. 보다 장기간이 될 작전에서 외국의 군사 및 치안부대 그리고 공동목표 달성을 위해 다른 현지의 자산들과의 개인적 관계를 구축하는 것이 강조될 것이다.

진척현황: 기본 예산의 81% 증대에 힘입어 특수전부대의 능력은 2001년부터 인상적인 향상을 보였다. 이러한 증가세는 지난 2004년 '통합사령기획'에 구체화된 바 있는 전 지구적인 테러리스트 네트워크 소탕 작전의 기획과 동시화 그리고 집행에서 특수전사령부가 주도적 역할을 맡게 된 것과 일치한다. 2002~2006년 회계연도 사이의 55억 달러 추가는 특수전부대의 정보, 감시, 정찰(ISR) 능력과 유기적인 인간정보 그리고 기술 역량의 개선에 기여했다. 육군 특수전부대 학교는 현역에 신규로 등록시킨 훈련수료인원 수를 2001년 282명에서 2005년 617명으로 늘렸는데, 이는 매년 추가되는 특수전매 대대에 해당한다. 앞으로 매년 750명 수준으로 늘리는 것을 목표로 한다. '항구적 자유' 작전과 '이라크 자유' 작전에서의 특수전전력소요가 특수전부대의 비정규전 수행 능력 및 기술을 극적으로 향상시키는 계기가 되었다.

QDR의 결정: 미래 특수전부대의 특성을 달성하고 발전을 이어나가기 위해 국방부는 다음과 같이 하고자 한다.

- 특수전부대의 시야 은폐 능력과 지속적 활동 임무 그리고 전 지구적인 비정규전 수행을 위한 역량 및 수용 능력을 보다 증대하는 것
- 2007년부터 현역 특수전부대 대대 규모를 1/3 늘리도록 함
- 특수전부대와 육군의 규격화 전력을 지원하기 위한 심리전 및 민사부대 인원을 3,700명(33% 수준) 늘림
- 2,600명의 해병대 및 해군 인력으로 구성된 해병대 특수전사령부(MARSOC)를 설치하여 외국군 부대 훈련과 직접작전, 특수정찰을 수행하도록 함
- 해군 SEAL 팀의 수준을 직접작전 임무까지 수행할 수 있도록 증가시킴
- 특수전부대 소속의 무인항공기 대대를 설치하여 거부 및 격돌 지역에서의 적 능력 위치 지정, 조준을 위한 유기적 능력을 제공함
- 전략적 거리에서의 거부 지역에 대한 특수전부대의 침투, 탈출을 지원하기 위한 능력을 향상시킴

3. 합동항공능력

비전: 합동 항공능력은 보다 큰 활동범위와 작전지속, 감시 및 타격을 위해 보다 유연한 탑재능력 그리고 거부 지역에서의 침투 및 활동유지를 수행하기에 유리하도록 혁신되어야 한다. 미래의 항공력은 즉응성과 생존성에 주안점을 둘 것이다. 그리하여 전천 후 상황 속에서 이동 표적을 파괴하고, 비전통적 첩보를 이용하면서 차세대 전자전을 수행할 것이다. 합동 항공력은 전 지구적 범위에서 수천 개의 고정 내지 이동 표적들을 동시에, 재빨리 위치 파악하여 공격할 수 있게 될 것이다. 미래 항공력은 필요할 때는 언제, 어디서든지 스텔스 기술과 더욱 발달된 전자전 능력을 이용할 것이다. 해양 항공부대는 감시 및 타격 모두에서 무인 항공기를 사용할 수 있게 될 것이다. 합동 항공능력은 보다 큰 수준의 공지 통합성을 달성하게 될 것이다.

진척현황: 이러한 미래 항공력의 특성에 부합하도록 항공원정군(AEF) 개념이 최근 4년 동안에 걸쳐 연구되어, 여기에 투입할 수 있는 인원을 20%(5만 1,000명) 증가시켰다. '공군 전장항공병' 개념은 전투훈련을 개선시켜서 재래식과 비정규 작전에서 육군을 지원하는 공중 타격 유도를 위한 합동 공지 통합성을 증가시켰다. 2001년부터 다수가 특수전부대에 배속되어 있는 공군 합동전술공격통제관(JTACs)들이 아프가니스탄에서의 항공타격 85%를 유도했다. 공군은 미국에서 수행될 수 있는 새로운 임무들에 투입할 수 있는 예비분야 인원들을 최적화하고 있으며, 여기에는 무인항공기 작전과 ISR까지를 포함하는데, 이를 통해서 군병력에 대한 부담을 줄이는 한편으로 예비병력의 핵심역량을 활용하는 효과도 거두고 있다.

2002년부터 해군과 해병대는 전술 항공기 사업을 통합해서 과잉 수용량을 줄이고, 보다 줄어든 자원으로 같거나 보다 큰 전투능력을 제공하고 있다. 해군과 해병대는 양측의 전술항공대대를 자신들의 항공 소요에 맞추어 공통부분은 통합하여, 보다 큰 작전적 이득을 거두었다. 이들은 통합을 통해 대략 350억 달러의 잠재비용을 절감했으며, 해군성은 장차 500대에 가까운 수의 전술 항공기 획득을 줄이게 되었다.

국방부는 보다 강화된 재래식 장거리타격 임무를 위해 전략 폭격대의 재편성을 계속하고 있다. 위성 통신은 현재 비행 중인 폭격기와 순항 미사일의 즉각적인 재조준을 가능케 하고 있다. 스마트 형 원거리 타격무기의 통합은 B-52 폭격기와 같은 구형 무기체계가 현대화되고, 위협 수준이 높아진 전장에서도 임무를 계속할 수 있도록 해주고 있다. 새로운 무기들은 증대된 수용 능력을 제공해 주고 있다. 신형 500파운드 합동직격탄(JDAM)은 B-2 스텔 스폭격기 1대가 80개의 개별 목표를 정확하게, 전천 후 조건에서 타격할 수 있도록 한다. 공군은 오는 2025년까지 장거리 타격 능력을 지금보다 50% 늘리고, 장거리 타격 가운데서도 관통능력을 보유한 기종을 20%로 확대한다는 계획이다. 대략 45%에 달하는 미래 장거리 타격 전력이 무인화될 것이다. 분초를 다투는 표적에 대한 전 지구적 범위의 재래식 타격을 수행할 합동 항공력 수용력도 늘어날 것이다.

QDR의 결정: 미래 항공력의 특성을 달성하고 발전을 이어나가기 위해 국방부는 다음과 같이 하고자 한다.

- 2018년까지 새로운 지상 배치식의, 관통 능력을 보유한 장거리 타격능력을 개발하며, 기존의 폭격전력을 현대화한다.
- B-52 폭격기를 56대로 줄이고, B-52와 B-1, B-2 폭격기를 완벽하게 현대화시켜 전 지구적 타격 작전을 지원할 수 있도록 한다.
- 합동 무인전투 항공체계(J-UCAS) 사업을 조정하고, 항공 모함에서 발진 가능한 무인항공기를 개발한다. 이 무인항공기는 보다 장거리로 비행하고, 공중급유가 가능하여 원거리 작전수행은 물론 탑재량 및 발진시 선택 확대가 가능하며, 해군력의 영향범위와 지속성도 증대시킬 수 있다.
- 프레데터급, 글로벌 호크급 무인 항공기의 획득을 가속화하여 작전 반경을 거의 2배로 증대한다.
- F-22A 스텔스 제공기 사업을 조정하고, 생산을 다년 획득계약이 포함된 2010년까지 연장시키도록 한다. 이로써 국방부는 제5세대 스텔스 능력에서 격차를 허용하는 일이 없도록 한다.
- 86개에 달하는 전투비행단(예: 전투기, 폭격기, ISR / 전장관리 / 지휘통제, 기동, 항공작전센터, 전장항공병, 기타 임무 그리고 우주 / 미사일 등)들을 전방 고정배치 최소화 및 병력의 원정능력 제고를 강조하는 방향으로 조직화하고, 대략 4만 명에 달하는 공군 전속 근무 인원을 총력전력 전체 차원에서의 균형을 감안하면서 감축하도록 한다.

4. 합동해양 능력

<u>비전</u>: 합동 해양전력은 연안경비대까지 포함하는 개념으로, 연안지역에서 고도의 전력투사 능력을 갖춘 조직화된 함대와 함께 광범위하게 분산된 작전을 수행하게 될 것이다. 이들은 보다 먼 거리에서 전력 투사는 물론 방공, 미사일 방어를 수행할 수 있다. 연안경비대와 해군력은 완전히 통합될 것이다. 수중능력은 유 / 무인 양측 모두에서 스텔스와 생존성, 지구성, 탑재 규모 및 융통성을 통해 잠재적인 적들의 노력을 곤경에 빠뜨리고, 억제력을 강화할 것이다. 미래 해양력은 분초를 다투는 표적에 대한 전 지구적 범위의 재래식 타격능력을 갖출 것이다. 강변 작전과 그 외의 비정규 작전을 위한 수용 능력도 보다 커질 것이다. 미래의 합동전력은 정치적인 접근 차단과 비정규전 도전에 대응하기 위해 해양 배치를 이용하는 작전적 융통성을 발휘할 것이다. 미래의 해양 사전 배치 전력 합대(群) 넓은 범위에 걸친 합동전력을 지원하기 위한 해양배치 능력을 진일보시킬 것이다. 특수전부대는 부양식 전진설치기지(AFSB)를 통해 보다 융통성 있고 지속적인 위치에서 전 지구적 범위에서 작전을 수행할 수 있다. 함대는 세계적인 무역과 수송의 무게 중심 변화 추세에 따라 태평양에서 주둔 비중이 커질 것이다. 이에 따라 해군은 작전 가용성이 있는 항공모함 최소 6척, 잠수함 보유량의 60%를 태평양으로 돌리는 전력 태세 및 주둔상태를 조정하여 교전, 시위 그리고 억제를 지원하게 될 것이다.

진척현황: 이러한 미래 해양력 특성과 일치하도록, 해군은 해군과 해병대 함대전력의 작전적 가용성 혹은 '투입성'을 증가시키기 위한 여러 구상들을 개발, 도입해 왔다. 분산 작전 개념을 적용하면서 해군에서 독립 타격단의 가용 규모가 19개에서 36개로 늘어났다. 함대즉응기획(FRP)은 해군의 계단식 준비태세를 변화시켜서 함정 및 해군부대가 완전한 배치준비 태세를 유지하는 시간을 늘렸다. FRP에 따라 적응성 있는 전력 조합을 구성하고, 부대의 작전주기에 전반에 고도의 준비태세를 유지시키며, 함대의 이동시간을 줄여 11개 항공모함 타격단 가운데 6개가 즉각적으로 전개될 수 있도록 하면서 90일 이내로는 2개 타격단의 추가 투입도 가능하게 하였다. 승조원들의 교환 승선은 해군 전력의 작전적 가용성을 33%까지 늘렸다.

해군은 신속하게 연안전투함(LCS)을 개발, 배치하여 발전된 연안 전투능력을 구현하고자 한다. 연안 경비대는 심해선에 대한 재투자를 실시하여 해군과의 합동작전 능력을 향상시키려 하고 있다. 2003년 해군은 4척의 구형 핵추진 탄도미사일탑재잠수함(SSBN)을 재래식 미사일 탑재 및 특수전 목적으로 개조했다. 이들 4척의 잠수함은 2007년에 재취역할 것이다. 이러한 개조 작업으로 특수전부대가 거부 지역으로 침투하여 고가치 개인, 정밀타격을 위한 표적 등의 위치파악 하거나, 직접적인 타격 임무를 수행할 수 있을 것이다. 각 잠수함은 각각 150기 이상의 토마호크 순항미사일을 탑재할 수 있을 것이다.

QDR의 결정: 미래 해양력의 특성을 달성하고 발전을 이어나가기 위해 국방부는 다음과 같이 하고자 한다.

- 11개 항공모함 타격단을 포함하는 보다 큰 함대를 건설하고, 함대의 개편 및 재투자소요의 균형을 맞추며, 경제성을 개선하고, 조선산업을 위한 안정성을 제공한다.
- 연안 전투함의 조달을 가속화해서 연안에서의 전력 투사 능력을 제공한다.
- 8척의 첫 미래 해양 사전배치 전력 전용함선을 조달하여 접근 제한 환경에서의 작전능력을 개선한다.
- 해군에 강변 경비, 저지 그리고 내륙 수로에서의 전술 병력이동 등을 위한 강변 작전수행 능력을 제공한다.
- 전 지구적 해양안보 개선을 위해 해군 해외장교 제도의 부활, 재난구호 지휘통제용 원거리 통신 지원능력의 조달을 통해 동반자 관계 역량을 구축한다.
- 늦어도 2012년까지 공격용 잠수함의 건조태세를 매년 지속적으로 2척씩 건조하는 태세로 복귀시키고, 평균 오버홀 조달 비용은 20억 달러 수준에 이르도록 한다.

5. 맞춤형 억제: 신 삼각축

비전: 국방부는 일괄적 개념의 억제에서 첨단전력의 군사 경쟁자, 지역 WMD 보유국, 비국가 테러리스트 네트워크 등에 적합한 보다 맞춤화된 억제로의 변화를 계속해

나가고 있다. 미래의 억제전력은 국가 차원은 물론 WMD 사용, 테러리스트들에 의한 물리적 혹은 정보 영역에서의 공격, 기능적 도발 등과 같은 비국가적 위협 모두를 억제하면서 동맹에 대한 안심 그리고 경쟁자들에게 단념을 강요하는 균형되고 맞춤화된 억제력을 제공할 것이다. 지난 2001년의 '핵태세검토보고서'[27]를 통해 개발된 새로운 삼각축의 우선 순위들과 일치하도록, 광범위한 분야의 비운동성 및 재래식 타격능력을 포함시키고, 여전히 미국의 핵심 국력으로 남아 있는 튼튼한 핵 억제전력을 유지하도록 한다. 아울러 통합된 탄도 및 순항 미사일 방어체계와 즉응성 있는 하부구조도 포함시킬 것이다. 이들 능력은 탄탄하고 즉응성 있는 국가 지휘통제체제, 첨단 첩보, 적응성 있는 기획체계 그리고 상황 인식에 적합한 확인된 고급 정보로의 접근 능력들에 의해 지원된다. 비운동성 능력은 현재 운동성 무기들을 요구하는 일부 효과들을 달성할 수 있을 것이다. 국방부는 또 다른 무기가 될 수도 있는 컴퓨터 네트워크를 통해서 혹은 그에 맞서 싸울 것이다. 즉각적인 전 지구적 차원의 타격을 위해 고정되어 있고, 견고하며, 지하화 되고 이동 및 재배치가 가능한 표적을 대통령의 명령에 따라 세계 어디든지 고도의 정확성을 가지고 공격할 수 있게 될 것이다. 핵무기는 현대적인 억제 요구를 맞추기 위해 안전하고, 정확도 있고, 신뢰할 수 있으며 그리고 맞춤화되어야 한다.

진척현황: 이러한 미래 억제전력 특성과 일치하도록, 국방부는 피스키퍼 ICBM을 퇴역시켰으며, 4척의 탄도미사일 잠수함을 전략핵 임무에서 퇴역시켰다. 그리고 배치 중인 미니트맨-3 대륙 간 탄도미사일에서도 수백기의 핵탄두를 제거했다. 국방부는 재래식 탄두를 장착한 새로운 정밀 유도무기들을 배치했는데, 여기에는 합동 원거리 공대지미사일(JASSM), 개량형 전술 토마호크 순항미사일 등이 포함되어 과거에는 핵전력을 필요로 했던 위험 표적들을 상대로 사용할 수 있게 되었다. 탄도 미사일 방어는 체계 개발, 시험 그리고 배치 등이 계속되면서 일정 범위에서의 잠재적 위협을 방어하기 위해 제한적 수준에서 작전을 시작했다. 2004년 후반에 해군은 동해에서 미국

---

27) 핵태세검토보고서(NPR): 지난 2002년 초 미 국방부이 의회에 제출한 미국 핵전략에 대한 보고서. 냉전 시대의 전략핵 3요소(대륙 간 탄도미사일, 잠수함발사 탄도미사일, 전략폭격기)에만 의존하는 것은 부적절하다는 주장이 나오면서 이를 대신하는 공격전력(핵·통상 전력), 방위력(탄도미사일 방어), 기반능력구축(지휘, 통제, 정보 등)의 새로운 3요소를 제시한다. 아울러 핵탄두 규모의 감축과 지하공격용으로 쓰일 수 있는 소형 핵탄두의 개발 등의 내용이 포함되면서 국제적인 논란을 야기하기도 했다.

과 그 동맹국들을 겨냥한 탄도 미사일의 식별, 추적을 위한 제한적인 방어작전을 시작했다. 국제적 차원에서 미사일 방어를 위한 협력을 확대하고자 하는 미국의 노력도 성공을 거두고 있다. 예를 들어 미국과 일본은 최근 첨단 SM-3 함상 배치 요격 미사일의 공동개발을 통해 미사일 방어체제 영역에서의 원칙적 협력에 합의했다. 국방부는 에너지성과 함께 '신뢰성 있는 대체 탄두'의 가능성과 비용을 평가하고, 보장이 된다는 조건 아래 해당 체계를 개발하기 시작했다. 이 체계는 기존의 배치체계 가운데서 신뢰성 문제를 안고 있던 구형의, 배치되지 않은 탄두들의 수를 감축할 수 있도록 하며, 보다 작고 즉응성 있는 핵무기 하부구조로의 발전을 지원할 수 있다.

미 전략사령부는 몇 가지의 새로운 임무들을 배정받았는데, 여기에는 전 지구적 범위의 타격작전, 전 지구적인 미사일 방어체계 통합, 우주작전, 지휘통제 및 통신 그리고 정보의 통합 그리고 WMD 전투 등이 들어 있다. 정보 영역에서 국방부는 전략사령부에 전 지구적인 정보통신망 작전의 책임을 맡겼다. 네트워크 및 정보통합담당 국방차관(국방부의 주임 정보담당자)은 전략사령부와의 조정을 통해 국방부의 컴퓨터 통신망을 지키기 위한 종심전략을 개발했다. 미 합동참모부는 컴퓨터 통신망 작전을 보다 효과적인 전투수행으로 통합할 수 있도록 하는 정보작전 평가능력을 발전시키고 있으며, 이는 지난 2004년 통합사령부가 설정한 '합동전력의 통합자'라는 역할과도 일치하는 것이다.

QDR의 결정: 미래 합동 억제 전력의 특성을 달성하고 발전을 이어나가기 위해 국방부는 다음과 같이 하고자 한다.

- 2년 안으로 장거리 트라이던트 잠수함 발사 탄도미사일에 장착되는 재래식 정밀유도탄두 발사 초기형 전력을 배치한다.
- 회계연도 2007년을 시작으로 기존의 미니트맨-3 탄도미사일의 수량을 500기에서 450기로 줄인다.
- 4대의 E-4 국가 항공지휘센터(NAOC) 전용기 4대를 퇴역시키고, 그 대체 기종으로 최첨단 임무를 수행할 수 있는 2대의 C-32 항공기 조달을 서두른다.
- E-6B TACAMO(항공통신중계) 지휘통제기의 변경작업을 실시하여 전략 핵전력에 대한 생존성 있는 항공연결 체계를 유지하고, 국내의 재앙적 사태 시에도 항공 무선기지 역할을 할 수 있도록 한다.

- 2007년부터 전략사령부의 이동식 통합지휘센터를 퇴역시키고, 동시에 새로운 분산형 지상배치 통신체계 구축을 위한 비용을 조달하여 핵전력을 위한 생존성 및 내구성을 갖춘 지휘통제를 제공할 수 있도록 한다.
- 정보 및 국방부의 컴퓨터 전산망을 보호하기 위한 정보확증 능력에 대하여 추가적인 투자를 실시한다.
- 국방부 내부에 걸친 수세 / 공세적 사이버 임무의 조정 능력을 강화한다.
- 컴퓨터 전산망 공격 및 이용 활동으로부터 얻은 교훈을 활용하여 전산망 방어의 개선 그리고 정보 보호를 위한 '종심 깊은' 기획 접근의 채택에 활용하도록 한다.
- 정보보호 정책의 발전과 최신 상업기술의 이용을 통해서 다른 정부부서 및 국제적인 동맹, 우방과의 정보 공유를 개선한다.

6. WMD와의 전투

<u>비전</u>: 미래의 군사력은 대량살상무기에 의한 전방위 위협에 대처할 수 있도록 조직, 훈련, 무장 그리고 지원될 것이다. 이에 해당하는 능력들은 WMD의 탐지(원거리에서의 핵분열 물질 포함), WMD 혹은 이와 관련된 육지와 해양 그리고 공중에서의 수송 저지, WMD 공격 속에서의 작전 지속 그리고 안전조치를 제공하거나 사건 이전 및 진행 과정 그리고 사후에 WMD를 제거하는 능력 등이 포함된다. 국방부는 WMD 위협의 계속적인 발전을 염두에 두면서 새로운 방어 능력을 개발할 것이다. 여기에 해당하는 위협으로는 전자기 펄스, 휴대용 핵폭발 장치, 유전공학적으로 조작된 생물학 병원체 그리고 차세대 화학작용제 등이다. 국방부는 WMD 공격 이후의 상황을 경감시키려는 다른 정부부서들에 대응, 지원을 제공할 수 있도록 준비할 것이다.

<u>진척현황</u>: 2001년도판 QDR에서부터 국방부는 생물, 화학전 방어를 위한 투자를 거의 2배로 증가해 왔으며, WMD에 의한 위협을 보다 효과적으로 대처하기 위한 몇 가지의 중요한 조직변화를 도입했다. 2006년을 시작으로, 향후 5년 동안 국방당국은 화학 / 생물방위사업(CBDP)을 위한 자금 지원을 21억 달러(종전보다 약 20% 증가된 액수에 해당)를 증가시켜서 우선 연구 및 개발, 시험을 위한 하부구조를 개선하고, 이와

함께 신종 화학/생물학적 위협에 대한 방어를 개선하기 위한 노력 확대에 쓰일 것이다. 2004년에 국방부는 국립 생물학방위 캠퍼스를 매릴 랜드 포트 데트릭에 세웠으며, 그 중심에 미 육군전염병의료연구소(USAMRIID)와 국방정보국(DIA)의 군 의료정보센터(AFMIC)를 함께 세웠다. 이는 의학적, 생물학적 방어의 연구 및 개발 수행을 위한 정부부서 사이의 협력을 개선하기 위한 것이다.

2002년에 미국은 NATO의 다국적 CBRN 방어대대 창설을 주도했는데, 이 부대는 WMD 공격이 발생할 경우 신속배치가 가능한 화학, 생물학, 방사능, 핵물질 등의 탐지와 식별 그리고 위험대응 지원 등을 수행할 수 있다. 이 독특한 다국적 부대는 2004년 7월부터 임무를 수행하기 시작했는데 17개국 이상의 NATO 회원국들이 이 대대의 병력과 능력에 기여했다.

2003년에 미국은 WMD 확산과 연관된 운반 저지를 위한 다국적 차원 노력의 일환으로 확산방지조치(PSI)를 출범시켰다. 이후 60개국 이상이 여기에 동참하기 시작했다. 지난해 미국과 PSI에 가입한 10개국이 WMD 수송 저지를 위한 조용한 협력을 이행하면서 11차례의 성공을 거두었다. 국방부는 미국과 PSI 가입국들의 작전적 능력을 개선시키기 위한 역할을 주도하고 있으며, 19개국이 참가한 다국적 PSI 훈련 및 모의 작전 활동에 40개국 이상이 참관 및 직접참여를 했다.

2005년에는 럼스펠드 국방장관이 통합사령부 계획에 대한 수정을 통해 전략사령부 사령관에게 WMD와의 전투를 위한 노력들을 통합, 동시 실시하도록 지도하는 역할을 맡겼다. 이로써 처음으로 WMD와의 전투에서 지역별 야전사령부의 작전적 요구에 지원과 더불어 국방부의 노력을 단일 지휘 아래에 할 수 있게 되었다.

<u>QDR의 결정:</u> 미래 합동 WMD 방호 전력의 특성을 달성하고 발전을 이어나가기 위해 국방당국은 다음과 같이 하고자 한다.

- 방위위협경감국을 WMD와의 전투 노력의 통합 및 동시수행을 주도하기 위한 전략사령부의 우선 지원부서로 지정한다.
- 육군 제20지원사령부(CBRNE)의 능력을 확대시켜서 2007년까지 WMD 제거 및 지점정

화 임무의 지휘, 통제를 실시할 수 있는 신속배치 합동기동부대로 만든다.
- 안전제공 기술을 가진 미군 부대의 수를 늘리고, 그들의 반응속도를 증대시킨다. 국방부는 2008년 예산에 맞추어 안전제공 능력을 개선하기 위한 추가적인 권고안을 개발한다.
- WMD와 미사일 그리고 관련물질(해당 물질을 운반하는 데 사용되는 운송수단 포함)의 수송을 위치파악, 추적하는 미군 능력을 향상, 확장한다.
- CBDP 이내의 재원을 재할당하여 향후 5년 동안 15억 달러 이상을 더욱 강화된 생물학적 테러위협(유전공학적으로 조작된 세포 내 박테리아성 병원체, 출혈열 포함)에 맞설 수 있는 광범위한 의료 대응책 개발에 사용한다.

국방부는 마지막에 제시된 구상을 국립 생물학방위 캠퍼스를 활용하면서 동반 관계에 있는 기관들과 협력하여 수행할 것이다. 초기의 노력들을 주도한 후 국방부는 그 이상의 연구책임을 의료사업에 가장 적합한 정부기관에 넘겨줄 것이다.

7. 합동기동력

비전: 신속한 전 지구적 기동능력은 미래전력 효과성의 핵심이다. 합동군은 달성하려는 전투 효과와 배치 속도 사이의 균형을 맞추어 적시, 적소에 적합한 능력을 이동시킬 것이다. 기동력의 효과성은 이동하는 규모뿐만 아니라, 작전적 달성에 따라서도 측정된다. 이런 기동 능력은 지리적으로 구분되는 전구들에 전반에 전투수행 요소와 병력 제공 주체 간에 완전 통합될 것이며, 대응시간도 수주일 단위에 수일 혹은 수시간 단위로 단출 될 것이다. 이로써 국방부는 전선에서의 보다 많은 작전적 능력을 집중할 수 있도록 기존의 전력을 미래 전력으로 전환시킬 수 있을 것이다. 이들은 냉전 시대의 고정형 병력에서 보다 원정작전 수행에 적합한 미래 병력으로의 이행을 보강해 줄 것이다. 미래의 합동군은 주둔국의 시설을 보다 많이 사용하는 반면에 미군의 주둔은 지원 목적의 간소한 형태를 띨 것이며, 이는 거대한 하부구조를 필요로 하는 전통적인 거대한 해외 주요작전기지소요를 감소시켜 비대칭적 위협에 대한 노출을 감소시킬 것이다. 미국의 해외주둔 태세에는 갱신된 항공지원 하부구조, 추가적인 전진배치 원정해양능력, 장거리 타격 및 ISR 자산 그리고 순환배치형 스트라이커 부대

와 같은 최첨단 지상군이 포함될 것이다. 해상배치와 해외주둔, 강화된 장거리 타격 그리고 긴급 및 사전배치 능력의 효과적인 결합은 합동군의 전방 고정배치를 감소시켜나갈 것이다.

진척현황: 국방부의 해외주둔 태세 기획과 통합 해외주둔 및 기지 전략은 본 QDR의 기동력 우선 순위를 평가하는 데 기준을 제공한다. 아울러 현재 도입된 BRAC의 권고 내용은 해외주둔 재구축과 신속한 전력투사의 시급성 그리고 필요한 훈련 하부구조를 제공하기 위한 국내기지 마련 등을 지원할 것이다. BRAC에 따른 변화사항들은 규모의 경제를 달성하기 위한 합동 및 다임무 기지화를 촉진할 것이다. 지난 10년 동안 전 지구적 기동력은 눈에 띨 정도로 발전했다. 국방부는 140~180대의 C-17 대형수송기 조달을 계약했으며, 그보다 규모가 작은 C-130 수송기도 27대 도입했다. 두 기종들은 방어 대응체계를 갖추어 비정규전 환경에서의 작전능력을 개선시켰다. 국방부는 자체 방어체계를 갖춘 미래 KC-X 공중급유기의 획득을 고려하고 있는데, 이 기종은 공중급유 임무를 수행하면서 상당 수준의 화물수송 능력까지 제공할 것이다. 미 공군은 C-5 수송기에 신형 엔진과 현대화된 항공전자기술 등을 도입하여 갱신하고 있으며, 이를 통해서 수송대의 신뢰성과 임무능력비율을 개선시키려 하고 있다. 국방부는 합동고속함(JHSV) 개발과 전구 사이의 고속 해상수송을 추구하고 있으며, 한편으로는 미래 합동군의 필요를 지원하기 위한 해상수송 능력을 유지해 나가고 있다.

QDR의 결정: 2006년 회계연도의 위임령 131조에 따라 국방부는 다음과 같은 전구 사이의 항공수송능력 평가를 제출한다.

- 수송기의 적재능력, 전략적 수송 그리고 최근 10년 동안의 사전배치 재고에 대하여 투자를 확대한 결과 세계 전역에서의 광범위한 안보 도전에 대응할 수 있게 되었다.
- 이러한 강화된 능력을 유지하기 위해, 국방부는 기동자산들에 대한 재투자와 현대화를 계속해야 하며, C-17 대형수송기의 다년 계약을 마무리하고, 최근의 작전에서 소비된 사전배치 재고들을 보충하고, C-5의 현대화 노력을 진행시킨다. 국방부는 292대의 전구 사이 장거리 수송기(C-17 180대, 개량형 C-5 112대)로 구성된 1개 수송대 규모를 획득 및 현대화할 계획이다. C-17 도장 작업은 C-17의 추가 조달 가능성을 남겨두기 위해 외부 저장소로 옮겨져서 이루어질 것이다.

－이와 함께 국방부는 변혁적 군수지원과 해상배치처럼 혁신적인 작전개념을 가능토록 하는 기술을 계속 추구해야 한다.

국방부의 기동력연구(MCS)는 『국가국방전략』을 지원하기 위해 필요한 기동전력 구조를 평가했다. 연구에 참여한 이들 가운데는 각 군 당국자, 야전사령부 소속, 합동참모본부 그리고 국방장관실 출신들도 포함되었다. 이 연구에서는 합동참모본부가 주도한 작전가용성(OA) 연구에서 설명되었던 2개의 동시 발생 대규모 전쟁에 대한 병력 배치를 분석했다. 또한 다중적인 본토 방어 상황과 다른 전구에서의 긴급작전과 연관된 기동 체계의 소요와 소요 현황에 관해서도 점검을 실시했다. 후자의 활동에 포함된 것으로는 전 세계적 범위에 걸친 특수전 병력의 작전수행 소요도 들어 있었다. 아울러 작전가용성 연구와 기동력 연구 모두 통합 해외주둔 및 기지전략과 연관된 병력의 배치 변경을 고려했다.

기동력 연구와 작전적 가용성 연구는 전진배치 병력과 사전 배치 장비 그리고 미국에서 배치될 수 있는 병력들이 통합된 제공 능력을 평가한 것이다. 기동력연구의 결과 계획된 기동 병력은 요구되는 시나리오들에서 전투병력을 배치, 유지할 수 있다고 평가되었다. 이 모의 시험은 야전지휘관의 지원을 받는 규격화된 여단전투팀의 항공수송 가능성을 활용한 것이다. 보다 큰 사단급 부대들의 신속한 투입 여부는 항공수송과 신속 해양수송 그리고 사전배치 물자의 결합에 의존했다. 본 연구는 야전지휘관들의 필요와 일치하는 시간대에 이들 부대를 배치시킬 수 있는 그리고 작전이 진행 중인 전구 안내에서 전투부대에 지원을 제공할 수 있는 기동체제 능력을 보여주었다.

미래 합동 기동전력의 특성을 달성하고 발전을 이어나가기 위해 국방부는 다음과 같이 하고자 한다.

－C－130 수송기와 KC－130 공중급유기 다년계약을 마무리하여 공군과 해병대가 각각 18대의 C－130J, 8대의 KC－130J를 조달할 수 있도록 한다.
－미래의 원정병력 필요에 맞추어 전구 내로의 병력투입용 신형 경수송기 획득을 위한 합동사업에 착수한다.
－공중급유기 항공대에 재투자하여 전 지구적인 기동성, 전력투사 역량을 보장한다.

8. 정보, 감시, 정찰(ISR)

비전: 미래 전력에게 있어서 전장공간에 대한 '잠들지 않는 눈', 즉 지속적 감시능력을 구비하는 것은 효과적인 합동작전 수행의 핵심이 될 것이다. 미래의 ISR 능력 (우주공간에서의 작전수행 포함)은 표적의 종류, 주야간, 날씨 그리고 거부 지역 여부를 막론하고 작전을 지원할 수 있도록 해줄 것이다. 그 목적은 전 지구적 인지성과 지역적 정밀성을 결합하는 것이다. 정보 기능은 작전적, 전술적 수준은 물론, 정보 수집체계를 이용한 확대된 확인-탐색 능력과 전구 밖에서의 분석 능력까지 완벽히 통합할 것이다. 이를 위해서는 정보를 사용 대상자를 전구로 투입하기 보다는, 전구 안에서 수집된 정보자료를 사용자에게 전달하는 설계가 요구된다. 미래 ISR 능력은 의사결정자가 잠재적인 적들의 기습을 감소시키고, 그들의 행동 예측을 지원하도록 하는 정보 수집체계로 설계될 것이다. 미래 ISR 설계의 필수 부분은 확고한 미사일 경보 능력이다.

미래 병력은 ISR 소요를 센서의 운반체계와 운용수단 보다는 센서 혹은 정보 유형에 따라 결정 할 것이다. 이러한 접근은 같은 효과를 달성하기 위해 각각의 능력을 대체하도록 촉진할 것이며, 그 결과 센서의 탐지 능력이 보다 효과적으로 야전지휘관들의 소요를 충족시키도록 할 것이다. 이러한 센서-중심적인 접근은 센서 입력에서부터 수평적인 자료 통합능력도 개선시킬 것이며, 이는 정보가 보다 넓은 범위의 사용자들에게 적시에 제공될 수 있도록 보장할 수 있다. 미래 ISR 체계는 보다 빠르고 안전한 기술적 해결방안을 적용하여 작전 병력에 대한 정보의 자동화, 통합화, 분석 그리고 분배를 개선시킬 것이다.

미국은 모든 임무 영역에 걸쳐 우주능력의 우세를 지켜나가야 한다. 이러한 우세는 다른 외국 및 상업 우주세력 보다 적어도 한 세대 앞선 기술격차를 유지할 때 가능하다. 국방부는 즉응성 있는 우주 능력을 계속 발전시켜 우주에 대한 자유롭고, 신뢰성 있고, 안전한 접근을 유지해낼 것이다. 우주 능력의 생존성은 우주에서의 상황인지력과 방호능력을 개선하고, 다른 우주 통제장치를 통해 보장될 수 있다. 공중감시 돌파는 우주 기반의 정보능력을 보완하여 거부 영역 안과 그 주변에 대한 관심지역에 집중할 수 있도록 해줄 것이다.

진척현황: 최근의 작전으로부터 도출된 경험들과 지난 2001년도판 QDR의 권고내용들, 의회와 대통령 산하 위원회들에 의한 국가 우주관리 및 원격 탐지, 대량살상무기 그리고 테러리즘 관련 연구들은 우주배치 자산을 포함한 정보 능력이 군사작전은 물론 국방부의 정책, 기획 그리고 획득 의사결정에서 점점 더 핵심적인 역할을 해나가고 있음을 보여주었다.

국방부는 여러 조직적, 작전적 개선에 착수했고, 정보 및 우주 능력 증대와 전투부대에 대한 가용 ISR 자원관리를 보다 잘 할 수 있도록 신규 내지 추가 투자를 지도했다. 국방부는 정보담당 차관직을 신설하여 야전 지휘관의 요구를 충족시키기 위한 방위정보, 보안 그리고 대정보 부문의 리더십과 지침, 판단을 제공할 수 있도록 한다. 또한 우주 담당 행정요원직을 신설했으며, 우주부문(정보 포함)에 대한 국방 및 비국방 사용자들의 소요를 충족시키는 조치를 도입했다.

국방부는 인간정보(HUMINT) 능력을 강화하기 위한 방안을 도입해 왔다. 여기에는 합동전력 전반에 걸친 문화 및 어학능력 개선조치도 포함되었다. 이것은 정보 부문(영상, 신호, 인간 등) 통합뿐만 아니라 작전적 통합부문까지 개선시키고 있다. 특히 국방부는 각 전투사령부 내에 합동 정보작전센터를 설치하여 모든 전구에 걸친 정보작전계획을 개발하고 있다. 국방부는 전략사령부 산하에 전략과 기획의 동시 실시 그리고 전국적 범위와 전구, 전술적 ISR 능력을 통합하는 기능별 사령부를 창설했다.

정보 자원을 보다 효과적으로 관리하기 위해 국방부는 군사정보 사업의 창립을 승인했으며, 보다 강화된 방위 민간정보 인사제도를 도입하여 전문 정보인력을 개발, 유지할 수 있도록 했다. 국방부는 정보 수집 및 분석을 담당하는 정보 전문요원의 수를 늘려 본토방어와 테러리즘과의 전쟁 임무에 따른 정보소요 성장을 지원하도록 했다.
전투지원기관들도 많은 정보분석, 수집담당관과 수집관리자들을 정보 소비자들이 가장 필요로 하는 분야로 이전, 배치시켰다.

QDR의 결정: 미래 합동 ISR 전력의 특성을 달성하고 발전을 이어나가기 위해 국방당국은 다음과 같이 하고자 한다.

- 국방 부문에서 인간정보 자산의 능력과 수용 규모 모두를 향상시켜서 다른 정부 기관들이나 국제 우방과의 협력으로 테러리스트들의 식별, 그 네트워크의 파악 및 침투를 수행한다.
- 계측기호정보(MASINT)[28] 능력을 증대하여 적 WMD와 그 발사체계를 식별하고 다른 응용부문들을 지원할 수 있도록 한다.
- 신호정보(SIGINT)[29] 능력을 증대시켜서 군사작전을 위한 충분한 재확인율과 지형파악 능력을 제공한다. 항공 공통센서(ACS) 사업은 국방부가 '다중 정보' 소요를 충족하기 위한 새로운 3중 임무 해결방안을 탐색하면서 재구축될 것이다.
- NATO의 정보융합 센터 설립을 위한 미국의 기여 금액을 조달한다.
- 무인항공기 투자를 늘려서 거부 영역에서의 이동 표적을 보다 융통성 있게 식별, 탐지할 수 있도록 한다.
- 차세대 체계 확보와 선택된 기존체계(합동 감시 표적공격 레이더 체계의 신형 엔진 등)의 현대화, 유지를 위해서 능력을 재편성한다.
- 국가정보국과 협력하여 지속적 정보수집에 집중된 새로운 영상정보 접근을 도입한다. 이동 표적 표시기와 우주 레이더를 비롯한 합성개구레이더(SAR)[30] 능력에 대한 투자를 늘려서 거부 영역 내의 이동 지상표적에 대한 지속적인 식별, 추적능력을 제공한다.
- 항공 및 우주 ISR 능력 사이의 균형을 유지하고, 이들을 다른 군 전력과 통합시켜서 고고도 체공능력의 활용을 연구한다.
- E-10A의 기술 시제품에 충분한 자금을 대는 한편으로, 조달을 끝낸다.
- 즉응성 있는 우주접근, 위성활동 그리고 다른 우주 활용능력(우주 산업기지, 우주 과학기술작업 그리고 우주 전문요원 등)을 개선한다.
- 해양영역 인지력 증대를 위해서 정부부서와 국제 우방과의 정보 통합을 개선하고, 자동화 식별체계 및 다국적 정보공유 체계와 같은 정보공유체계에 대한 투자를 가속화한다.

---

28) 계측 및 기호정보(計測및記號情報, Measure And Signature Intelligence; MASINT): 레이더, 레이저, 전자광학, 방사파탐지기, 진동 및 음향감지 등 여러 가지 감지기를 사용하여 목표를 계측하고 목표에서 발생되는 고유의 신호형태(기호)를 식별하여 적을 감지하는 정보로서 지상감시레이더(RASIT)와 열상장비(TOD)를 복합 운용하여 수집된 정보.

29) 신호정보(信號情報, Signal Intelligence; SIGINT): 적의 전파송신기를 탐색 및 감청하고 기록 및 분석하여 위치 및 특성 등을 탐지하는 제반활동으로서 통신정보와 전자정보를 포함하는 일반적인 용어이며 주로 국가수준에 필요한 전략정보임.

30) 합성개구레이더(SAR): 안테나에서 전파를 쏜 뒤 반사되어 돌아오는 전파를 측정해 2차원 영상으로 복원하는 장비. 주로 정찰위성이나 항공기에 장착되어 측량·관측·정찰·자원탐사 등에 필요한 넓은 지역의 고해상도 영상을 만들어낸다. 어떠한 기상조건에서도 촬영이 가능하다는 것이 장점이지만, 광학, 적외선카메라에 비해 해상도가 떨어져서 정밀 요원의 판독이 요구된다는 약점이 있다.

9. 네트중심의 달성

비전: 네트중심은 정보 연결 능력의 이용으로 정의 할 수 있다. 조직과 사람들 사이의 핵심적인 관계들에 힘을 부여함으로써 국방부는 사업 과정과 작전적 의사결정 그리고 연속적인 활동 등의 속도를 가속화할 수 있다. 최근 아프가니스탄과 이라크에서의 작전 경험은 네트중심적인 작전의 가치를 보여주었다. 지상 병력은 네바다 주의 무인항공기 담당관에게 작전지원을 위한 무인항공기 투입을 요청할 수 있었으며, 이는 10년 전만 해도 상상조차 못했던 수준의 공-지 통합을 이루어냈다. 이러한 연결성은 합동전력이 적을 공격하기 위한 보다 큰 상황인지력을 갖도록 지원했다.

네트중심의 완전한 잠재력을 달성하려면 정보를 기업의 공유자산, 보호되어야 할 무기체계로 보는 시각이 필요하다. 전자의 측면에서 정보의 수집과 배분은 기존의 직선연결형 체계를 따르는 능력부문 기준으로 관리되어야 한다. 여기서 능력부문이란 전산망에 기반을 둔 지휘통제, 진행 중인 통신 그리고 정보 융합을 포함한다. 현재와 발전 중인 위협들은 합동작전의 연속성을 보장하기 위한 전산망의 설계, 운용 그리고 방어 필요성을 부각시킨다.

진척현황: 네트중심적 작전의 기반은 전지구적정보망(GIG), 즉 전 지구적으로 상호 연결이 되어 있으며 철저하게 신뢰되고 보호받는 정보망이다. GIG는 국방부 내부와 다른 동반자 세력 사이에서 정보 수집, 처리, 저장, 배분, 관리 그리고 공유를 최적화한다. 국방부는 네트중심적 체계와 작전개념을 도입하기 위해 지속적인 발전을 이루워 왔다. 변혁적 통신설계의 일부로서 보다 강화된 지상배치 전산망과 새로운 위성배열을 배치하여 광대역 전송용량과 생존성 높은 인터넷 프로토콜 통신을 제공하게 되었다. 이들은 전장공간 인지, 분초를 다투는 표적 지정 그리고 진행 중인 통신을 함께 지원할 것이다. 지휘통제(합동전술무선통신체계)에서 광대역 전송용량의 ISR 체계에 이르기까지, 배치된 단말기들은 야전의 최소 전술부대에 이르는 중축을 확대하고 있다. 국방부도 어떠한 발신지와 단말기에서든 정보 융합이 가능하도록 하는 자료전략을 도입했다. 이들을 한데 묶어서 수정된 통합사령부의 계획은 전략사령부에게 국

방부의 전 지구적 정보망의 운용 및 보호에 대한 책임을 맡겼다.

QDR의 결정: 이와 같은 비전에 보다 가까이 접근하고 발전을 이어나가기 위해 국방부는 다음과 같이 하고자 한다.

- 공동자료 사전, 표준, 조직, 분류화 등의 개발과 같은 자료 전략을 강화해서 정보의 공유와 보증을 개선하고, 이를 정보에서 인사 체계에 이르는 여러 영역으로 확대시킨다.
- GIG의 도입을 위한 투자를 늘리고, 정보와 정보망을 방어 및 보호하며, 보호를 위한 연구개발에 집중한다.
- 정보공유 전략을 개발하여 연방, 주, 지방 그리고 우방과의 작전 지침이 될 수 있도록 한다.
- 군사 부문에 집중되어 온 노력들을 보다 국방부 전반에 걸친 조직 차원의 네트중심적 접근으로 이동시키며, 분산된 공동지상체계의 확장도 여기에 포함시킨다.
- 변혁적위성장치(TSAT) 사업을 재구축하여 능력의 연속적 발전과 이에 따른 위성발사의 재실행을 실시하며, 우주 기반 송신용량을 증대하기 위한 자원을 추가한다.
- 단말기와 우주 장비의 조정, 이동 과정에서의 배열을 보장하기 위한 통합된 접근을 개발한다.
- 작전수행 병력을 가장 잘 지원하는 데 적합한 전산망 규모와 능력을 결정하기 위한 새로운 전송용량 소요 모델을 개발한다.

10. 합동 지휘통제

비전: 미래의 합동군은 보다 탄탄하고 통일된 지휘통제 능력을 갖출 것이다. 신속히 배치할 수 있는 상비 합동기동부대의 지휘부는 야전지휘관들이 보다 많은 잠재적 긴급 사건들에 대한 소요를 맞출 수 있도록 해줄 것이다. 이들 지휘부는 실시간 작전 합성과 정보 기능 및 처리를 수행하여 합동전력의 적응성과 행동 속도를 배가시킬 것이다. 합동 지휘부들은 보다 나은 정보, 처리장치 그리고 도구들을 통해 다른 정부기관 및 국제 우방들과 함께 조직화된 작전들을 설계, 수행할 것이다. 국방부 내의 '적

응적 기획안'의 도입은 예하 상비 합동기동부대와 이들을 관할하는 야전사령부 모두가 6개월 이내에 고급의 적절한 기획을 도출할 수 있도록 하여 그 치명성을 강화시킬 것이다. '적응적 기획안'은 국방부의 작전기획 과정 및 체계를 전환시키는 촉매 역할을 할 것이다. 더 나아가 국방부의 병력관리와 보고, 분석의 모델로 삼고 있는 '해외병력관리'는 사령관들에게 부대 준비태세와 인력, 장비 가용성 등에 대한 전례 없는 정도로 깊게 최신 의사결정 정보를 제공해 줄 것이다.

진척현황: 2001년부터 국방부는 국방 변혁의 중심으로 합동작전 강화에 진전을 이루고 있다. 상비 합동기동부대 지휘부의 실전 편성은 위기 대응에 대한 군의 능력을 향상시켰다. '핵심 요소', 즉 기능적, 지리적 전문성을 갖춘 상비 지휘통제팀과 더불어 이들 지휘부는 평화 시에 긴급사태를 위한 기획능력을 제공하는데, 이는 위기 발생 직후에야 임시적 접근을 도입하는 과거의 관행을 벗어난 것이라고 할 수 있다. 최초의 상비 합동기동부대 지휘부(핵심 요소)는 2004년에 창설되었으며, 이라크와 아프리카의 '불안정의 호'[31] 지역 그리고 허리케인 카트리나와 파키스탄 대지진에서의 구호 활동 등에 투입되었다. 전 세계적 가용성과 준비태세에 대한 자료 통합을 이용한 '해외병력관리'의 도입은 국방부의 지도부가 군 병력의 위치나 임무수령 사항이 어떻든지, 작전 수행에 대한 지원을 융통성 있게 해준다.

QDR의 결정: 미래 합동 지휘통제능력의 특성을 달성하고 발전을 이어나가기 위해 국방부는 다음과 같이 하고자 한다.

- 2007 회계연도부터 지정된 기존의 작전적 지휘부들을 완전히 기능화되고 계량화된 합동 사령부, 합동 기동부대 기능이 가능한 지휘부로 전환시킨다.
- 2004년 통합사령부 기획안에 명시된 책임부여 조항에 따라 합동군 사령부에 2차적인 작전 대비태세를 갖추고 즉시 배치될 수 있는 상비 합동군 지휘부들의 '핵심 요소'를 설치한다.
- 조직화된 가상 현실 체계 안에 핵심 처리 기능들을 자동화 및 연결시켜서 고급 기획안의 실시간 합작과 신속한 제작이 이루어 질수 있도록 한다.

---

31) 불안정의 호(Arc of Instability): 조지 W 부시 미국 행정부가 테러의 온상이거나 국제 분쟁이 일어날 가능성이 높은 곳으로 지목한 지역. 남아시아, 중앙아시아, 아랍, 아프리카 등을 포괄하는 개념으로 세계 지도를 펼치면 활과 같은 형태를 띠고 있다고 해서 붙여진 용어다. 부시 행정부가 추진 중인 해외미군 재배치의 밑그림으로 활용되고 있다.

- 자격이 완비된 기획가의 증대, 첨단 기획도구에의 투자 그리고 기획담당 간부의 조직화 등을 통해 국방부 전체에 걸쳐서 '적응적 기획안'을 도입하여 신기술과 고도로 훈련된 경험 많은 기획가들에 의한 이점을 활용하도록 한다.
- '해외병력관리'를 지원하는 데 필요한 소프트웨어, 전술, 기술, 절차 그리고 다른 구상을 개발하기 위한 자원을 늘린다.

V. 국방 사업의 재편성

> "변화하는 위협에 대응하기 위해 미국의 군사적 역량을 변혁시켜야 하듯이, 우리는 국방부의 업무 방식과 업무 서도 변혁해야 합니다. 국방부는 구성원 개개인마다 미국을 지키기 위해 자신들의 재능을 쏟을 수 있고, 그것을 뒷받침할 수 있는 여력과 정보 그리고 업무를 수행할 자유가 있는 조직이 되어야 하는 것입니다. 이를 위해서는 오늘날의 관료주의를 뛰어넘는 민첩성이 필요합니다. 그리고 이것은 또 다른 변혁을 인식해야 함을 뜻합니다. 관리와 기술 그리고 업무관행의 혁신이 그것들입니다. 현대의 성공적인 업무는 이전보다 단순화되고 수평화 되어갑니다. 이들은 혁신에 도움을 주며, 정보를 공유합니다. 이들은 급격한 변화를 맞아 민첩해야 하며, 그렇지 않으면 죽을 수밖에 없습니다."

- 미 국방장관 도널드 럼스펠드. 2001년 9월 10일 -

국방부는 지금의 장기전에서 승리하기 위해 전쟁 수행을 보다 수월하게 지원하고, 위협 환경에 적절성을 갖추는 방향으로 국방 사업을 재편성해야만 한다. 오늘날 군 병력은 비효율적인 사업 관행으로 인해 방해를 겪고 있다. 국방부의 기존 구조와 업무절차는 민첩하고 조직화된 적을 상대로 싸워야 하는 현재의 장기전에서는 장애로 작용하고 있는 것이다. 지난 20년이 넘도록 국방부는 전투수행 개념과 조직, 훈련 그리고 작전을 통합시켜 세계에서 가장 막강한 합동군을 만들어냈다. 연속적인 작전적 변화와 혁신의 유지는 미군의 독보적 특징이라고 할 수 있다. 국방부의 조직, 업무절차 그리고 권한 부여에 대한 긴급한 변혁이 요구되는 실정이다. 조직 효과성의 가시적인 개선과 이를 진행시키려는 국방부의 접근은 효율성의 개선이라는 형태의 결실로 돌아왔다.

　지난 2001년 QDR은 인력과 재원 측면에서의 자원 손실을 강조했는데, 이들은 국방부의 지원 기능이 갖는 비효율성에 기인한 것이었다. 국방부는 사업 및 의사결정 과정을 간소화하는 포괄적 노력으로 여기에 대응했으며, 이는 합동 전투력을 보다 잘 지원하기 위한다는 목표를 표현한 것이었다. 2001년부터 국방부는 작전 및 투자 부문의 양쪽현안에서 보다 통합되고 투명성 있는 고위 의사결정 문화 그리고 과정을 이루기 위해 꾸준히 노력하였다. 국방부는 전통적인 수직적 조직을 해체하기 위한 새로운 조직 및 과정 창출과 같은 합동 해결안을 강화시키는 등 이 부분에 대한 본질적인 발전을 이루었다. 그 결과 공동 이용 목적의 사업 규칙과 자료 구조가 표준화되었다. 무엇보다 중요한 것은 국방부가 결과중심적인, 능력에 기반을 둔 기획 접근으로의 가시적인 발전을 이루면서 보다 광범위하게 비대칭적 도전에 맞서는 데 필요한 능력을 합동 전력에 제공할 수 있게 되었다는 점이다.

　최근의 작전 경험들은 국방 지원 하부구조에 대한 보다 많은 민첩성과 유연성 그리고 수평적 통합 등의 필요성을 보여주었다. 국방부는 이러한 필요성들에 대하여 조직 및 지원 업무에 대한 여러 혁신 조치들을 통해 응답했다. 이러한 혁신들 가운데 세가지의 사례를 들자면 합동 급조폭발무기(IED) 대응 임무대, 합동 신속획득조직 그리고, 연쇄공급 군수지원 등이 있다.

　이라크와 아프가니스탄 양쪽에서 테러리스트들의 선택무기는 여전히 급조폭발무기가 대부분으로, 도로폭탄, 자살차량폭탄 그리고 원격조정장치 등의 형태로 쓰이고 있었다. 이러한 무기들의 위협에 맞서기 위해, 국방당국은 합동 IED 대응 임무대를 창설한 것이다. 이 부대는 IED에 맞서기 위한 국방부의 모든 노력을 통일시키는데, 이를 위해 최고의 기술적 해결방안과 필요한 정보 그리고 혁신적인 작전방식 등을 결합시키고 있다. 2005년도에 국방부는 이 구상에 13억 달러 이상을 투자했는데, 여기에는 대전파조종 IED 전자전, IED 감시, 합동 IED 대응 우세 센터, 대폭탄 사업 그리고 원거리 IED 탐지 및 무력화 등이 포함되어 있다. 이 임무대는 해당 임무를 수행하는 군부대들을 훈련시키기 위한 재원을 제공했으며, 관련 전문가들도 이라크와 아프가니스탄에서 부대들과 직접 투입되었다. 이 임무대가 처음 투입된 후 국방부는 IED에 의한 사상자 발생비율을 1/2까지 줄였다.

합동신속획득조직(JRAC)도 이라크와 아프가니스탄에서의 경험에서 비롯된 혁신 사례다. 국방부의 표준 물자 및 군수지원 제공과정은 긴급한 야전에서 소요를 충족시키기에는 너무 느리고 장애가 많다는 점이 입증된 바 있다. 이러한 비효율성을 인지하면서 국방장관은 긴급한 전투병력의 소요를 위한 해결방안을 충족시키는 세포형 조직을 세웠다. JRAC는 첨단 전투 헬멧, 경 위치추적장치(GPS)[32] 수신기, 개량형 탄약상자 그리고 개인용 무기 시야경과 같은 군사용 개인방호용품을 제공하기 위한 노력들을 지원했다. 군 당국과 전투사령부와의 협력으로, 이들 구상은 정보 수집 및 유통에서부터 병력 방호강화에 이르기까지 수십 개의 핵심 사업의 개발과 전달을 가속화했다.

전투병력에 대한 지원 향상은 군수지원망에서도 나타났다. 국방부는 미 수송사령부에게 복잡한 유통 과정에 대해 단일 지도권한을 부여했다. 스스로의 새로운 역할을 수행하면서 수송사령부는 쿠웨이트에 배치 유통 작전센터를 세워서 이라크, 아프가니스탄에서의 연합작전을 지원하는 물자의 유통을 가속시켰다. 이 센터는 신속하게 군수지원 전문가 팀을 편성하여 이들에게 전구 내부에서의 공중, 항구 그리고 국가 너머로 직접 작전을 펼칠 수 있는 권한을 주었다. 저장물자에 대한 시간 간격은 2003년에 최고를 기록한 이후 45% 이상이 단축되었다. 운송 자산에 대한 동시화가 향상되면서 육군은 2004년에 2억 6,800만 달러의 비용을 절감할 수 있었다. 적시 전달비율은 현재 90%에 달한다. 이 센터의 과정 혁신은 보다 적은 비용으로 국방부와 미국의 납세자들에 대한 임무 성과를 증명해냈다.

2001년부터 계속된 국방부의 개혁들, 특히 전쟁 중의 소요에 따라 발생한 위의 혁신안들은 본 QDR에서 보다 가속화하된 변화 형태로 나타나고 있다.

---

32) 위성항법장치(GPS): 비행기·선박·자동차뿐만 아니라 세계 어느 곳에서든지 인공위성을 이용하여 자신의 위치를 정확히 알 수 있는 시스템. 수신기가 3개 이상의 위성으로부터 정확한 시간과 거리를 측정하여 3개의 각각 다른 거리를 삼각 방법에 따라서 현 위치를 정확히 계산할 수 있다. 위치 정확도는 군사용과 민간용에 따라 차이가 있으며, 민간용은 수평·수직 오차가 10~15m 정도이며 속도측정 정확도는 초당 3cm이다.

1. 새로운 국방 사업을 향하여

국방부의 사업 개혁은 아래의 세개 분야의 비전을 그 지침으로 한다.

- 첫째, 국방부는 반드시 주주들에게 답할 수 있어야 한다. 국방부의 지원 기능은 대통령
  과 합동 전투력만을 위해서뿐만 아니라 미국의 납세자들에게도 가능한 최고의 가치를
  제공해 줄 수 있어야 하는 것이다. 국방부는 보다 합당된 효율성의 기반 위에서 민간과
  군 기능에 걸쳐 효과성을 적극적으로 개선하기 위해 노력할 것이다.
- 둘째, 국방부는 적시성 있고 합리적인 의사결정을 위한 정보와 분석을 제공해야 한다.
  국방부의 문화, 권한 그리고 조직들은 효과적인 의사결정을 저해하기보다는 촉진하는 방
  향으로 개편되어야 하며, 신뢰성을 유지하는 가운데 즉가적인 임무 수행이 가능하도록
  해야 한다. 수평적 통합으로 개선을 국방부 성공이 핵심이다.
- 그리고 셋째, 국방부는 잉여 부분을 줄이고 업무 과정의 효율적인 흐름을 보장하기 위
  한 개혁에 착수해야 한다. 기존 조직의 전반에 걸친 전통적인 노력에 투자하는 동시에
  도 계속적으로 지원 체계와 과정을 평가하여 적응성을 최적화해야 하는 것이다.

이들 비전을 달성하고 전략 주도적인 결과를 도출하기 위해, 국방부의 역할과 책임
그리고 각 구성조직들은 명확하게 기술되어야 한다. 국방부 내부의 역할과 책임은 대
략 다음의 세가지 이내로 구분된다. 최고 수준의 경우 지도자들은 ‘지휘(govern)’을
맡는데, 여기에는 전략의 설정, 조직 노력의 우선순위 설정, 책임과 권한의 배분 그리
고 공유된 비전의 소통이 들어간다. 국방부 고위 지도층의 이러한 전략적 설정 목적
들을 충족하기 위해서, 일부 구성부분들에서 ‘관리’ 역할을 수행하게 될 것이며, 여기
서는 임무와 인력, 관계 그리고 기술 등의 조직화에 집중한다. 국방부의 대다수 인력
은 전략 그리고 관리자 수준에서 입안된 기획안을 실행하기 위한 ‘업무’를 수행한다.

본 2006년도판 QDR에서 국방부는 지휘, 관리 그리고 업무라는 세개 수준의 책임
이라는 관점 접근함으로써 조직, 과정 그리고 권한이 잘 편성되어있도록 보장 할 수
있을 것이다.

2. 지휘(govern)분야의 개혁

1) 고위 지도층 중심

성공나타내는 핵심 지표는 다음 기능들에 대한 국방부 고위 지도층들의 충족 가능 여부에 달려 있다.

- <u>전략적 방향</u>: 국방부의 구성 분야들로부터 기대하는 핵심적인 결과물(투입물이 아니라)을 식별하고, 이들을 이루기 위한 단기, 중기, 장기적인 적정 전략을 결정한다. 이러한 결과물들은 군 통수권자로서 대통령과 합동군의 소요에 집중될 것이다.
- <u>정체성</u>: 혁신과 우세를 강화하는 조직문화를 정립한다. 국방부의 전략과 정책 그리고 제도적 윤리성에 대하여 내부 종사자들과 외부 주시자들과 소통하도록 한다.
- <u>핵심 획득 및 대량 자원 배분</u>: 국가의 목적을 가장 효과적으로 지원하기 위한 인력, 장비, 개념 그리고 조직을 형성하도록 한다.
- <u>통합 의사결정</u>: 민첩하고 잘 편성된 지휘, 관리 그리고 업무 과정을 도입한다. 국방부는 의사결정을 지원할 수 있는 과정과 도구 그리고 투명성 있는 분석을 보장하도록 한다.
- <u>성과 평가</u>: 성과 감독을 통해 전략적 편성을 보장하고 성과에 기반을 둔 전략적 방향으로의 조정한다.
- <u>전력 기용</u>: 미군 전력을 어떻게 활용하고, 간과되는 합동전력의 일상적 소요를 어떻게 충족시킬 것인지를 결정한다. 작전적 문제들은 합동 전투병력의 책임이다. 국방부의 고위 문민, 군부 지도자들은 군 병력이 대통령의 전략적 목적을 맞추기 위해 기용되어 있음을 보장해야 한다.

국방부는 이들 핵심 영역을 지휘할 수 있는 고위 지도자들의 능력을 개선시키기 위해 과정, 구조 그리고 필요할 경우 권한에 대한 보다 나은 편성을 위해 노력할 것이다. 오늘날 국방장관실과 합동참모본부는 위에서 언급된 것 이상의 많은 기능들을 수행하며, 여기에는 사업의 관리와 실행도 포함된다. 고위 지도자들이 위에서 제시된 핵심 지휘 현안들에 계속 집중할 수 있도록, 국방부는 현재 지휘 수준에서 수행되고 있는 관리, 실행 활동들을 식별하여 이들에 대한 삭제 및 재편을 고려하고 있다.

2) 전략적 선택을 알리기 위한 능력 구축

합동전력을 효과적으로 지원하기 위해, 국방부는 소요능력의 정의, 해결안의 식별 그리고 이들의 확보에 소요되는 자원의 배분을 위한 절차들을 통합하는 여러 계획에 착수하였다. 다음의 4개 상호 연결된 개혁안들은 정보공유 개선과 협력의 필요성을 강조하고 있다.

첫째, 국방부는 보다 투명하고, 개방적이며 그리고 민첩한 의사결정 과정을 도입할 것이다. 이를 위해 공통 권한 정보 출처가 구별되며, 국방부 차원의 재정 자료목록(데이터베이스)이 통합되고, 공통의 분석 방법이 채택될 것이다. 예를 들어서 국방부는 기존의 자원과 계획수립 자료 목록들을 이용해서 공통 능력을 보여줄 수 있는 여러 도구를 시험 중에 있다. 그 가운데서도 선도적인 계획은 투명성 있는 통합 방공 / 미사일 방어 자료 목록이다. 이들을 통해 국방부는 개방되고 민첩한 의사결정을 통해 선호하는 능력분야를 식별하고, 신속하게 개발할 것이다.

둘째, 국방부는 합동 전투부대, 획득 그리고 자원 공동체와의 협력을 통해서 투자 관련 의사결정에 도달하도록 할 것이다. 합동 전투부대는 요구되는 능력 이내에서, 희망하는 효과와 시간적 틀에 따른 소요를 평가할 것이다. 후보 해결안은 획득 공동체의 기술적 실용성과 비용 대 능력개선 효과 그리고 자원 공동체의 구매 가용성 등에 의해 평가되어야 한다. 이들은 의사결정 초기에, 가시적인 자원 전달이 이루어지기 전에 시작될 것이다. 일단 투자결정이 내려진다면, 위의 세 공동체들 사이에서 전략 주도적인, 구매 가능한, 달 할 수 있는 결과를 보장하기에 적절한 의사결정을 도출하는 협력이 요구될 것이다.

최근 재조정 필요성을 크게 지적받고 있는 합동 전술무선체계(JTRS)는 이러한 협력적 접근의 사례를 잘 보여준다. 이 무선 체계는 합동전력 전 영역에 걸쳐서 다른 체계들과 상호운용성이 있어야 하므로, JTRS 사업의 장래에 관한 의사결정은 국방부 전반에 걸쳐 심대한 효과를 주었다. 합동 전투부대의 소요를 충족시키면서 납세자들에게 최고의 가치를 제공해 주는 해결방안을 보장하기 위해, 전투부대와 획득 공동체는 투자 전략 개발을 위해 긴밀히 협력했고, 군 당국은 재조정을 위한 자원판단에 기여했다.

셋째, 국방부는 합동 능력분야에 따르는 예산 판단을 시행하고자 한다. 전통적인 예산항목 전시를 대신, 이러한 합동능력 관점을 이용하면서 국방부가 이 특정분야 의사결정에 있어서 전략적 위험과 요구 능력 사이의 상쇄 관계에 대한 균형 유지를 보다 잘 이해하도록 할 것이다. 국방부는 이미 태평양사령부에서 작전적 계획과 임무를 구분하는 데 필요한 자원을 구체화하는 자동화 절차를 개발, 시험한 바 있다. 처음으로 야전지휘관이 이동표적 타격과 같은 특정 능력에 연관된 자원 요구를 확인할 수 있게 된 것이다. 국방부는 이 사업을 확대시켜서 기구 전반에 걸친 능력 분야들의 평가를 가능하도록 하고, 능력 부문 관리를 촉진하고자 하며, 의회와 이 접근법을 탐색하고자 한다.

넷째, 예산할당 과정을 책임 있게 관리하기 위해서, 국방부 부장관이 발의한 획득개혁 연구는 국방부가 의회와 함께 주요 획득사업에 대한 '회계구좌' 개설을 하도록 권고하고 있다. 그 목적은 예산조달 체계에 안정성을 제공하고, 사업관리자와 각 군 장관 그리고 국방장관실에 이르는 상하 전반의 획득사업 책임에 대한 신뢰성을 구축하기 위해서다.

이러한 개선책들은 고위 지도층들이 합동전투력상의 우선 순위를 고려한 위험이 인식된 투자전략을 도입할 수 있도록 해줄 것이다.

3) 합동 능력 투자계획을 통한 권한과 예산 편성

국방부 자원의 대부분이 각 군을 통해 제공된다. 이러한 분배방식은 각 부야마다 필요시 다른 군에서 제공되는 능력에 의존한 조직화보다 각 군 스스로 전체 필요한 전력을 전체적으로 획득하도록 해서 능력들 사이에 격차와 중점부분을 유발시킨다. 합동 전투전력을 위한 능력 제공을 최적화하기 위해 국방부는 합동 능력 투자계획 절차를 혁신하기 위해 노력할 것이다. 획득 분야의 경우 국방부는 이미 여러 합동능력 재검토를 단행한 바 있다. 이들 재검토 작업은 주요 전력사업에 걸친 것으로 통합 방공/미사일 방어, 지상공격무기 그리고 전자전과 같은 특정 능력 투자계획분야를 평가하기 위한 것이다.

본 QDR에서는 이러한 합동 기능별 투자 접근을 통해 감시능력을 평가했다. 국방부는 모든 현재 및 기획 중인 감시능력에 대한 설명으로 이것을 시작했다. 여기에는 분류된 모든 수준에서의 투명한 능력 재검토를 포함시켰다. 전체 투자계획에 걸친 해당 자산의 능력을 살펴봄으로써 의사결정자들은 기존에 수직 화된 사업들에 대한 자원들을 어떻게 재할당할 것인가에 대한 인지된 선택을 내릴 수 있게 되었고, 합동전력은 필요로 하는 능력을 보다 신속하고 효율적으로 받을 수 있었다.

국방부는 이러한 초기 노력들을 기초로 해서 기구 내의 여러 활동에 걸친 임무, 인력, 관계, 기술 그리고 관련 자원들을 보다 효과적으로 통합할 수 있도록 할 것이다. 어느 분야에 특화된 사업보다 합동능력으로 초점을 옮기면서, 국방부는 우선순위를 경합하는 투자와 자원 상쇄의 함의를 보다 잘 이해하도록 조직 배정을 이루어야 한다. 그 첫 단계로 국방부는 다음의 3개 능력분야에 대해서 능력별 투자계획 개념을 사용해 관리할 것이다. 이들은 합동 지휘통제, 합동 네트중심작전[33] 그리고 합동 우주작전이다. 이러한 접근에서 비롯된 경험과 확신을 통해서 우리는 이를 다른 능력별 투자계획으로까지 확대하고자 한다.

4) 합동 과업 할당에 대한 관리

효과적인 지휘는 관리 차원에서의 권한과 책임 그리고 자원에 대한 명확한 배분을 통해 촉진된다. 지휘에서의 가장 어려운 도전은 합동 관리계획이 각 군 당국과 국방 기구들의 전통적이고, 법적 권한구조와 엇갈리는 경우에 나타난다. 전투사령부들의 설치는 합동 능력의 측면에서 그들에게 공급책임을 가질 조직과 분리된 합동능력을 요구하는 새로운 소요 출처를 만들어 냈다.

예를 들어 한 사업이나 임무가 우선적 분야로서 식별되면, 국방장관은 국방부를 위한 합동 노력을 관리, 지원하기 위한 조직을 선택하여 지시할 것이다. 과거에는 이러한 일이 특정 요소 내지 활동을 '집행 요원'을 지정하는 식으로 이루어졌다. 그런데

---

33) 네트중심전(NCW): 모든 부대와 무기체계가 상호 연결체제를 갖추어 신속하고 정확한 정보 및 상황인식의 공유를 보장받고, 그 결과 임무에 가장 적합한 전투력을 필요한 시간과 장소에 즉각적으로 집중, 운용하여 군사력의 효율성을 극대화한다는 개념. 고도의 정보통신 기술 적용에 기반을 두고 있다.

이 용어의 의미는 하나의 계획에서부터 다음의 경우까지 매우 광범위하게 변화되는 것이다. 합동 관리활동을 위한 책임이 명확히 정의되거나 전략적으로 편성되지 않으면, 그러한 도입은 문제를 야기할 수 있으며 자원의 사용도 비효율적일 수 있다.

본 QDR에서는 합동 활동에 대한 보다 나은 조직화 및 관리의 필요성을 강조함으로써 해당 임무의 성공에 필수적인 권한, 자원 그리고 확실한 성과기대와 함께 한 것임을 보장하고자 한다. 결과적으로 국방부는 합동 임무와 과업의 부여 그리고 자원 우선순위 평가를 위한 엄격한 과정을 도입하고 있는 것이다. '합동 과업부여 과정'은 합동 관리계획을 집중적으로 부여, 감독하여 합동 활동들이 국방부의 전략적 목표에 따라 배열되도록 보장할 것이다. 여기에는 적절한 권한과 책임 및 자원이 동반된 지정, 중복과 격차를 최소화하도록 하는 효과적인 구조화, 명확한 책임범위의 설정 그리고 성과와 필요를 위한 계속적인 평가 등이 포함된다.

5) 업무 변혁의 추진

방위업무체계관리위원회(DBSMC)는 국방부의 업무를 변혁하기 위한 지휘능력의 개선을 위해 세워졌다. DBSMC는 최고위급의, 단일 의사결정 구조를 띄며, 기구 전체의 고위 지도자들을 규합시켜서 업무과정 변화를 추진하고, 합동전력에 대한 지원을 개선하도록 한다. 국방부는 '전기구적전환기획'과 관련된 구조를 개발하여 국방부의 사업 운영 변혁의 지침이 되도록 했다. DBSMC는 책임성 보장과 고위 지도층의 지도 증대를 통해 '전기구적 전환 기획'의 실행을 지휘해 갈 것이다.

업무 변혁전략에 따른 배열을 보장하기 위해 국방부는 투자 재검토 이사회를 신설하여 기구의 구조와 역행하는 기록을 나타내는 사업들을 평가하도록 한다. 재원은 국방부의 구조와 부합하면서 적정 수준의, 공식적이면서 DBSMC의 승인을 받은 경우가 아닌 이상 어떠한 업무 체계에도 투자되지 않는다.

최근에는 방위업무 변혁기구(BTA)가 창설되어 기업수준의 업무 체계와 계획들을 통합, 감독하도록 했다. BTA는 인적자원, 재무관리, 획득 그리고 군수지원 등에 걸친 국방부의 각 업무 분야를 통합하는 책임을 진 관리 연결책이다. 이에 따라 BTA는 DBSMC의 운영주체로서 결과에 책임을 지게 된다.

6) 전 사업 차원의 위험 관리와 성과 측정

지난 2001년도판 QDR에서 국방부는 위험 관리 체계를 소개하면서 고위 지도층이 단기적 소요와 미래 준비 사이의 균형을 보다 잘 조정 할 수 있도록 한 바 있다. 이러한 균형 있는 위험 접근은 국방부 전체의 여러 조직들에 걸쳐서 성공적으로 도입되면서 전략적 기획은 물론 일상적 관리에까지 지침 역할을 하고 있다. 이제 국방부는 초기 도입 단계에서 얻은 교훈을 십분 활용하여 의사 결정을 위한 보다 튼튼한 체계의 정비와 발전을 도모하고 있다.

국방부는 사업 전반위에서 결과 목표를 재평가함으로써 전략적 배열을 유지하면서, 국방부의 목표설정의 명확성을 보장할 것이다. 아울러 국방부는 고위 지도층에 유용한 정보를 전달하기 위한 전략 도입에 사용하는 노력을 측정하는 매트릭스 기법에 대한 평가, 발전 그리고 개선을 실시할 것이다. 개선된 매트릭스 기법은 지휘 수준을 담당하는 고위 지도자들이 예외적 수단에 의해 관리할 수 있도록 해줄 것이다. 여기에는 조직 전체의 건강 상태 감독 그리고 최고수준의 지도와 지원이 필요한 분야에 대한 주의 집중이 포함된다. 기구 내의 각 수준들에서는 국방부 전체 차원의 전략을 지원하는 성과와 결과 전달을 책임지게 된다. 조직들은 지침 이내에서 활동할 수 있는 재량권을 가져야 하지만, 여기에는 전략적 배열을 보장하기 위한 충분한 감독을 수반해야 한다.

7) 추가적 지휘 개혁

국방부는 5개 통합 집중분야에서 각각 지휘 기능을 개선하기 위한 추가적인 구상을 고려하고 있다. 여기에는 다음과 같은 내용들을 포함한다.

- 미래 합동 전투병력에 대한 단일 대표담당인을 지정하여 국방부의 장기적인, 요구 및 획득 그리고 자원 배분 과정에서의 합동 관점을 개선하도록 한다.
- 새로운 수평 조직들을 신설하여 핵심 분야에서의 활동들, 즉 전략적 의사소통과 인적자본 전략 등을 보다 잘 통합하도록 한다.
- 행정, 관리 그리고 컴퓨터 지원과 같은 지원 기능은 임무 공유형태로 탈바꿈하도록 한다.

비록 개혁이 하루 아침에 이루어질 수 없지만, 갈 길은 명확하다. 복합적인 전략환경은 보다 간소화하고, 통합된 조직을 통해 대통령과 합동 전투병력을 보다 잘 지원할 수 있도록 요구하는 것이다. 국방부는 이를 실천하도록 하는 책임을 맡는다.

3. 관리와 업무 개혁

지휘 부문을 넘어서, 본 QDR은 획득과 군수 과정에서의 계속적인 변혁을 위한 기회를 식별했다.

1) 방위획득 성과의 개선

국방부 고위 지도층과 의회 내부에서는 획득 과정에 대한 우려가 깊어지고 있다. 이러한 신뢰도 부족은 주요 획득 사업의 비용, 일정 그리고 성능의 실제 상태를 정확히 결정하는 능력 결여에서 비롯된다. 방위 사업의 비예측적인 속성으로 인해 광범위한 획득 체계의 불안정이 따라다니는 것이다. 근본적인 재편성을 통해 국방부의 주요 방위사업 상태를 보다 예측 가능하도록 만들고, 미국인들의 납세에 대한 보다 나은 책임으로 돌아올 것이다. 방위획득 개선에 대해서는 국방부 안팎에서 이 문제에 대처하기 위한 여러 가지 재검토가 논의되고 있다. 이러한 결과들은 합동 전투병력에 보다 즉응적인 진정한 21세기형 방위 획득으로의 재편성을 추진하는 국방부의 노력에 전해질 것이다.

국방부는 합동전력에 보다 빨리 필요한 능력을 제공해 주는 데 집중하고 있으며, 이를 위해 보다 효과적인 획득 체계와 관련 업무처리의 변혁을 꾀하고 있다. 국방부는 기존의 비용 기반 접근을 대신하여 위험 기반 선택 과정의 채택을 고려하고 있다. 이것은 비용을 유일한 기준으로 보지 않고, 대신 기술적, 관리적 위험을 기준으로 설정하는 선택 방식이다. 효과적으로 비용, 기술적 위험 그리고 관리적인 현상을 균형을 잡기 위해서는 국방부의 합동능력 식별, 자원 할당 그리고 획득 과정 등을 보다 밀접하게 결합시킬 필요가 있으며, 각 기능별로 명확하게 책임을 정해야 된다.

필요한 능력의 신속한 전달을 보장하기 위한 노력으로서, 획득 발전과 조달사업은 시간중시 접근의 방향으로 이동할 것이다. 사업 개발의 초기에서 고위 지도자들은 성능과 시간 그리고 가용 자원 사이의 균형을 맞추기 위한 핵심 상쇄안을 내놓을 것이다. 변경과 개선은 성숙도와 기술에 근거한 순차적인 순환에 따라 추가될 것이다. 시간 중시에 근거한 개발과 위험기반 접근을 통한 능력 조달의 결합은 획득 체계에 보다 큰 안정성을 가져올 것이다. 안정성은 획득 사업이 비용, 일정 그리고 성능으로 측정되어 보다 예측 가능하도록 해야 한다.

2) 연쇄보급 군수지원의 관리

지난 2001년도판 QDR에 대응하여, 국방부는 군사력의 이동과 유지에 대한 효율성, 효과성을 개선하기 위한 여러 계획에 착수했다. 이들 계획에는 배치 과정을 개선하고, 군수지원 기동성과 관련 비용의 절감을 위한 노력이 포함되었다. 또한 국방부는 상비 합동전력 지휘부에 통합된 군수지원 활동을 제공하고, 군수지원 의사결정지원을 위한 도구의 창출 및 사용을 가속시켰다. 지난 4년 동안 국방부는 군수지원 체계와 교리 그리고 병력구조 요구 등을 결정하는 과정을 통해 가시적으로 야전 훈련과 실험의 통합을 증가시켰다. 아울러, 이전에 언급했듯이, 국방부는 군수지원 과정과 절차를 현재 작전의 필요에 맞추어 변화시키고 있다.

이러한 계획들의 결과, 국방부는 능력기반의 군수지원 접근으로의 변화를 위한 가시적인 진전을 이루어냈다. 본 QDR에서 국방부는 연쇄보급[34] 군수지원에의 비용과

성과 그리고 성과의 계속적인 개선을 위한 기반 구축의 가시화를 개선하는 데 초점을 두었다. 이들 목표를 달성하기 위한 전략은 연쇄보급 군수지원 활동에 대한 자원들을 서로 연결시켜서 이들이 포함하는 비용들을 파악하는 것으로 시작한다. 국방부는 상업적인 연쇄보급 매트릭스를 보다 낮은 비용과 신속성을 갖춘 필요 물품의 전달을 위한 잠재적인 성과 목표로서 평가해야 한다. 현재 진행 중인 계획들 가운데 단일 배치과정 실명제 제도와 같은 경우는 반드시 계속적으로 개선 및 가속화되어야 한다. 끝으로, 자본투자와 과정 개선에 대한 지침 역할을 할 수 있도록 집중군수지원 능력을 위한 현실적이고 유지 가능한 전략적 성과 목표를 개발할 필요가 있다.

국방부는 연쇄보급 목표를 충족하기 위한 여러 개의 특정 계획을 도입하고 있다. 예를 들어서 능동 / 수동식 전파 주파수 식별(RFID) 기술의 사용은 자동화된 자산의 가시화 및 관리를 통해서 전투병력에게 지식화된 군수지원을 도입한다는 국방부의 비전을 실현하는 데 중요한 역할을 할 것이다. RFID는 연쇄보급망의 모든 지점에 전달을 통해 전략에서 전술 차원에 이르는 자료의 공유, 통합 그리고 동시화가 가능하도록 설계되었다. 해당 정보는 자원과 준비태세 사이의 인과관계에 대한 보다 큰 통찰력을 제공해 줄 것이다. 이러한 사실 기반의 통찰력은 간결화(Lean), 6 시그마[35] 그리고 성과기반 군수지원과 같은 개선기법의 도입을 통해 국방부의 연쇄보급에 대한 전반적인 생산성 산출을 최적화하는 데 도움이 될 것이다.

3) 의료 / 보건체계(MHS)의 변혁

과학과 보건에서의 획기적인 전환 그리고 예방과 건강에서의 새로운 혁신은 21세기 군 보건체계에 있어서 건강 증진과 더불어 생명 그리고 비용을 아끼는 기회를 제공해 준다. 이러한 보건 및 건강관리에서의 변혁은 국방부의 다른 변혁 작업과도 궤를 같

---

34) 공급망관리(SCM): 제품생산을 위한 프로세스를 부품조달에서 생산계획, 납품, 재고관리 등을 효율적으로 처리할 수 있는 관리기법.
35) 식스시그마(Six Sigma): 시그마(sigma: σ)라는 통계척도를 사용하여 모든 품질수준을 정량적으로 평가하고, 문제해결 과정과 전문가 양성 등의 효율적인 품질문화를 조성하며, 품질혁신과 고객만족을 달성하기 위해 전사적으로 실행하는 21세기형 기업경영 전략이다. 1980년대 말 미국의 모토롤라(Motorola)에서 품질혁신 운동으로 시작된 이후 GE(General Electric) · TI(Texas Instruments) · 소니(Sony) 등 세계적인 초우량기업들이 채택함으로써 널리 알려지게 되었다.

이한다. 국방부 소속의 가족 모두가 평생 예방과 건강 그리고 개인별 선택, 책임을 극대화시키는 것은 국방부의 목표다. 국방부와 연관된 다른 영역과 더불어, 본 QDR은 의료 지원도 새로운 합동전력 채택 개념을 적용할 것을 권고한다. 최근 새로 맺어진 건강관리 계약에 대한 개선 그리고 지역별 TRICARE 관리구조의 간소화 등에 입각하여 본 QDR은 시장주도적인, 성과기반의 투자 사업을 계속할 것을 권고한다. 또한 최근 착수된 국방부의 전자 보건기록체계를 활용하는 한편 계획 처리와 정보 투명성의 개선도 권고하는 바이다. 이 새로운 체계는 보다 융통성 있는 재무처리를 도입함으로써 MHS를 효과적으로 관리할 필요성을 요구받는다. 무엇보다도, 국방부의 군사 및 문민지도자들은 TRICARE의 복지구조 가운데 현역 이외의 인력을 위한 현대화의 필요성을 승인했다. 그 의도는 구성원 자신과 가족의 건강에 대한 스스로의 책임을 고취시키고, 최소 비용으로 건강한 장수생활을 영위할 수 있도록 함으로써 보다 길고 건강한 은퇴 생활을 촉진코자 하는 것이다. 이를 위해서는 법률의 수정뿐만 아니라 TRICARE 비용분담 형태를 조정하기 위한 규정 수정이 요구되며, 이는 지난 1990년대 의회가 TRICARE를 설치하면서 얻었던 균형을 회복함과 더불어 보건 저축계좌에 대한 권한을 모색할 수 있도록 할 것이다.

4. 요 약

의심할 여지없이, 국방기구의 재편성은 어려운 작업이다. 지난 반세기 동안 발전되어 온 구조와 과정들은 냉전시대 설립된 이후 성공적으로 강화되어 왔다. 그러나 21세기 전략적 전망은 국가안보적 도전에 대해 보다 광범위한 영역에 걸친 우세를 요구하고 있다. 변화가 위험으로 다가옴에 따라, 비전의 달성을 위해서는 국방부 내의 결단과 인내심 그리고 의회와의 협력이 중요하다. 우리가 작전 병력의 민첩성, 융통성, 즉응성 그리고 효과성을 강조하는 만큼, 국방부의 조직과 과정 그리고 실천 역시 합동전투병력과 군 통수권자(대통령)를 지원하기 위해 그런 특성들을 구현해야 하는 것이다.

VI. 21세기 총합전력의 발전

　국방부는 세계 최대의 고용주로서 3백만 명 이상의 인력을 직접 거느리고 있는 집단이다. 국방부의 총합전력, 즉 현역 및 예비역 병력과 민간 공무원들 그리고 계약업자들은 전투수행 능력과 수용력을 구성하는 요소들이다. 총합전력의 구성원들은 세계 곳곳의 수천 곳에 걸쳐서, 다양한 범위에 걸친 중요 임무들을 달성하기 위해 일하고 있다.

　신중한 군사 지휘관이라면 기만, 능력과 투입으로 적을 "압도"하는 대신 순수한 (fair) 전투만을 원하지는 않을 것이다. 총체전력에 소속되어 우수한 훈련을 받은 모든 지원 장병들의 사심 없는 복무와 영웅주의는 미국이 직면하고 있는 광범위한 위협에 대한 전략적 우위의 근원이자 지난 수십 년 동안의 군사 작전을 성공적으로 이끈 열쇠였다. 총합전력은 달라진 작전 환경에 계속 적응해 나가야 하며, 새로운 능력을 발전시키면서 능력과 인력 사이의 균형을 유지함으로써 불확실한 미래의 새로운 도전에 준비할 수 있어야 한다.

　최근의 작전 경험들은 국방부가 광범위한 도전들을 억제하는 한편으로 장기간에 걸친 비정규전에서 승리하기 위한 총합전력을 투사하는 능력과 수용력을 강조하고 있다. 미래의 전력은 합동 지휘관에게 보다 정교하게 맞춤화되고, 보다 접근성이 있어야 하며, 국내 기관과 국제 우방들과의 복합적인 공동 작전에 보다 적합해야 한다. 이를 위해 보다 큰 인내성이 요구된다. 재난대처 혹은 안정화를 비롯해서 전통적으로 비군사적 영역으로 간주되었던 부문에 대비하여 훈련되면서 작전 수행과 의사결정을 해낼 수 있어야 한다. 총합전력의 적응성을 증대해 가면서 군사 부문 인력과 그 가족들에 대한 압박을 줄여나가는 것이 국방부의 최우선 과제다. 이들을 위해서는 국방부의 총합전력 편성을 위한 새로운 전략이 요구되며, 여기서는 정책과 권한을 조정하는 한편으로 민간 인력과 전투병력이 미래의 어떠한 적대세력들이라도 압도해낼 수 있도록 하는 교육과 훈련 계획을 도입하는 것이 포함된다.

국방부와 군 당국은 반드시 총합전력의 4대 구성요소(현역 병력, 예비병력, 민간인력 그리고 계약업체) 사이의 능력을 신중히 배분하여 평화에서 전쟁까지 전 방위 군사작전에서에 최적화시켜야 한다. 재구성된 총합전력에서는 새로운 능력의 균형이 인력에 대한 보다 큰 접근성으로 나타나 적시에 필요한 전력이 준비될 수 있도록 해야 한다. 군 병력과 민간 인력 모두 합동 지휘관의 필요를 위해 준비되어 있어야 하는 것이다.

이들 작전상의 총합전력은 본토와 해외에서, 정부기관과 동맹, 우방국들 그리고 비정부단체와 함께 복합적인 작전을 치를 수 있도록 준비되어 있어야 한다. 국내외 동반 전력과의 일상화된 통합은 새로운 형태의 발달된 합동훈련 및 교육을 필요로 한다.

마지막으로, 국방부는 양질의 인력 확보를 위해 민간 분야와 효과적으로 경쟁해야 한다. 총합전력의 변혁은 의회로부터 부여받은 갱신된, 적정 수준의 권한과 도구를 필요로 하며, 이를 통해 그 지속성도 개선토록 해야 한다. 이러한 변혁을 가능토록 하는 2가지의 열쇠는 새로운 '인적자본 전략'과 새로운 '국가안보 인력체계'의 적용을 통한 국방부의 민간 인력 관리다.

1. 총합전력의 재구성

이라크와 아프가니스탄에서 있었던 최근의 작전경험들은 현역과 예비병력 사이 혹은 내부의 군사 능력의 균형 조정 필요성을 나타냈다. 이에 따르면 지난 수년 동안 군 당국은 현역과 예비병력 사이 혹은 내부의 약 7만 명에 대하여 교대, 전속 혹은 전역 등 비롯한 균형 조정을 단행한 바 있다. 국방부는 2010년까지 5만 5,000명의 군

인력을 추가로 재조정할 계획이다. 각 군 당국은 이와 같은 조사를 총합전력 전반에 걸쳐 적용하여 각 요소에서 적합한 능력이 갖춰지도록 보장하게 할 것이다. 각 군 당국과 전투사령관들은 계속적으로 전력을 평가해서 미래의 소요 충족에 대한 즉응성을 유지하도록 해낼 것이다. 합동전력의 제공 주체로서 미 합동전력사령부는 준비된 전력과 역량의 전 지구적인 적정 배분을 보장함으로써 이를 지원한다. 국방부는 새로운 방법론과 재검토 과를 도입하여 인사 정책의 기준을 구축하는 계획을 하고 있으며, 여기에는 합동 매트릭스와 공동 편함의 개발을 통해서 국방전략을 복무 수준의 균형 조정 의사결정과 연계하는 것도 포함되어 있다. 이러한 과정은 국방부 전반에 걸친 균형 조정 노력을 동시화하는 데 도움이 될 것이다.

의무의 연속성

전쟁과 평화 사이에 대한 전통적이고 가시화된 구분은 21세기의 초입에 들어서는 약화되었다. 현재의 장기전에서 미국은 예측하기 어려운 간격을 가지고 크고 작은 돌발사태에 직면할 것으로 예상된다. 장기전을 수행하는 한편으로 미래의 다른 긴급사태 대응작전을 수행하기 위해서, 합동전력의 지휘관들은 총합전력에 대한 보다 향상된 접근성을 가질 필요가 있다. 특히 예비병력은 반드시 실전화되어야 한다. 오늘날 지정된 예비병력과 부대들의 사용기능성이 증가됨에 따라 이 부대들이 실전배치 준비태세를 갖출 수 있도록 해야 한다. 냉전 기간 동안 예비병력은 '전략적 예비'[36]라는 개념에 따라 주요 전투작전 동안 현역 구성병력을 지원하기 위해 적절히 사용되어 왔다. 오늘날의 세계적 환경에서는 그런 개념은 적절치 않다. 그 결과 국방부는 다음과 같은 조치를 취하기로 했다.

- 예비병력에 대한 접근성을 증가시키는 권한을 위해 대통령의 예비병력 소집 권한 유효기간을 270일에서 365일로 연장한다.
- 본토방어와 민간 지원작전에서 예비병력의 사용 집중을 향상시키면서, 주 방위군과 예비병력의 사후관리 능력과 민간기관 지원을 위한 접근성 및 수용력 향상을 위한 변화를 모색한다.
- 대통령 예비병력 소집령의 개정을 통해 각 군 당국의 예비병력을 자연재해에 투입할 수

---

36) 전략적 예비(戰略的 豫備, Strategic Reserve): 전쟁을 승리로 이끌기 위해 결정적인 시기와 장소에 투입할 수 있도록 준비한 대규모 증원부대로서 통상 언제 어느 장소라도 투입될 수 있도록 기동력과 전투력을 구비한 정예부대로 구성됨.

있도록 하며, 그 결과 지원인력에 의존하지 않고서도 특정 필요를 충족시킬 수 있는 과
정의 수습을 가능하도록 한다.
- 단기 통지를 받고 지원한 개인이 주요 사령부에서 개별 보조인력으로 장기 복무할 수
있도록 허용한다.
- 선택된 예비병력 부대들에 대해 보다 집중적인 훈련을 실시하여 실전배치를 위한 통지
기간을 단축시킬 수 있도록 한다.

이와 함께, 각 군 당국은 전원 지원인력으로 구성되면서, 높은 수요 충족능력을 갖
춘 예비병력 부대의 창설 가능성을 모색할 것이며, 야전사령관들과 함께 계약직 지원
인력의 개념을 확대해 나갈 것이다.

2. 적합성 있는 능력의 구축

효과적인 다차원의 합동작전을 수행하는 데 요구되는 능력의 유지는 미국의 군사력
이 적들을 압도하기 위한 기본조건이다. 정부기관과의 전장 통합과 연합작전, 즉 합동
전력 및 동맹군과의 통합 모두 미래 작전의 표준 형태가 될 것이다. 현대전에서의 합
동, 연합 그리고 정부기관 사이의 협력통합 등과 같은 추세는 합동 전투수행의 발전
에 대한 다음 단계발전을 나타내는 것으로 국방부의 훈련 및 교육과정에 대한 새로운
소요를 만들어 내는 것이다.

1) 합동 훈련

본 QDR에서는 각 군 당국의 합동훈련 역량에 대한 비교 평가를 실시했다. 비록
각 군마다 작전적으로 검증된 과정과 표준을 마련하고는 있지만, 미래의 복합적, 다국
적 그리고 정부기관 사이의 작전 협력을 위한 합동 훈련과 교육에서의 획기적인 발전
이 긴급히 요구되고 있다. 이를 위해 국방부는 다음과 같은 계획을 추진하고자 한다.

- 새로운 임무 영역, 격차 그리고 계속적인 훈련 변혁에 대응하기 위한 합동 훈련전략을 개발한다.
- 비정규전, 복합적 안정화 작전, WMD 대처 그리고 정보작전 등을 통합할 수 있도록 훈련 변혁계획을 수정한다.
- 훈련변혁 업무 모형을 확대하여 합동 훈련의 결합, 신규 및 부상 중인 임무들의 우선순위화 그리고 가상적이고 구성 단계에 있는 기술의 활용 등을 실시한다.

2) 어학 및 문화 능력

보다 넓은 언어구사 능력과 문화 이해 개발 역시 현재의 장기전 승리뿐만 아니라 21세기의 도전에 맞서기 위한 핵심을 차지한다. 국방부는 아랍어, 페르시아어 그리고 중국어를 비롯한 주요 외국어를 유창하게 구사할 수 있는 인력을 극적으로 증가시켜야 하며, 이들 언어를 전술에서 전략 수준에 이르기까지 모든 활동에서 사용할 수 있게 해야 한다. 국방부는 중동과 아시아에 대한 이해와 문화 지식을 냉전 시절 소련에 대해 발전시켰던 것과 비교할 정도의 수준으로 강화시켜야 한다. 현재뿐만 아니라 새로운 도전들은 야전지휘관들에게 정치-군사적 분석, 핵심 어학능력 그리고 문화적 적응성 등을 제공하는 해외 분야 간부들의 필요성이 증가하고 있음을 보여준다. 각 군은 해외 군 복무 임무를 부가적으로 하는 장교 및 부사관을 증가시켜 이들의 해외 분야 간부 사업을 확대할 것이다. 이러한 조치는 외국군과의 직업적 관계를 강화시키며, 깊이 있는 지역 전문성을 발전시키고, 미국과 그 동맹 및 우방국 사이의 노력의 통일 효과를 증대시킬 것이다. 해외 분야 간부들은 전술제대에서 그들의 지식을 사용하기 위해 하위 제대에 배솔 될 것이다.

이러한 어학 및 문화 영역의 목적 확대를 위해, 국방부는 다음과 같은 계획을 추진할 것이다.

- 육군의 조종사 어학 프로그램에 대한 재정 지원을 증가시켜서 현역, 예비병력에서의 통역을 담당할 수 있는 원어민언어 구사자들을 충원, 훈련시킨다.
- 군별 사관학교와 예비병력 장교 훈련단에 대한 어학 훈련을 목적으로 하는 장학금 제도를 마련하고, 어학 집중 프로그램과 1학기 단위 해외 유학 기회 그리고 사관학교 간 해

외교환 제도를 확대한다.

- 외국어 향상을 위한 군 특별 수당을 증액한다.
- 국가안보교육사업(NSEP) 장학금을 증액하여 미국 초등, 중등, 중등 이후 교육 과정에서의 비유럽권 어학 교육을 확대한다.
- 대략 1천 명의 고급 어학 구사 능력을 갖춘 이들로 구성된 민간 어학 예비단을 설치하여 국방부의 작전소요를 지원한다.
- 배치 이전 어학 및 지역별 적응훈련 개선을 위한 전술, 작전적 계획을 수정하고, 국가 및 어학 친숙화를 위한 통합조치 그리고 해외배치 병력을 위한 작전 중심적인 어학 학습 규격을 개발한다.

3) 정부기관 사이의 작전 강화를 위한 인력훈련 및 교육

다른 연방 부서 출신의 인력과 총합전력을 통합하는 능력은 미국의 여러 목표들을 달성하는 데 중요하다. 이에 따라, 국방부는 국가안보(NSO)단의 창설을 지지하는 입장이며, 이 조직은 고급 군인과 민간 전문인력으로 구성되어 보다 큰 국가안보 이익을 위한 정부기관의 개별 기여를 효과적으로 통합, 조직할 수 있도록 할 것이다.

'골드워터-니콜스 법안'[37)]에서 규정된 고위 간부들에 대한 합동 근무의무 부여 조항이 각 군 당국의 다른 문화를 통합하여 보다 효과적인 합동전력으로 재편하도록 기여했듯이, 본 QDR에서는 고위 국방부 및 국방부 외 인력들이 통합된 정부기관 사이의 환경에 맞는 능력을 개발하는 데 있어서 인센티브를 창출하도록 권고한다.

또한 국방부는 자체 최고 교육기관인 국방대학교를 진정한 국가안보대학교로 변혁시키고자 한다. 21세기 안보환경의 복잡성을 인정하는 가운데, 이 새로운 교육기관은 보다 광범위해진 미국의 국가안보 전문성의 교육적 소요를 지원하기 위해 맞춤화될 것이다. 정부기관 사이에서의 동반자 세력 참여가 증가될 것이며, 교육 이수과정은 통합된 미국 정부의 국가안보 임무 접근법과 일치하도록 재편될 것이다. 그리고 보다

---

37) 골드워터-니콜스 법안: 지난 1986년 배리 골드워터, 윌리엄 니콜스 두 상원의원이 발의하면서 제정된 미 국방부 재편법안. '국방부 재편령 603조'라고도 불리며 합참의장의 권한 강화, 각 전투사령부에 대한 일체의 군령권 보장, 합참 등 합동부서와 각 군 본부의 참모부 편성기준 명시 등을 주 내용으로 한다. 법제화된 국방개혁의 대표적인 모범사례로 평가된다.

큰 정부기관 사이의 참여가 권장될 것이다.

3. 정보시대의 인적자본 전략 설계

총합전력 건설을 위한 고급 인력의 확보 과정에서 민간 부문과 경쟁하려면, 국방부는 현대화된 인적자본전략과 더불어, 당국이 필요로 하는 군 전력의 충원, 편성 그리고 유지에 요구되는 권한이 필요하다.

새로운 '인적자본전략'은 총합전력 전반에 걸친 인력과 능력의 올바른 배합의 발전에 초점을 맞춘다. 국방부의 '인적자본전략'은 역량, 성과 중심의 성격으로 생각된다. 이는 미군 전력이 요구하는 역량에 대한 깊이 있는 연구와 발전되어야 할 수준의 성과 표준 등에 기초한 것이다. 각 군 당국은 자체 전력을 구성하는 역량 및 성과 기준의 틀을 규정지을 것이며, 더불어 이들 표준을 달성하기 위해서 인력개발 과정을 개선시킬 것이다. 장기근속이나 기간 기준, 진급 보다는 승진, 포상 그리고 보상 등이 개인별 성과와 연결될 것이다. 이는 결과와 포상 수월성에 관한 보다 나은 인센티브 조정이 될 것이다.

'인적자본전략'을 실행하기 위해, 국방부는 통합된 인사 보고/관리 체계와 해당 전략의 관리를 주요 국방사업으로서 담당하는 단일 사업집행실을 신설할 것이다. 일단 도입된 후에는 '인적자본전략'은 결합된 인사 추적 및 관리체계로 통합되어 인력, 훈련 그리고 교육에 대한 모든 국방부 역량을 연결할 수 있게 될 것이다.

아울러 국방부는 가장 우수하고 명석한 군, 민간 인력을 유치, 유지하기 위해 적합한 진급 및 개발기회를 보장할 필요가 있다. 국방부의 경력관리 철학은 비정규전과 같은 새로운 임무에 맞는 특수 기술의 개발 등을 권장을 방향으로 맞춰져야 한다. 새로운 경력 유형에는 여러 분야의 단기 경력이 주류를 이루었던 전통적 경력 개념과는 달리 동맹 및 우방국의 군 혹은 국방부처에서 근무하는 보조 신입장교, 부사관, 민간 공무원 혹은 세계 각지의 핵심 전략지역에서의 장기 근무인력 등이 포함될 것이다. 국방부는 해외 영역 간부, 훈련교관, 자문관 그리고 어학 교관과 같은 핵심 경력분야에 대한 인센티브 확대와 승진 기회를 개선해야 하며, 한편으로는 무인 항공기와 정보, 우주작전과 같은 보다 중요도가 높아져 가는 임무 영역에 대해서도 이를 적용시켜야 한다. 높은 성과와 계속적인 복무에 인센티브를 제공하는 것과 더불어, '인적자본전략'의 편성 기법은 반드시 신중하고, 필수적인 병력 감축을 가능하도록 해야 하며, 요구되는 합동전력 내에서 충당할 수 없는 특정 능력에 대한 선택적인 접근도 실현될 수 있도록 해야 한다.

국가안보 인사체계

국방부의 민간 인력은 미국정부 내에서도 상당히 특수한 존재인데, 이들이 군 조직의 통합부분에서 일부분을 차지한다는 점 때문이다. 결과적으로, 다른 군 인력과 마찬가지로 민간 인력들도 변화하는 임무 필요에 적응해야 한다. 새로운 국가안보인사체계(NSPS)는 65만 명에 달하는 국방부 내 민간 인력에 대한 21세기의 효과적인 관리를 촉진하도록 설계되었다. NSPS는 현재 국방부가 직면한 인사 부문의 현안을 다음의 세가지로 규정하고 있다. 첫째, 21세기 임무를 지원할 수 있도록 하기 위한 기구의 충원. 둘째, 보다 넓어진 노동시장에서 효율적으로 경쟁할 수 있기 위한 보상의 사용. 그리고 셋째, 긴급작전의 지원을 위한 민간 인력의 제공. NSPS는 국방부의 국가안보 임무와 이들 임무의 신속한 집행을 위한 행동의 필요성을 인식하는 노동관계 체계를 통합할 것이며, 한편으로는 직원들의 단체협상권을 존속시킬 것이다. 국방부는 인력 훈련과 새로운 절차들의 도입을 통해 새로운 체계로의 전환을 시작할 것이다. 아울러 NSPS는 국방 분야의 민간인력 필요성과 긴급사태에서 이들이 제공하는 지원을 파악한다. 이는 민간 인력들이 고유의 정부 기능업무를 수행하면서 군 인력들이 본업인 군사 기능에 주력할 수 있도록 해준다.

마찬가지로 국방부의 새로운 '미 종군 승인 계약업체 인사' 훈령은 계약업체들을 총합전력의 하나로 통합시키는 또 다른 단계라고 할 수 있다. 오늘날 국방부의 정책은 계약업체의 상업활동 성과(여기에는 긴급사태에서의 계약업체와 기존 합의를 지원하는 군수지원업체도 포함한다)도 작전 계획과 명령에 포함되어야 한다고 지도한다. 계약업체를 해당 계획의 요소로 포함시킴으로써, 야전지휘관들은 자신들의 임무 필요를 보다 잘 결정할 수 있게 된다.

　이들과 더불어, 총합전력을 재구성하기 위한 조치들은 임무 수행의 연속성을 제공할 뿐만 아니라 올바른 능력을 구축하며, 정보시대에 맞는 인적자본전략을 설계하여 향후 총합전력이 미국이 직면하게 될 다양한 도전들에 보다 잘 대처할 수 있도록 해줄 것이다.

국방부는 오늘날의 복합적인 도전에 홀로 맞설 수 없다. 성공을 위해서는 통합된 국가적 수단이 요구된다. 여기에는 미국 본토의 모든 국력 요소를 규합하는 능력과 동맹 및 우방국과 긴밀한 협력이 포함된다. 본 QDR의 작성 과정에서 고위 지도자들은 국방부가 이러한 통합된 노력에 보다 잘 기여할 수 있도록 하는 데 필요한 변화들을 고려했다. 제2차 세계대전에서의 도전을 통해 군사 분야의 합동, 통합작전 정착을 가속화했듯이, 현재의 환경은 모든 정부기관들이 통합된 전략으로의 노력을 통합시키는 데 숙달되도록 하고 있다.

이것은 단순한 조정 이상의 것을 요구한다. 국방부는 다른 정부기관들과의 밀접한 협력 속에서 국가안보전략을 실천해 나가야 한다. 정부기관 사이 혹은 국제 차원의 통합작전은 진정 새로운 합동작전이라고 할 수 있다. 다른 기관들에 대한 지원과 능력 부여, 공통 목표를 향한 작업 그리고 동반자 세력의 능력 구축 등은 국방부의 새로운 임무에서 필수불가결한 요소들이다.

왜 새로운 접근법이 긴급한가?

냉전 시절 미국의 경험은 현재까지도 국방부의 구성과 임무 실행방식에 대해서 깊은 영향을 주고 있다. 하지만 냉전은 주권국가들 사이의 대결이었으며, 대부분의 정치적 문제에 대하여 국가 기준의 대응을 그리고 대다수의 군사적 문제에서는 가시적 활동이 수반되는 대응을 요구했다. 국방부는 적대국의 정규병력을 상대로 하는 재래식의, 대규모 전투에 최적화되었다.

오늘날 전쟁은 점차 국가들 사이의 분쟁 보다는 점점 국가 내부의 폭력 양상으로 변화되어가고 있다. 미국의 주요 적대세력은 냉전 방식의 접근에 강한 비국가 세력의 비정규전 네트워크이다. 이와 동시에, 많은 우방국들은 외부보다 내부에서의 안보위협에 직면하고 있다. 비(非)통상적인 적을 격퇴하기 위해서는 비통상적인 접근이 필요하다. 비정규전과 비통상전의 수행 능력과 폭동진압, 안정화, 재건, '군사외교' 그리고 복잡한 정부기관 사이의 연합작전 등에 필요한 능력 등이 필수적이다. 하지만 여러 경우에서 의회로부터의 새롭고도 보다 융통성 있는 법을 요구한다.

인터넷과 세계화 시대 이전에 나온 권한들은 지리적으로 분산된 비국가 테러리스트들과 범죄 네트워크들로부터의 초국가적 위협을 따라가지 못하고 있다. 냉전 시절에 설정되었던 법들은 경찰력이나 내무 부처들을 지원할 수 있는 능력을 지나칠 정도로 제한하고 있으며, 현재로서는 적용하기가 어렵다. 적들의 신기술 활용과 수법들은 전통적인 국가 및 국제안보 개념을 앞질렀다. 국제협력을 창출, 유지시켜 온 전통적인 기법들도 전 지구적, 지역적 그리고 국지적 수준에서 동시에 적의 네트워크를 분쇄, 격퇴하기에는 민첩하지 못하다.

법치(法治)를 지원하고, 현재 존재하지 않거나 초보 단계에 있는 시민사회를 구축하도록 하는 것은 현재의 장기전 승리에 있어서 근본적이다. 이러한 측면에서, 오늘날의 환경은 종류는 다르지만, 규모 면에서는 냉전시대의 그것과 비슷한 면을 보인다. 다시 말해서 도전의 규모가 거대하기 때문에 국가안보의 전략적인 개념과 군사력의 역할에 대한 대대적인 전환을 요구하고 있다는 점이다. 따라서 미국은 정부기관 사이와 국제적인 협력을 위한 새로운 개념과 방법을 개발해야 한다.

전략적 및 작전적인 틀

노력의 통일에서는 전략과 계획 그리고 작전을 동반자 세력들과 긴밀히 조정할 것을 요구한다. 작전적 수준에서 미국은 적이 공격을 가한 후에 대응하기 보다는 그들의 작전계획 및 실행 능력을 예방, 파괴시킬 수 있어야 한다. 비대칭적 전술을 사용하는 적들은 전 지구적 범위에서, 높은 적응성, 이동성을 보이므로, 그들을 격퇴하기 위한 분석과 의사결정 그리고 행동은 신속해야 한다. 하지만 신속한 행동이 정착되고 효과성을 발휘하기 위해서는 전략, 작전적인 틀 내에서 잘 조정되어 실천되어야 한다. 국내에서의 지방, 주, 연방기관 그리고 해외에서의 동맹과 우방국 그리고 비정부기구와의 빈틈없는 통합 등이 법, 절차 그리고 실행상으로 허용될 수 있어야 한다.

지난 4년 동안에 걸쳐 얻은 작전 경험과 교훈들을 살려서, 본 QDR은 노력의 통일을 강화하기 위한 국방부 내외의 변화를 점검했다. 개선된 정부기관 사이의 그리고 국제적 기획 및 준비 그리고 실행은 21세기의 도전들을 보다 빠르고 효과적으로 다룰 수 있도록 해줄 것이다. 새로운 협력 형태는 전통적 동맹국들과의 민첩성과 효과성을 강화할 것이며, 뜻을 같이하는 새로운 우방국들을 얻을 수 있게 할 것이다. 테러리스트들의 인간 말살적인 이념을 지원하는 이들과 전략적 교차로 놓인 국가들의 발전은 보다 잘 이해하고 개입하기 위한 노력은 매우 중요한 일이다.

1. 유관기관 운용강화

국가안보정책에서의 우선순위 달성을 위해서 연방 정부기관들 전체에 걸친 노력의 통일 증대는 필수적이다. 일관되고, 잘 활용된 미국정부의 실천이 함께 해야만 미국은 국제사회의 동반자 세력들과도 노력의 통일을 달성할 수 있는 것이다. 여러 안보 도전들에 보다 효과적으로 맞서기 위해서, 국방부는 자체 중심적인 접근에서 정부기관 사이의 해결으로 강조점을 계속 이동시키고 있다. 연방 정부기관들 전체에 걸친 협력은 관점의 공유 그리고 각 기관별 역할, 임무, 능력에 대한 이해 향상의 발전과 함께 현장에서 시작된다. 이는 수도 워싱턴 내부에서의 이해 증진과 보다 긴밀한 협력을 위한 보완 기능을 할 것이며, 복합적인 작전의 실행으로 연장될 것이다. 이를 위해서 국방부는 내부뿐만 아니라 동반자 관계에 있는 정부기관과의 전략 개발 및 기획 개선을 지원할 것이다.

본 QDR은 군사, 비군사인 계획과 제도적 능력에 대한 개발을 지도하기 위한 '국가안보기획지침'의 작성을 권고한다. 이 기획지침은 국가안보에서의 역할 및 책임에 대한 우선순위 설정과 명확성을 보장하며 능력 격차를 줄이고 중복을 제거할 것이다. 또한 연방 부서들과 기관들이 국가적 목표에 맞도록 그들의 전략, 예산 그리고 계획

기능을 조정할 수 있도록 도울 것이다. 각 군 당국과 야전 사령부 및 합동참보본부, 국방장관실 그리고 다른 부처 내부의 기획자들 사이에서의 보다 강한 연결성을 통해 군사작전에 대통령의 국가안보전략과 국가적인 정책 목적을 보다 잘 반영할 수 있도록 보장해야 한다.

1) 야전으로 부터의 학습

수도 워싱턴과 다른 지역 안에서 모체 기관들 사이의 보다 긴밀한 관계정립은 현장에서의 협력 증대를 지원하게 된다. 현장에서 개발된 해결안은 종종 전략적, 정책적 수준에서의 정부기관 사이의 협력에 적용성을 갖는다. 오랜 경험에 따르면, 운용자들은 모체 기관이 어디냐에 상관없이 현장에서의 공통 도전에 맞서 긴밀히 협력하게 된다. 이들은 팀의 목표를 달성하기 위해 기관 사이의 사안들을 자주 신속하고 빈틈없이 해결한다.

국방부에게는 합동 전투부대(야전지휘관, 실전 배치된 합동기동부대 지휘관 등)야말로 노력의 통일을 우선적으로 발전시켜야 할 대상 이라고 할 수 있다. 다른 대부분의 기관들의 경우, 특정 국가에서의 임무 책임자로서 국가별 정부기관 사이의 협력을 담당하는 팀의 주도자는 현장 지도력에 있어서 중요한 역할을 맡는다. 그 가운데 하나가 야전지휘관(여러 나라에 걸쳐 작전을 수행하고자 하는)이 임무 책임자(특정 국가에 대해서만 집중하는)와 보다 많이 협력할 수 있는 기회를 창출하는 것이다. 현재, 국방부와 국방부의 인원들은 현안 별 사례를 기준으로 하여, 함께 작전을 지원할 수 있도록 하는 상당 수준의 노력을 기울여야 한다. 지휘관과 임무 책임자가 적응성 높은 적을 상대로 민첩성을 잃고, 이동하는 적도 놓친다면, 미국과 우방국 이익에 대한 위험도 높아질 수밖에 없다.

2) 해외에서의 복합적인 유관기관 운용

국무부장관에게 미국정부 전반의 안정화 및 재건 노력 개선임무를 지정한 대통령의 '국가안보 대통령령'은 해외에서의 복합적 긴급사태에 대한 노력의 통일 달성이 직면한 도전들을 인지한 결과 나온 것이다. 비록 많은 미국 정부기관들이 복합적인 작전의 수행에 핵심적인 과업을 수행하는 데 필요한 지식과 기술을 보유한 것은 사실이지만, 전개 가능한 능력을 유지하기 위한 권한이나 지원을 받지 못하는 경우가 다수 있다. 따라서 국방부는 여러 긴급사태에서 본의 아니게 부진한 대응을 하는 일이 벌어져 왔다. 이것은 단기적인 요구에 관한 것이지만, 국방부는 다른 기관들 역시 관련 능력을 강화할 수 있도록 하는 법안 수립을 지원하여 정부기관 사이의 균형 잡힌 작전이 용이하게 실행 가능하도록 할 것이다. 이는 다른 정부기관들의 능력과 활동이 국방부로 하여금 자체 임무를 달성하는 데 중요한 역할을 한다는 점을 인식한 데서 기인한다.

안정화, 치안 그리고 전환 작전이 테러리즘과의 장기전에서 핵심적이라는 점을 인식하면서, 국방부는 지난 2005년에 안정화 작전을 주요 전투작전과 동급의 비중으로 규정하는 지침을 내린 바 있다. 본 지침은 국방부가 정부기관 사이의 동반자 세력, 국제기구, 비정부단체 등 여타 집단과의 협력 능력을 개선하여 해외에서의 복합적 작전에 참가할 수 있는 수용력을 증대하기 위한 목적에 따른 것이다. 이것이 도입될 때, 국방부는 민간 주도 임무에 대한 보다 나은 지원을 제공할 수 있으며 혹은 적절한 경우 안정화 작전을 주도할 수 있을 것이다.

본 QDR은 동반자 관계에 있는 기관들의 해외원정 수용능력을 확대하기 위한 노력을 지원한다. 아울러 지역 전투사령부와 유관 정부기관 사이의 증대된 협조에 따라 전반적인 효과성은 증대 될 것이다. 국방부는 여러 계획과 입법안 제출을 통해 해외에서 복합적인 유관 정부기관 운용을 위한 노력의 통일을 개선할 것이며, 안보 도전에 대해서 대통령에게 보다 큰 융통성을 제공해 줄 것이다. 국방부는 다음과 같은 사항들을 추진하고자 한다.

－획기적으로 증액된 국무성의 재건 및 안정화 조정 재원, 전개 가능한 민간 예비단 설치

를 위한 관련 제안 그리고 분쟁 대응기금 등을 지원한다.
- 상황별 대응에 가장 적합한 기구에 대한 대통령의 재원 및 과업 재(再)지도 권한 확대로 지원한다. 이것은 해외 긴급사태에서 다른 정부기관이 필요한 지원을 제공하는 데 가장 적합한 조치이다. 이 새로운 권한은 미국 정부가 개별 기관들의 내재된 역량을 보다 효과적이고 즉각적인 대응을 위해 맞추는 데 투자할 수 있도록 해줄 것이다.
- 유관기관 조정을 위한 국방부 내 구성을 강화한다.
- 안보협력 활동을 통한 상대적 효용을 평가하는 국방부의 능력을 개선하여 보다 나은 자원 할당에 대한 의사결정이 가능토록 한다.
- 국방부의 지역별 센터를 강화하여 지역별 여론 형성자들이 미국정부의 활동 지원을 위한 자산 역할을 하도록 한다.

3) 본토에서의 복합적인 유관기관운용

유관기관의 통합된 노력은 본토 내부에서도 그 중요성을 간과할 수 없다. 국방부는 유관기관 통합의 노력 일환으로서, 국토안보성을 비롯한 다른 연방, 주, 지역 기관들과 함께 미국 본토에 대한 위협 대응을 위해 협력해야 한다. 뿐만 아니라, 허리케인 카트리나에 대한 대응 과정은 본토에서의 복합적인 유관기관 운용 측면에서 국방부가 다른 기관들을 지원해야 할 필요가 있음을 극명하게 보여주었다.

본 QDR에서는 다른 연방, 주, 지방기관들과의 노력의 통일을 개선하기 위한 여러 활동들을 권고함으로써 본토 방위와 안전 보장을 개선하고자 한다. 국방부가 취하고자 하는 조치들은 다음과 같다.

- 국토안보국과의 동반자관계 속에서, '국가 본토 안전보장 계획'을 개발하여 예방, 준비, 대응조치를 위한 연방기관들 사이의 최적화된 노력 배분을 명확히 한다.
- 다른 정부기관으로부터의 기획자들을 수용하기 위한 훈련 프로그램을 확대하고, 국토안보부를 비롯한 유관기관의 동반자 세력과 협력하여 재난지원, 사후관리 그리고 재난적 사건에 대한 전략 수준의 계획을 개발하기 위한 지원을 제공한다.
- 국토안보부와 함께 유관기관 전방위적 본토방위를 설계 및 촉진하며, 이 과정에서 국방부의 기획, 훈련경험을 활용한다. 훈련은 거의 실제와 같은 상황 속에서, 국가 및 주, 지방 정부기관의 민간 및 군 인사들이 참여한다. 이들 훈련은 복합적인 계획과 작전에서 부여

받은 역할과 책임에 대한 공통의 이해 그리고 실천의 공유 증진을 도와야 한다.
- 국토안보국의 요청에 따라 본토 방위 도상훈련을 조직, 후원하며, 여기에는 재난 시나리오에 대처하기 위한 문민, 군부 기관의 고위 지도자들이 참여한다.
- 국토안보국과 협조를 보장하는 가운데 우방과 공동관심의 안보 및 국방문제에 대응하기 위한 논의를 계속한다.

2. 국제 동맹 및 협력국과의 동역

장기적인 동맹관계는 21세기의 안보 도전에 대응하기 위한 통합된 노력을 계속 지원할 것이다. 이렇게 구축된 관계들은 계속 발전하여 새로운 도전이 등장하더라도 그 적절성을 보장하도록 할 것이다. 전 지구적 환경에 영향을 가하기 위한 미국과 동맹국들의 협력 능력은 테러리스트 네트워크를 격퇴에 기본이다. 어디든 가능하다면 미국은 타국과 협력하고자 할 것이다. 동맹과 우방국의 능력 발휘를 가능토록 하고, 오늘날의 복합적인 도전에 대한 위험과 책임을 공유하기 위한 수용능력 구축과 체계 개발을 해나갈 것이다.

미국에게 동맹은 공동의 안보 도전에 맞서기 위한 기반을 제공해 준다. NATO는 대서양 안보의 초석으로, 유럽과 북아메리카의 민주주의 국가들 사이에서 굳건한 전략적 연대를 이룬다. NATO는 새로 7개 회원국을 맞아들였으며, '평화를 위한 동반자관계(PFP)'[38] 프로그램, NATO 신속대응군의 창설, 새로운 '연합변혁사령부'의 신설, 아프가니스탄 내 국제치안지원군과 이라크에서의 훈련 임무에서 나타난 NATO의 지도력 등을 통해 발전하고 있다. 그러나 유럽의 대다수 국가들의 고령화와 인구 감축으로 인해 미군과의 효과적 작전수행을 위한 능력과 직결되는 방위 부문 지출이 삭감되고 있다. 태평양 지역에서는 일본, 호주, 한국 등을 비롯한 다른 국가들과의 동맹을

---

38) 평화를 위한 동반자관계(PFP): 1994년 NATO의 주도로 출범한 범유럽 차원의 안보협력 프로그램으로 참가국 사이의 정치적 협력, 군사적 투명성, 문민통제 증진, NATO와 비가맹국 사이의 안보 유대 강화 등을 목적으로 한다. NATO 회원국이 아닌 나머지 유럽국가들과 과거 공산진영의 일원이었던 동유럽 국가들도 다수가 참여했다.

통해 지역 내 쌍무, 다자적 안보협력과 공동 안보 위협에 맞서기 위한 협력 활동을 촉진시키고 있다. 인도 역시 강대국이자 핵심적인 전략적 동반자로 떠오르고 있다. 테러리즘과의 장기전에서 WMD 확산저지나 다른 비전통적 위협에 대처하기위해 이들 우방과 동맹관계 또는 해당 국가들의 자체역량 개선이 지속적으로 필요하다.

국방부는 전통적인 동맹 작전들을 강화하는 한편으로 안정화, 치안, 전환 그리고 재건 작전의 계획과 수행을 위한 집단적 역량에 보다 중점을 둘 것이다. 특히, 국방부는 NATO의 안정화, 재건 부문 능력과 유럽경찰군 등의 창설을 위한 노력을 지원하고자 한다. 미국은 현재의 장기전과 WMD 저지를 위한 연합능력을 강화하기 위해 노력한다. 미국은 동맹국들과의 협조 아래 각 동맹국들의 특수한 능력과 특징에 가장 잘 맞는 방향으로의 국가별 군사적 기여를 맞춤화를 촉진하며, 이를 통해 단순한 부분의 총합보다 큰 노력의 통일을 달성한다.

대통령의 적의 공격에 대한 대응보다 예방의 필요성 강조 맥락에서, 국방부는 미국이 동맹국들과 함께, 각국의 국내법이나 적용 가능한 국제법에 어긋나지 않는 수준에서 초국가적 위협이 구체화되기 전에 와해 및 격퇴하는 접근법의 개발을 계속해 나갈 것을 권고한다. 70개국 이상이 참여하고 있는 확산방지구상(PSI)과 같이 노력의 통일을 가능토록 하는 개념과 구조는 WMD 비확산뿐만 아니라 사이버스공간을 우선적으로 하여 다른 분야들로도 확대하여야 한다.

테러리스트들의 공격을 예방하고, 그들의 조직망을 와해시키며, 세계 어느 곳에서도 그들의 은신처를 허용치 않고, 테러리스트들을 다수의 민중들로부터 격리시키면서, 궁극적으로는 격퇴하려면 미국은 보다 낯 설은 지역의 새로운 국제 우방과도 협력해야 한다.

이것은 국방부가 세계의 어떠한 고립 지역에서든지 편안하게 협력할 수 있으면서, 해당 지역과 마을 공동체를 상대하고, 외국의 언어와 문화에 잘 적응하고, 현지 조직망과 일하면서 군사력만이 아닌 개인적 약속, 설득 그리고 조용한 영향력을 통해 미국과 우방의 이익을 증진시키는 새로운 지도자 및 작전담당자를 계발할 수 있도록 준비되어야 함을 뜻한다. 이러한 노력을 지원하기 위해서는 새로운 법이 요구된다. 냉전

시대 동안 군사 행동, 정보, 해외군사지원 그리고 외국 경찰 및 치안임무에 대한 법적 권한은 별개로 정의되었으며, 서로 분리되어 왔다. 오늘날에는 미군 병력이 21세기의 도전을 충족시키기 위해 이러한 법으로부터 보다 민첩하고 융통성 있는 권한을 띤 법 형태로 속히 전환될 필요가 있다.

지난 4년 동안의 작전 경험에 근거하여, 본 QDR은 미국정부가 테러리스트들과 싸우는 국가들과 직접적으로 협력할 수 있도록 의회에서 보다 큰 융통성을 제공할 수 있도록 건의한다. 일부 국가들의 경우 훈련, 장비 지급 그리고 치안병력에 대한 자문 제공 등을 시작으로 해당국 국경에서의 자체 안정과 치안을 유지한다. 다른 국가들에 대해서는 군수지원, 장비 제공, 훈련, 수송 등의 제공을 통해 이들이 미국이나 그 동맹국들과 함께 연합세력의 일원으로 세계 각지에서의 안정화, 치안, 전환 그리고 재건 작전에 참가할 수 있도록 한다.

최근의 입법 변화는 자체 방위를 위해 노력 중인 우방국 지원에 대한 장애 일부를 제거한 것이 사실이지만, 보다 큰 융통성이 시급한 실정이다. 국방부는 다음과 같은 사항들을 추진하고자 한다.

- 방위 연합지원계좌를 개설하여 연합전력 내 우방이 사용할 헬멧, 방탄용구, 야시경 장비 등과 같은 일상용 사용장비들을 제공하기 위한 재원을 마련한다.
- 동맹 및 연합전력 내 우방에 대한 군수지원, 공급, 지원 등에 대한 권한을 확대하여 필요한 경우 상환 없이 제공할 수 있도록 하며, 이를 통해서 미군과의 연합작전 수행을 가능하도록 한다.
- 동맹 및 연합세력 내 우방에 대해 미군과의 군사 작전 참여에 사용되는 장비 차용, 대여를 위한 국방부의 권한을 확대한다.
- 국무부와 국방부가 대테러, 소요진압 작전 수행을 위해 외국 치안병력에 훈련, 장비를 제공할 수 있는 권한을 확대한다. 여기에는 비군사적인 법 집행 혹은 일부 국가 내부의 치안 병력이 해당될 수 있다.

국방부는 '해외 평화활동 구상'과 같은 계획들을 계속적으로 지원하여 국제기구들이 보다 효과적으로 세계 문명사회에서의 통치력 및 확산을 개선하게끔 기여할 수 있는 여력을 키우고자 한다. 이러한 측면에서, 국방부는 아프리카연합(AU)[39]의 인도적 위기 개입 능력의 개발을 지원할 것이며, 이는 지역별 안정화 임무에서 국제기구의 역할을 한 단계 높이는 좋은 사례이다. 국방부는 국제연합(UN)의 평화유지활동 지원을 위해 교리, 훈련, 전략적 기획 및 관리에 대한 전문성 분야에서 지원 증대를 준비할 것이다.

해외 지원에 변혁

냉전 시대의 해외 군사지원 임무는 우호적인 정권들을 외부 위협들로부터 지키는 방식에 맞춰져 왔다. 오늘날 그 목표는 우방국들 스스로 효과적으로 그들 스스로를 통치, 치안유지를 하는 것이다. 현재의 환경에서 지원은 해당국이 자국민들로부터 정부의 정당성을 인정받음으로써 테러리즘, 폭동 그리고 국가 외 위협들을 격리시킬 수 있도록 하는 지휘, 행정, 내부 치안 그리고 법치 등을 개선하는 능력에 달려 있다. 국무부를 비롯한 다른 기관들과의 협력을 바탕으로, 국방부는 외부 위협에 집중된 군 병력과 마찬가지로 외국 경찰과의 협력에 숙련되어야 하며, 국방부서들에 대해서와 마찬가지로 내정 관련 정부기관들과도 협력하는 데 숙련될 필요가 있다. 이는 보다 광범위하고 융통성 있는 법적 권한과 협력적인 체계를 요구하는 본질적인 중심 이동이라고 할 수 있다.

현재의 장기전에서 승리하기 위해 미국 국력의 모든 요소들을 규합하기위해 전통적인 해외지원 및 수출통제 활동 그리고 법규에 대한 철저한 검토가 요구된다. 여기에는 해외 원조, 인도적 지원, 분쟁 후 안정화 및 재건, 외국 경찰 훈련, 국제군사교육 및 훈련(IMET) 그리고 필요한 경우 동맹 및 우방국에 대한 첨단 군사기술 제공도 포함된다. 특히, 현재의 장기전에서 승리하려면 현재와 미래의 해외 군사 지도자들을 미국 내 기관에서 훈련, 교육시키는 국방부의 역량 강화가 필요하다. 이것은 동반자관계 강화와 개인적 관계 구축에 핵심이다. 이들은 모든 경우에서 성공적인 비정규전 작전을 위해 필수적인 것이다.

예를 들어 민간인들의 고통을 구호하기 위한 긴급구호 행동, 치안병력 훈련을 통한 민간 질서의 유지 및 핵심 민간 하부구조의 회복 등은 즉각적으로 이어지는 군사 작전 속

---

39) 아프리카연합(AU): 아프리카단결기구(OAU)를 대신해 2001년 5월 공식 출범한 범아프리카 차원의 지역협력기구. 유럽연합(EU)을 모델로 삼아 강력한 정치·경제연합체를 지향하며, 특히 단일 의회, 단일 통화, 단일 중앙은행, 강력한 단일 집행위원회를 가진 국가연합을 목표로 한다. 기존의 OAU 53개국 가운데 46개국이 창설조약에 비준하였다.

에서 혼란을 틈타려는 적들을 거부하고, 장기적으로는 안정화, 전환 그리고 재건 수행을 위한 보다 유리한 여건을 조성해 준다. 동맹 및 연합능력의 완전한 통합은 신속한 속도로 발전하는 소요진압 작전을 위한 노력의 통일을 보장해 준다. 마찬가지로, 미국으로부터 교육과 훈련을 지원받는 외국 지도자들은 자국 정부가 미국의 가치와 이익을 보다 잘 이해하게 됨으로써 공통의 동기에 있어서의 단결 의지를 강화하도록 할 것이다.

본 QDR은 현재 아프가니스탄과 이라크에서만 적용 중인 법안들을 예외로 하고, 국제 동반자관계 형성을 위한 계획, 재무, 각종 수단들의 사용에 대한 기존의 법들은 21세기에 요구되는 역동적인 대외정책을 수용하지 못한다는 점을 알게 되었다. 최근의 작전적 경험에 근거하여, 국방부는 장기적이고 항구적인 대외정책 목적을 충족할 수 있는 군사력 통합의 필요성에 따라 테러리즘과의 전쟁에서 보다 빨리 행동할 수 있는 필요의 균형을 맞추기 위한 권한의 연속체를 의회로부터 모색하고자 한다.

국방부는 가까운 시기에 몇몇 중요한 법률 변경을 건의하며, 한편으로는 국무부와 의회와의 긴밀한 노력을 통해 '해외지원법'과 '무기수출통제법'을 오늘날의 안보적 도전에 보다 잘 맞도록 조정할 수 있게 할 것이다. 연합 관리권한의 확대와 더불어, 국방부는 다음과 같은 조치들을 추구한다.

- 인도적 지원과 안정화 작전을 수행하기 위한 OIF / OEF 관련법을 제도화한다.
- 장래 외국 지도자들과의 관계 형성과 발전을 겨냥하여 IMET와 유사한 기회를 가시적으로 개선, 증대시킨다.
- '미국 복무장병보호법'(ASPA)의 목적을 계속적으로 촉진시킴에 따라, 치안 및 테러리즘과의 전쟁에 속하는 IMET와 다른 지원사업에 대한 해당 법률의 제약 조정 필요성을 검토한다.
- 대테러리즘 제휴 프로그램을 현재의 고위 정부 관계자 및 국가전략 현안 수준보다 확대하도록 한다. 야전지휘관과 미국의 각 임무 책임자들은 지역별 우방들과의 협의를 통해 해당 지역 내의 대테러리즘 전투, 작전적 수준에서의 위기대응 기획을 위한 교육 프로그램을 개발한다.

전략적 의사소통

　현재 진행 중인 장기전에서의 승리는 궁극적으로 미국과 국제 우방들 사이의 전략적 의사소통에 달려 있다. 효과적인 의사소통은 언행에서의 일관성, 정직 그리고 투명성에 대한 강조를 통해 우방 뿐만 아니라 적에 대해서도 신뢰와 신용을 구축, 유지할 수 있어야 한다. 이러한 신용도는 테러리즘에 대한 이념적 지원에 맞서기 위한 신뢰받는 조직망을 구축하는 데 있어서 필수적이다.

　전략적 의사소통에 대한 책임은 반드시 범정부 차원의 것이어야 하며, 본 QDR은 국무부 주도 아래 연방 정부 내에 걸친 핵심 국력요소들의 통합 개선을 위한 노력을 지지하는 바이다. 국방부는 문화 분야에 대한 의사소통 평가 및 과정을 도입해야 하며, 미국 정부의 전체적인 전략적 목적을 반영하는 야전지휘관들을 지원하기 위한 사업, 계획, 정책, 정보 그리고 주제 등을 발전시켜야 한다. 이를 위해서, 국방부는 보다 광범위한 정책, 계획 그리고 실천을 통하여 기구 전체에 걸쳐 수평적인 의사소통 노력을 통합해서 정보 및 의사소통 현안들을 연결시키도록 한다.

　본 QDR은 공보, 공공외교 지원, 군사외교 그리고 심리전을 포함한 정보작전 등에 대한 주요 지원능력에서 격차가 있음을 식별하게 되었다. 이러한 격차를 좁히기 위해서, 국방부는 핵심 의사소통 능력에 대한 적절한 조직화, 훈련, 장비 마련 그리고 재원 조달 등에 집중할 것이다. 이러한 노력들에는 주요 정보 청취자들에 대한 정보 평가, 분석 그리고 전달을 위한 새로운 도구와 과정의 개발 뿐만 아니라 어학, 문화 능력의 개선도 포함된다. 이러한 주요 지원 의사소통 능력은 미국 정부 내부에 걸친 빈틈없는 의사소통의 달성이라는 목적과 더불어 발전될 것이다.

3. 요 약

　미국은 테러와의 전쟁과 본 보고서에서 논의된 다른 핵심적인 국가안보 목적들의 달성을 위해 군사력에만 전적으로 의존하지는 않을 것이다. 그 대신 연방정부 수준에서, 동맹과 국제 우방들과 더불어 통합된 정치적 수단을 적용하는 것이 핵심이다. 연합 및 우방국들이 지원하는 군사, 예방작전과 더불어, 민간인들과의 동시적이고 효과적인 상호작용이 성공을 위해 필수적이다. 국내외적으로 신속하고, 적응적인 정책과 과정 그리고 제도를 허용하는 법적권한은 세계 전반에 걸쳐 빠른 속도로 발전하는 안보 도전에 맞서기 위한 군사 능력에 필수적인 일부분이다.

2006년도 4개년 국방검토보고서에 대한 합참의장의 소견서

1. 서 언(序言)

국방부는 군이 많은 것을 필요로 하는 시기 2006년도 4개년 국방검토보고서(QDR)를 작성하게 되었습니다. 우리는 테러리즘과의 장기전을 수행하는 한편 이라크와 아프가니스탄에서 이제 막 싹트기 시작한 민주주의 강화를 지원하고 있는 중입니다. 이와 동시에, 우리는 전 세계에서 여러 국가들과의 관계 정립, 지역안정 증진 그리고 억제력 강화에 힘쓰고 있으며, 향후 수십 년 이내에 등장할 수 있는 새로운 위협들을 격퇴할 수 있도록 우리 군의 전력을 근본적으로 변혁시키는 중입니다.

이러한 여러 동시적인 도전들에 대해 본 QDR는 현재 진행되고 있는 대결에서의 소요와 급속히 변화하는 세계 속에서 안보를 강화하기 위한 장기적 소요 사이의 균형을 맞추도록 했다. 본 보고서는 국방부 자체와 업무 과정 그리고 병력 등이 위의 도전들을 충족시킬 수 있도록 하는 변혁을 위해 구체적인 권고를 한다. 이러한 노력의 성공은 고위 문민, 군부 지도층의 지속적인 지도력 그리고 개방적이며 협력적인 환경에서 다원적인 투입, 토론 그리고 분석을 이끌어냈던 수천 명에 달하는 국방부 소속 공무원들의 헌신 덕분에 가능했다.

QDR의 작성 과정

2006년도판 QDR은 국방부야 검토 문서로서는 사상 처음으로 대규모의 무력분쟁이 진행 중인 가운데 작성되었다. 이 때문에 국방부는 미래전에 대한 관점을 장기적인 안정화 작전이 수반되는 무력분쟁에 맞추어 재고찰하지 않을 수 없었다. 그 결과, 본 보고서의 내용은 현재 필요와 미래 능력 사이에서의 적절한 균형을 강조한다. 또한 전략 주도형의, 능력 중심의 그리고 예산 억제 상태에서 검토를 요구하였다.

의회가 부여한 법적 지원 덕분에 국방부는 본 검토를 조직화와 심사숙고 그리고 정교화할 수 있는 시간을 벌게 되었다. 국방장관은 보다 넓은 범위에서의 참여 기회를 인지하면서 시작부터 개방적이고 협력적인 검토를 지도했으며, 국방부 내부와 관련된 다른 정부기관에 걸쳐 내용 투입을 촉구했고, 한편으로는 여러 독립적인 연구기관들로부터도 다양한 관점들을 제공받았다. 결과적으로 본 보고서는 그 철저함, 고려된 현안들의 범위 그리고 연관된 고위 지도층의 수준 등에서 전례가 없었음이 입증된 것이다.

2. 평　가

2025년의 미래 안보환경을 예측하기 위한 시도는 본질적으로 어려울 수밖에 없다. 이는 1985년이라는 시점에서 2006년을 즈음하여 나타날 안보환경의 특성을 파악 위해 노력할 때 겪을 수 있는 도전을 고려하는 것과 같은 이치다. 시간 경과에 따른 변화의 역동성을 가정할 때, 우리는 불확실성을 감소시키기 위한 민첩성과 융통성이 혼합된 능력을 개발해야 한다.

본 검토는 군 전력을 오는 2025년에 예상되는 안보 환경의 소요와 완전히 일치하도록 변혁시키기 위한 비전을 명확히 담고 있다. 이러한 시기에서의 핵심적인 도전들을 충족시키려면 우리는 보다 효과적으로 테러리즘과의 전쟁을 수행할 수 있도록 군 병력을 조성 및 유지시켜야 하며, 전쟁 중에 '큰 폭으로' 변혁을 이루어야 할 것이고,

합동 전투수행력을 강화하고 그리고 군 복무 인력과 부양가족들의 생활의 질을 향상시켜야 한다.

본 QDR에서 나타난 다양한 권고들은 보다 효과적이며 효율적인 전략과 자원의 편성을 약속한다. 본 보고서는 비정규전을 보다 잘 수행할 수 있는 군 병력 그리고 자신들의 전문 임무에 보다 집중할 수 있는 특수전병력에 대한 개략적인 설명을 담고 있다. 아울러 원거리에서 장시간 체류가 가능한 타격 및 감시전력과 보다 증대된 연안, 수중 전투력 등의 필요성을 예견하고 있다. 그리고 억제력 수단의 강화와 더불어, 천재(天災)와 인재(人災) 여부를 막론하고 본토에서 발생한 재앙적 사건에 대응하기 위한 능력을 향상시켰다.

1) 테러리즘과의 전쟁에서 승리하기

본 QDR은 최우선순위로 테러리즘과의 전쟁에 초점을 두었다. 우리는 해외원정 전력을 강화하는 동시에 병력 형태를 보다 경량화되며, 더욱 치명적이고, 지속 가능하면서 보다 민첩하게 재편시킬 것이다. 우리는 추가적으로 특수전병력을 육성하고, 전통적인 지상병력이 전투 작전과 더불어 해외 훈련과 치안 임무까지 수행할 수 있도록 해 나갈 것이다. 이러한 확장은 특수전병력이 보다 장기적이며 강도 높은 임무를 수행할 수 있도록 할 뿐만 아니라, 전체 전력에서의 비정규전 능력을 증대하는 데 기여할 것이다.

인간정보, 항공 감시 및 공중수송 능력의 증대 그리고 연안 및 강변 작전을 위한 특화된 해군전력 등에 대한 새로운 강조도 비정규전 능력을 더욱 보충해 줄 것이다. 이와 함께, 본 QDR은 안정화, 치안, 전환 그리고 재건(SSTR) 등이 미국의 정부 차원에서 그 중요성이 커지고 있는 임무로 인식하면서, 이들 SSTR을 핵심 임무로 삼는 군사적 지원내용을 식별했다.

마지막으로, 본 QDR은 문화적 인지와 어학 능력을 보다 강조함으로써 현재의 장기전에서 승리하기 위해서는 물리적 효과의 적용만큼이나 정보, 지각 그리고 의사소통의 방식과 내용 등에 의존하고 있음을 인정했다. 이러한 문화, 어학적 능력은 재래식 작전에서의 연합작전 효과를 강화시킨다.

2) 변혁의 가속화

본 QDR은 미래 병력을 크게 변혁시킬 수 있는 여러 영역과 기술을 식별했다. 그러나 변혁은 기술과 하드웨어 뿐만이 아니라 사고방식, 문화에 대한 것도 포함된다. 본 QDR은 국방부 내부와 다른 정부기구들 그리고 국제 우방들과의 긴밀한 협조를 통해 군사력의 충격을 극대화할 수 있음을 인식했다. 협력관계의 수용력을 마련하는 것은 우리의 노력을 고취시킬 것이며, 전체 국력요소의 통합적인 활용과 국제 우방들의 적절한 기여야말로 미래의 도전들에 대응하기 위한 것임을 인정하는 것이다. 제시된 '국가안보기획지침'은 국내외에서의 위기에 대한 예방과 대응을 위한 국가적 그리고 국제적인 노력을 가시적으로 개선시킬 것임을 약속한다.

본 QDR은 본토방위 노력을 위한 국방부의 기여 태세에 보다 긍정적인 단계를 가져오게 했다. 예를 들어, QDR에 나타난 몇몇 구상들은 접근 중인 위협을 탐지하고 한발 앞서 저지할 수 있는 능력을 극적으로 향상시켰다. 뿐만 아니라, 자연재해 대처와 같은 민간 기관에 대한 군의 지원은 본 QDR에 나타난 여러 결정들을 형성하는 데 있어서 유효함을 입증했다.

그리고 본 QDR은 잠재적인 적들의 행동을 파악하고 WMD 관련 긴급사태에 대응하기 위한, 수용력을 증대하기 위한 광범위한 구상들을 계획했다. 이들 구상에는 보다 융통성 있는 재래식 억제력 확보, WMD 관련 지휘통제를 위한 국방부의 지휘통제 구조 결합, 해외에서 핵안전 조치를 수행할 수 있는 가용전력 증가 그리고 해당 병력의 대응시간 단축 등을 포함한다.

3) 합동 전투력의 강화

합동 전투수행능력의 향상을 위한 첨단 능력 통합은 본 QDR이 다루는 노력에서 중심을 차지한다. 우리는 이 목적에 부합하는 의사결정과 연관된 자원들을 측정할 것이며, 상호운용성 있는 군에서 상호의존적인 군, 다시 말해 각자의 다양한 능력이 달성하고자 하는 효과를 달성하기 위해 신속히 결합되는 군으로 전환할 것이다. 여기에는 모든 범위의 전투과업 뿐만 아니라 갈수록 발전되고 있는 본토방위, 인도주의적 지원 그리고 안정화와 치안, 전환 그리고 재건 작전에 대한 군사적 지원 역할 및 임무도 포함될 것이다.

이들 변화는 전장에 투입된 병력을 넘어서 지휘통제본부까지 연장되어야 한다. 핵심은 선택된 본부들에 대하여 합동기동부대(JTF)로서 기능을 수행할 수 있도록 조직화, 충원, 훈련 그리고 장비 확보가 이루어져야 하며, 지정된 합동전력의 임무를 지휘통제할 수 있도록 해야 한다. 합동기동부대를 책임질 수 있는 훈련 및 준비가 갖춰진 지휘본부의 존재는 보다 광범위한 군사적 대응의 선택 안을 보장해 줄 것이다.

그리고 국방 기구들은 군 병력과 같은 수준의 민첩성을 창출, 활용할 수 있도록 개혁되어야 한다. 본 QDR이 권고한 포괄적인 '인적자본전략'의 도입, 보다 통합되고 간소화된 획득과정의 개발 그리고 전략적 의사소통의 개선 등은 보다 효과적이고 효율적인 기구를 구축하기 위한 기구 차원 접근의 필요성을 반영한 것으로, 관련 자원들이 다른 변혁 노력들에 투입될 수 있도록 하는 여유를 허용해 줄 것이다.

4) 군 복무 인력, 부양가족들의 생활의 질 향상

고도로 훈련, 무장되고 매우 헌신적인 인력이야말로 미군이 항상 가지는 근본적인 강점이었다. 우리의 으뜸가는 의무이자 본 QDR의 모든 권고안에서 인정하는 것은 병사, 수병, 항공병 그리고 해병들에 대한 지원의 필요성이며, 이는 그들에게 최고의 장비와 훈련을 제공하여 승리를 달성하고 안전하게 귀환할 수 있도록 하는 것이다.

위의 목적을 달성하기 위해서는 전 지구적 차원에서 테러와의 전쟁을 수행하기에 충분한 깊이와 기술을 갖춘 적정 수준의 총합전력을 조성하여 전투병력이 임무 사이에서 휴식과 재정비를 위한 충분한 시간적 여유를 가질 수 있어야 한다. 아울러 지원 체계를 완전히 통합하여 전문 전사(戰士)들과 부양 가족들에게 1급의 행정 서비스, 공급 그리고 지원 프로그램을 제공해 주어야 함을 뜻하기도 한다.

그리고 군 복무인력의 생활의 질 향상이란 이들에게 교육기회를 제공해 주고, 직업상의 목적과 개인적 포부를 이룰 수 있도록 돕는 것을 뜻하기도 한다. 이들이 퇴역할 때 훌륭한 민간인이자 타의 모범이 되는 개인으로 귀환할 수 있도록 하고, 새롭고도 다른 형태로 사회에 기여할 수 있도록 준비시켜 줄 수 있어야 한다.

5) 위협 평가

2025년의 안보 환경을 정확히 규정지을 수는 없다. 그러므로 우리는 광범위한 능력의 식별과 개발을 통해 이러한 불확실성을 헤쳐 나가야 한다. 더 나아가 우리는 군 병력이 향후 수십 년에 걸쳐 나타날 알려지지 않은, 충격적인 위협을 다룰 수 있는 민첩성과 융통성을 창출할 수 있도록 조직 및 편성해야 한다. 이 검토는 신규 및 추가적인 투자를 요구하는 부문에 필요한 자원을 제공할 수 있도록 위험이 발생할 수 있는 영역들의 균형을 신중하게 맞추었다.

오늘날 미국의 군 병력은 국가 방위전략의 모든 목적들을 달성할 수 있는 능력을 갖추고 있다. 미국 영토를 직접적인 공격으로부터 지키고, 전략적 접근성과 전 지구적인 행동의 자유를 유지하며, 동맹 및 우방국과의 연대를 강화하고 그리고 보다 우호적인 안보 환경을 조성하는 것 등이 여기에 해당한다. 본 보고서에 포함된 권고안들은 오는 2025년에 나타날 수도 있는 미지의 위협들을 헤쳐 나가는 한편으로, 해당 지정임무들을 집행하기 위한 미래 능력과 수용력 그리고 융통성을 제공한다.

6) 역할과 임무의 평가

국방부는 향후 미군이 담당해야 할지도 모르는 전 방위 임무들을 수행할 수 있도록 역량의 개발, 실행 그리고 통합 방식을 계속적으로 쇄신 및 개선하고 있다. 본 2006 년도판 QDR은 협력 관계에 있는 국내외적 세력과의 통합적인 접근을 강조한다. 본 검토는 21세기의 도전과 이들을 충족시키기 위한 미군 병력의 책임을 점검했으며, 그 역할과 임무가 근본적으로 유효하다고 판단하게 되었다. 본인은 이러한 평가에 동의 하는 바이다.

7) 한걸음 더 앞으로

우리는 지금 미국 역사에 있어서 매우 중대한 시점을 맞고 있으며, 이제껏 예상하 지 못했던 도전에 직면한 상태에 있다. 우리는 고유의 생활 방식을 파괴하려는 무자 비한 적들과 불확실한 미래의 안보환경을 맞고 있는 것이다. 오랜 기간이 걸릴 테러 리즘과의 전쟁은 국방부가 전통적으로 대비해 온 것과는 다른 종류의 대결이다. 우리 는 테러리스트들의 소규모 세포 조직들을 찾고 우방들의 역량 구축에 보다 중점을 두 고 있다. 하지만 우리는 한편으로 지속적인 재래식 전투작전 수행과 본토 방위를 위 한 능력도 유지해야 한다.

우리는 미래를 준비하는 한편으로 지금의 대결에서도 승리해야 한다!
여기에는 광범위한 군사적 역량, 고도로 훈련된 병력 그리고 증대된 합동 및 타 정 부기관과의 연계 그리고 연합 차원의 통합성이 요구된다.

본 보고서의 권고들은 현재의 전투와 '국가국방전략'에서 규정한 바 있는 모든 범위의 임무에 대해 다루고 있으며, 한편으로는 불확실한 미래의 극복에 관한 것도 포함한다. 본 2006년 QDR은 국방부에서의 전략적으로 타당하면서, 재정적으로 책임 있는 태도의 절실 한 필요성을 역설한다. 그 결과로 미국의 군 병력은 국가 방위와 분쟁 및 기습의 예방 그 리고 어디서든지 발견되는 적들을 제압할 수 있도록 준비되어 있는 것이다.

본인은 이번 과정에 참여한 모든 이들의 노력에 감사하는 바이다. 이에 본인은 본 2006년 QDR과 여기에 담겨진 보다 민첩하고, 보다 융통성 있고, 역동적인 안보 환경에 보다 잘 준비된 미래 전력의 비전을 승인하고자 한다. 우리는 여러 가지의 도전에 직면하고 있지만, 가야 할 방향은 명백하다.

· 저자 ·

박기련

육군사관학교 이학사
국방대학원 석사(안전보장학)
충남대학교 대학원 박사(국제정치)
육군 기갑여단장 및 한남대 정치언론국제학과 교수 역임
현 한남대학교 국방전략연구소 부소장

주요논저: 『기동전이란 무엇인가?』(1997, 일조각)
　　　　　『롬멜은 어떻게 싸웠는가?』(1998, 일조각) 외 다수

김재엽

성균관대학교 대학원 박사과정 수료(정치외교학)
현 한남대학교 부설 국방전략연구소 연구위원

주요논저: 『122년간의 동거-전환기에 읽는 한미관계 이야기』(2004, 살림)
　　　　　『100년 전 한국사-개항에서 한일합방까지』(2006, 살림)
　　　　　『대한민국 해병대』(2006, 살림)
　　　　　『자주국방론』(2007, 선학사)

김종하

영국 브리스톨대학교 정책대학원 박사(국방획득/방위산업)
현 한남대학교 국방전략대학원 교수(국방획득관리학과 주임)
겸임: 방위사업청 산하 국방기술품질원 이사
　　　공군본부 정책발전 자문위원
　　　한국군사학회 및 한국방위산업학회 이사

주요논저: 『무기획득 의사결정: 원칙, 문제, 그리고 대안』(2001, 책이 된 나무)
　　　　　『미래전쟁과 국방획득』(2002, 책이 된 나무)
　　　　　『획득전략-이론과 실제』(2005, 북코리아)
　　　　　『미래전, 국방개혁 그리고 획득전략』(2008, 북코리아) 외 다수

김동원

강원대학교 사범대학 영어과 학사
서울대학교 인문대 영어영문학과 석사
University of Texas at Austin 정치학 박사(국제정치)
현 강원대, 건국대 강사
현 한남대 국방전략연구소 연구위원

주요논저: 『2020 강원도 지방외교의 장기전략 및 대응방안』(공저)

양완식

육군사관학교 문학사
21세기 국방개혁위원회 및 합참 근무
현 군사문제연구원 연구위원

주요논저: 「석유비축기치 방어태세 보강연구」(2005)
　　　　　「합동교훈 분석 및 활용체계연구」(2006)
　　　　　「군관련민원실태 분석 및 군사협의시스템 개선방안」(2008)

김연철

고려대 정치외교학과 졸업
고려대 대학원 석사 졸업 및 New School 대학원 수학
고려대 대학원 박사(비교정치)
현 전국통일문제연구소장협의회 회장
현 한남대 정치언론국제학과 교수 및 국방전략연구소장

주요논저: 「한국의 국가능력의 변화와 경제발전」(1993)
　　　　　「새 정부의 국방경영효율화 방안」(2008) 외 논문 다수

본 도서는 한국학술정보(주)와 저작자 간에 전송권 및 출판권 계약이 체결된 도서로서, 당사
와의 계약에 의해 이 도서를 구매한 도서관은 대학(동일 캠퍼스) 내에서 정당한 이용권자(재
적학생 및 교직원)에게 전송할 수 있는 권리를 보유하게 됩니다. 그러나 다른 지역으로의 전
송과 정당한 이용권자 이외의 이용은 금지되어 있습니다.

• 초판 인쇄   2008년 7월 28일
• 초판 발행   2008년 7월 28일

• 지 은 이   박기련/ 김재엽/ 김종하/ 김동원/ 양완식/ 김연철 공역
• 펴 낸 이   채종준
• 펴 낸 곳   한국학술정보㈜
             경기도 파주시 교하읍 문발리 526-2
             파주출판문화정보산업단지
             전화   031) 908-3181(대표)·팩스   031) 908-3189
             홈페이지   http://www.kstudy.com
             e-mail(출판사업부)   publish@kstudy.com
• 등   록   제일산 115호(2000. 6. 19)
• 가   격   32,000원

ISBN   978-89-534-9821-1 93390 (Paper Book)
         978-89-534-9822-8 98390 (e-Book)